工业和信息化精品系列教材

Java

程序设计入门

微课版 | 第2版

尹菡 崔英敏 ◉ 主编
徐健 吴挺 龙君芳 ◉ 副主编

INTRODUCTION TO JAVA PROGRAMMING

人民邮电出版社
北京

图书在版编目（CIP）数据

Java程序设计入门 : 微课版 / 尹菡, 崔英敏 主编
. -- 2版. -- 北京 : 人民邮电出版社, 2023.5
工业和信息化精品系列教材
ISBN 978-7-115-61114-7

Ⅰ. ①J… Ⅱ. ①尹… ②崔… Ⅲ. ①JAVA语言一程序设计一教材 Ⅳ. ①TP312.8

中国国家版本馆CIP数据核字(2023)第022608号

内容提要

本书是 Java 的入门级教程，由浅入深、循序渐进地介绍了使用 Java 进行程序开发的方法。本书内容包括 Java 入门、Java 编程基础、面向对象、异常处理、Java API、集合框架、GUI 编程、I/O 流与文件、多线程、网络编程、综合项目实训——俄罗斯方块。

本书知识全面，重点突出，覆盖 Java 开发中的多个方面，将知识讲解、技能训练和职业素质培养有机结合，融“教、学、做”三者于一体，适合“项目驱动、案例教学、理论实践一体化”的教学模式。通过对本书的学习，初学者可以轻松入门，全面了解 Java 的应用方向，从而为进一步学习 Java 打下坚实的基础。

本书可作为高等职业院校计算机相关专业的教材，也可作为 Java 编程爱好者的自学用书。

◆ 主　　编　尹　菡　崔英敏
副 主 编　徐　健　吴　挺　龙君芳
责任编辑　范博涛
责任印制　王　郁　焦志炜

◆ 人民邮电出版社出版发行　　北京市丰台区成寿寺路 11 号
邮编　100164　　电子邮件　315@ptpress.com.cn
网址　https://www.ptpress.com.cn
固安县铭成印刷有限公司印刷

◆ 开本：787×1092　1/16
印张：15.75　　2023 年 5 月第 2 版
字数：425 千字　　2025 年 6 月河北第 4 次印刷

定价：59.80 元

读者服务热线：(010)81055256　印装质量热线：(010)81055316
反盗版热线：(010)81055315

前　言

Java 是当今主流的面向对象的编程语言，具有卓越的安全性、可移植性和复用性。目前，大多数高校计算机专业和 IT 培训学校都将 Java 作为教学内容，这对于培养学生的计算机应用能力具有非常重要的意义。

本书从教学实际需求出发，结合初学者的认知规律，由浅入深、循序渐进地讲解与 Java 程序设计相关的知识，并将知识和实例有机结合，使知识和实例相辅相成，既有利于读者学习知识，又有利于读者实践，突出实践教学的效果。具体来讲，本书具有以下 4 个特点。

（1）本书适用于零基础读者，通过对本书的学习，读者可以掌握 Java 程序的编写方法。

（2）本书的结构经过精心安排，根据学习的认知规律设计章节的内容。

（3）本书中的重点内容均配套了微课视频和实例，使读者能够从具体的应用中掌握知识，并可将所学知识应用于实践。

（4）本书在每章的章首页配有素质拓展学习，引导读者树立正确的世界观、人生观和价值观。

本书的参考学时为 72 学时，建议采用理论与实践一体化的教学方式进行授课，各章的参考学时见下面的学时分配表。

学时分配表

章节内容	学时
第 1 章　Java 入门	4
第 2 章　Java 编程基础	6
第 3 章　面向对象（上）	8
第 4 章　面向对象（下）	8
第 5 章　异常处理	6
第 6 章 Java API	6
第 7 章　集合框架	6
第 8 章　GUI 编程	6
第 9 章　I/O 流与文件	6
第 10 章　多线程	6
第 11 章　网络编程	6
第 12 章　综合项目实训——俄罗斯方块	4
学时总计	72

本书由广东科学技术职业学院尹菡、私立华联学院崔英敏任主编，私立华联学院徐健、广东省外语艺术职业学院吴挺、广东培正学院龙君芳任副主编。具体编写情况如下，尹菡负责编写第 1 章、第 3 章、第 4 章、第 12 章，崔英敏负责编写第 2 章、第 6 章，徐健负责编写第 5 章、第 7 章，吴挺负责编写第 10 章、第 11 章，龙君芳负责编写第 8 章、第 9 章，尹菡负责全书的统稿工作。

由于编者的水平所限，书中难免存在疏漏或不足之处，恳请广大读者批评指正，以便今后改进和完善。

编者

2023 年 1 月

目 录

第1章

第2章

第 4 章

第 5 章

第9章

第10章

第12章

第1章 Java入门

01

【本章导读】

Java是一门优秀的编程语言，它的优点是“一次编写，到处运行”（Write Once，Run Anywhere），Java虚拟机（Java Virtual Machine，JVM）使经过编译的Java代码能在任何系统上运行。本章主要介绍Java起源及其相关特点、Java开发环境的搭建、Java程序示例和Eclipse集成开发工具的使用等。

【学习目标】

- 了解Java语言。
- 掌握Java开发环境的搭建方法。
- 学会编写第一个Java程序。
- 掌握Eclipse集成开发工具的使用方法。

【素质拓展学习】

千里之行，始于足下；不积跬步，无以至千里。——荀子《劝学》

一件事情的成功，绝不是偶然的，都得从开始做起，从眼前最基本的事情做起。心里有远大的理想，却不愿意一步一步去努力，就不会有美梦成真的那一天。要想掌握Java编程思想，就必须从学习Java基础开始。

1.1 Java 概述

1.1.1 Java 的起源

Java 语言的前身是 Oak 语言，是由美国 SUN 公司于 1991 年推出的、仅限于在公司内部使用的语言。1995 年，SUN 公司将 Oak 语言更名为 Java 语言，并正式向市场推出。在这之后，Java 语言不断更新，其类库越来越丰富，性能逐渐提升，应用领域也显著拓展，已成为当今最通用、最流行的软件开发语言。2009 年，Oracle 公司收购了 SUN 公司，从此，Java 语言的更新版本改由 Oracle 公司发布。

1.1.2 Java 的特点

Java 语言自诞生起就受到全世界的关注。Java 语言是一种纯粹的面向对象语言，具有面向对象、平台无关性、简单性、解释执行、多线程、分布式、健壮性、高性能、安全性等特点，下面针对这些特点逐一进行介绍。

（1）面向对象

Java 是一种面向对象的语言，它对类、对象、接口、包等均有很好的支持。为了简单起见，Java 只支持类之间的单继承，但是可以使用接口来实现多继承。使用 Java 语言开发程序，需要采用面向对象的思想设计程序和编写代码。

（2）平台无关性

平台无关性的具体表现在于，Java 是“一次编写，到处运行”的语言，因此采用 Java 语言编写的程序具有很好的可移植性，而保证这一点的正是 JVM 机制。在引入虚拟机之后，Java 语言在不同的平台上运行不需要重新编译。

Java 语言使用 JVM 机制屏蔽了具体平台的相关信息，使用 Java 语言编写的程序只需生成在 Java 虚拟机上运行的目标代码（字节码），就可以在多种平台上不加修改地运行。

（3）简单性

Java 语言的语法与 C 语言和 C++语言的语法很相近，因此很多程序员学起来很容易。Java 舍弃了很多 C++中难以理解的特性，例如不支持多继承、屏蔽掉指针、不支持 go to 语句和不使用主文件等，加入了垃圾回收机制，解决了程序员需要管理内存的问题，使编程变得更加简单。

（4）解释执行

Java 程序在 Java 平台运行时会被编译成字节码文件，这样其就可以在有 Java 环境的操作系统上运行。在运行字节码文件时，Java 的解释器会对这些字节码文件进行解释执行，执行过程中需要使用的类会在连接阶段被载入运行环境。

（5）多线程

Java 语言是支持多线程的，这也是 Java 语言的一大特点。线程必须由 Thread 类和它的子类来创建。Java 支持多个线程同时执行，并提供多线程之间的同步机制。任何一个线程都有自己的 run()方法，要执行的程序就写在 run()方法内。

（6）分布式

Java 语言支持互联网应用的开发，在 Java 的基本应用编程接口中就有一个网络应用编程接口。Java 提供了网络应用编程的类库，包括 URL、URLConnection、Socket 等。Java 的 RMI（Remote Method Invocation，远程方法调用）机制也是开发分布式应用的重要手段。

（7）健壮性

Java 的强类型机制、异常处理机制、垃圾回收机制等都是 Java 健壮性的重要保证。对指针的丢弃是 Java 的一大进步。

（8）高性能

Java 的高性能主要是相对其他高级脚本语言来说的，随着 JIT（Just In Time）编译器技术的发展，Java 的运行速度也越来越快。

（9）安全性

Java 程序通常被用在网络环境中，为此，Java 提供了一个安全机制以防止恶意代码的攻击。Java 语言除具有许多的安全特性外，还对通过网络下载的类增加了安全防范机制，即分配不同的名字空间以防其替代本地的同名类。另外，Java 还包含安全管理机制。

1.1.3 Java 的版本

常用的 Java 包括 Java SE、Java EE 和 Java ME 这 3 个版本，具体介绍如下。

（1）Java SE（Java Platform，Standard Edition）：标准版，是常应用于个人计算机的 Java 版本，是 Java 平台的核心。它提供了非常丰富的 API 来开发一般个人计算机上的应用程序，包括用户界面、网络功能、图像处理和输入输出等。在 20 世纪 90 年代末的互联网上大放异彩的 Applet 就是用 Java SE 开发的。Applet 后来被 Flash 取代，Flash 现已被 HTML5 取代。

（2）Java EE（Java Platform，Enterprise Edition）：企业版，是常应用于服务器端的 Java 版本，Java EE 是 Java SE 的扩展，增加了用于服务器开发的类库，例如，JDBC 让程序员能直接在 Java 内使用 SQL 语句来访问数据库内的数据；Servlet 能够延伸服务器的功能，让服务器能够通过请求-响应模式来处理客户端的请求；JSP 是一种可以将 Java 程序代码内嵌在网页内的技术。

（3）Java ME（Java Platform，Micro Edition）：微型版，是常应用于消费类电子产品的 Java 版本。Java ME 是 Java SE 的内伸，包含 Java SE 的一部分核心类，也有自己的扩展类，增加了适合微小装置的类库，例如 javax.microedition.io.*等。该版本针对资源有限的消费类电子产品的需求精简核心类库，并提供了模块化的架构，让不同类型的产品具备随时增加所需支持的功能。

1.2 开发环境安装与配置

1.2.1 安装 JDK

1. JDK 介绍

JDK（Java Development Kit，Java 开发包）是 Oracle 公司提供的一套用于开发 Java 应用程序的开发包，它提供 Java 编译与运行所需的所有环境。JDK 包含 JRE（Java Runtime Environment，Java 运行环境）与 JVM。JRE 包含开发 Java 应用程序所需要的工具。JVM 是 Java 程序运行所需的虚拟机，在不同平台上所需的 JVM 不同。JDK、JRE 和 JVM 三者之间的关系如图 1-1 所示。

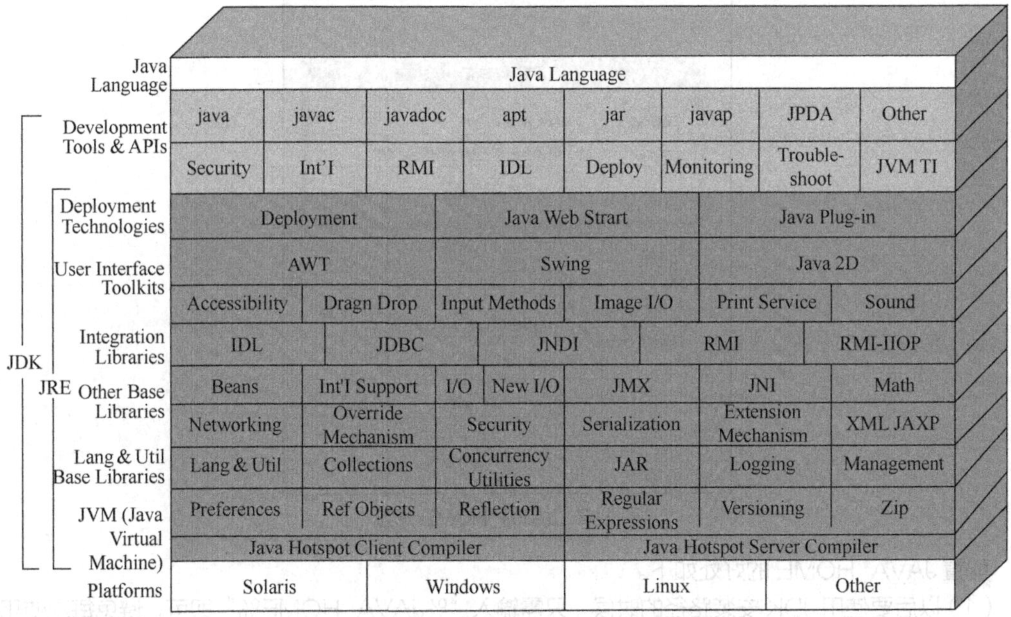

图 1-1 JDK、JRE 和 JVM 三者之间的关系

JDK、JRE 和 JVM 之间是一种包含关系，范围由大到小依次为 JDK、JRE 和 JVM。JDK 中包含 JRE，JRE 中包含 JVM。

2. JDK 的下载及安装

Oracle 官网提供了各主流操作系统下当前最新版本的 JDK，读者可以根据自己机器的配置选择对应的文件来下载。以 Windows 10 环境为例，将 jdk-8u20-windows-x64.exe 文件下载到本地，安装该软件时默认安装到 C:\Program Files\Java\ jdk1.8.0_20 目录，安装后目录结构如下。

- bin 目录：存放 Java 的编译器、解释器等工具（可执行文件）。
- demo 目录：存放演示程序。
- include 目录：存放一些平台特定的头文件，支持 Java 本地接口和 Java 虚拟机调试程序接口的本地编程技术。
- jre 目录：存放 Java 运行环境文件。
- lib 目录：存放 Java 的类库文件。
- sample 目录：存放一些范例程序。
- src.zip 文件：JDK 提供的类的源代码。

1.2.2 配置环境变量

安装完成后，需要配置环境变量。在 Windows 操作系统中，在桌面找到【此电脑】图标，右键单击选择“属性”，会打开系统设置界面。然后从右侧的“相关设置”中找到“高级系统设置”，会弹出【系统属性】对话框。单击右下角“环境变量”按钮，在弹出的【环境变量】对话框的“系统变量”下方单击“新建”按钮，依次添加以下环境变量。

1. JAVA_HOME（可选配置）

JAVA_HOME 指 JDK 的安装目录，在弹出的【编辑系统变量】对话框里，在“变量名”文本框中输入“JAVA_HOME”，在“变量值”文本框中输入 JDK 的安装路径“C:\Program Files\Java\jdk 1.8.0_20”，如图 1-2 所示，单击“确定”按钮。

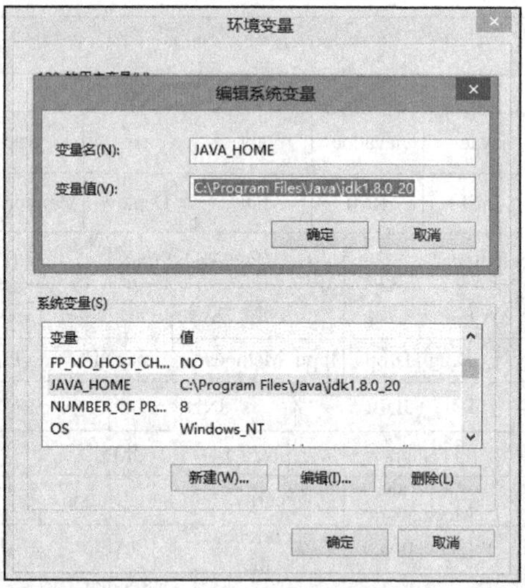

图 1-2 JAVA_HOME 配置

配置 JAVA_HOME 的好处如下。

（1）以后要使用 JDK 安装路径的时候，只需输入“%JAVA_HOME%”即可，避免每次使用都输入很长的路径。

（2）当 JDK 安装路径被迫改变的时候，仅需更改 JAVA_HOME 的变量值即可，否则要更改所有用绝对路径引用 JDK 安装路径的文档。

（3）第三方软件（如 Tomcat、JBoss 等）会引用约定好的 JAVA_HOME 变量，否则将不能正常使用该软件。

2. PATH（必须配置）

PATH 用于指定操作系统可执行指令所在的路径，也就是告诉操作系统 Java 编译器和运行器在什么地方可以找到。在【环境变量】对话框的“系统变量”中找到 PATH，单击“编辑”按钮，将安装 JDK 的默认 bin 路径复制到变量值文本框中，即可将 java.exe、javac.exe、javadoc.exe 工具的路径告诉 Windows，PATH 配置如图 1-3 所示。

3. Classpath（可选配置）

JVM 在运行某个类时会按 Classpath 指定的目录顺序去查找这个类，在【环境变量】对话框中单击“新建”按钮，在弹出的【编辑系统变量】对话框中按图 1-4 所示输入变量名“Classpath”和变量值“.”。配置点“.”表示通过 Java 编译器产生的.class 类文件存放的路径将与当前.class 文件所在的路径一致，如图 1-4 所示。

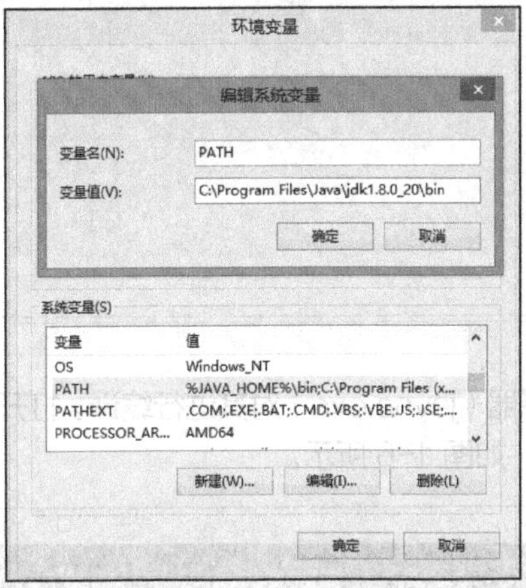

图 1-3　PATH 配置

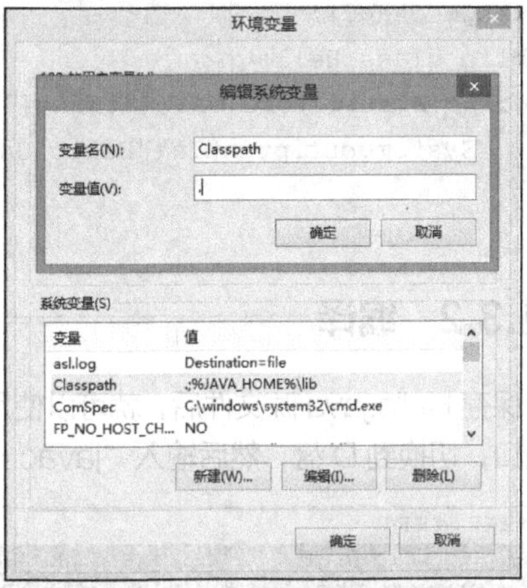

图 1-4　Classpath 配置

1.2.3 校验环境变量配置是否正确

在桌面左下角的搜索栏中输入“运行”并按“Enter”键，在弹出的【运行】对话框中的打开下拉列表框中输入“cmd”，接着单击“确定”按钮打开命令提示符窗口，直接输入 javac 按“Enter”键，如果能出现图 1-5 所示的效果（英文版也行），即说明环境变量配置成功，否则需要重新进行配置。

图 1-5　校验环境变量配置

1.3 Java 程序示例

1.3.1 编写源文件

Java 是面向对象编程的，Java 应用程序可以由若干个 Java 源文件构成，每个源文件又可以由若干个书写形式互相独立的类组成，但其中一个源文件必须有一个类包含 main()方法，该类称作应用程序的主类。Java 应用程序从主类的 main()方法开始执行。

使用记事本编写第一个 Java 源文件，将其命名为 Hello.java，并将 Hello.java 存放在 D 盘根目录下。

```
package chap01;
public class Hello {
 public static void main(String[] args) {
      System.out.println("Hello Java");
 }
}
```

1.3.2 编译

当保存 Hello.java 源文件后，就可以使用 Java 编译器（javac.exe）对其进行编译。打开命令提示符窗口，切换到 D 盘，然后输入“javac Hello.java”，如图 1-6 所示。

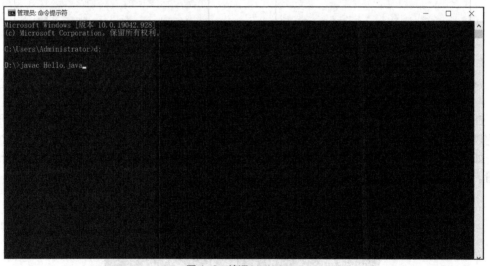

图 1-6 编译 Hello.java

如果源文件的内容没有错误，编译源文件后将生成扩展名为.class 的字节码文件，其文件名与该类的名字相同，被存放在源文件所在的目录中。如果编译时窗口中出现错误提示，则必须修改源文件，再进行编译。

1.3.3 运行

使用 JVM 中的 Java 解释器（java.exe）来解释执行字节码文件，在命令提示符窗口中输入“java Hello”，得到运行结果，如图 1-7 所示。

图 1-7　运行 Hello.java

1.4 Eclipse

1.4.1 安装 Eclipse

Eclipse 是由 IBM 公司开发的集成开发环境（Integrated Development Environment，IDE），是目前最流行的 Java 集成开发工具之一，可以从 Eclipse 的官网中下载 Eclipse。

注意　在使用 Eclipse 前必须要正确安装 JDK。

1.4.2 Eclipse 下的开发步骤

（1）启动 Eclipse，将会弹出图 1-8 所示的【工作空间启动程序】对话框，为了便于开发，将工作空间的路径设置为“E:\Workspace”。

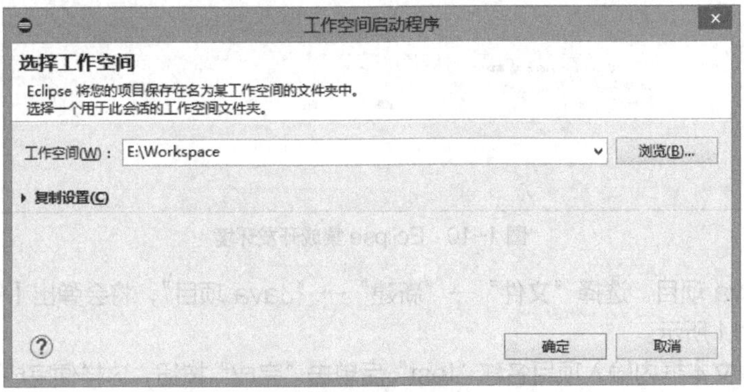

图 1-8 【工作空间启动程序】对话框

工作空间用于存放开发的所有 Java 项目。设置完成后单击“确定”按钮，将会打开 Eclipse 欢迎界面，如图 1-9 所示。

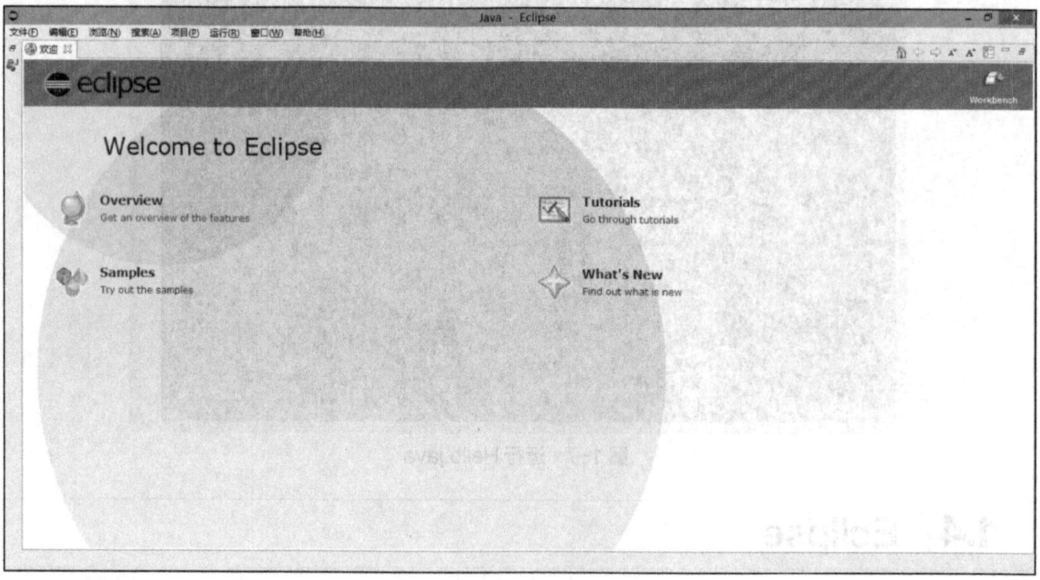

图 1-9　Eclipse 欢迎界面

单击右上角的“Workbench”按钮或关闭 Eclipse 欢迎界面，将进入 Eclipse 集成开发环境，如图 1-10 所示。

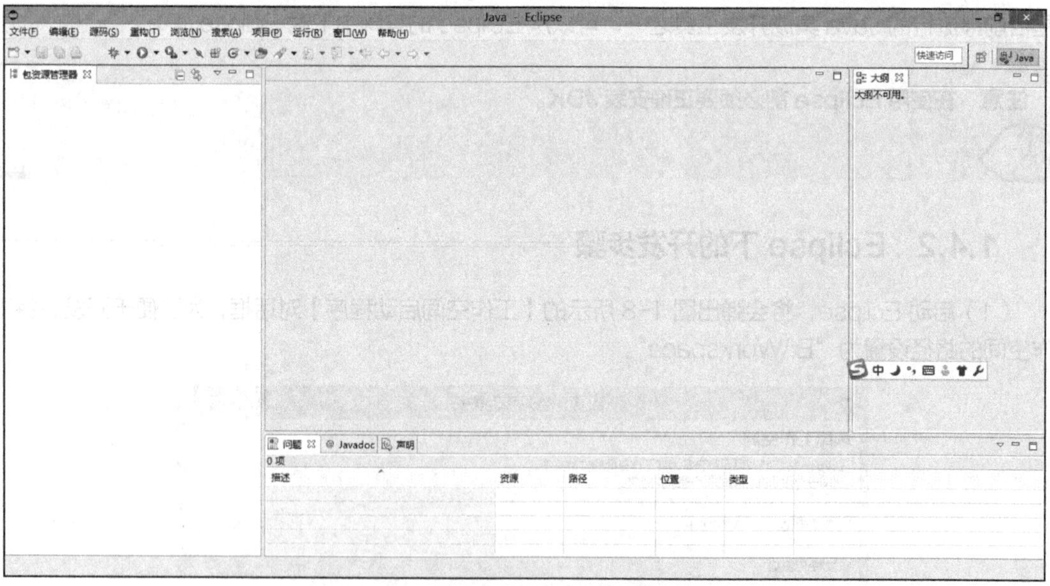

图 1-10　Eclipse 集成开发环境

（2）创建 Java 项目。选择“文件”→“新建”→“Java 项目”，将会弹出【新建 Java 项目】对话框，如图 1-11 所示。

在“项目名”文本框内输入项目名称“test”后单击“完成”按钮，这样便完成了 Java 项目的创建，如图 1-12 所示。

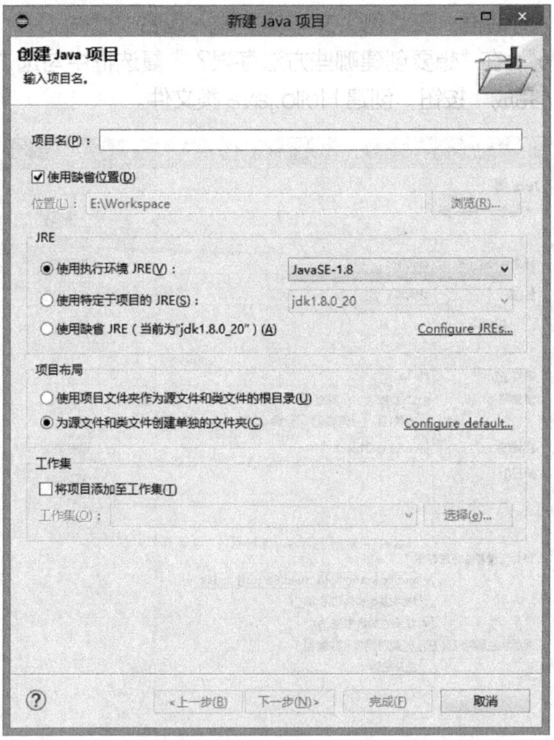

图1-11 【新建Java项目】对话框（1）

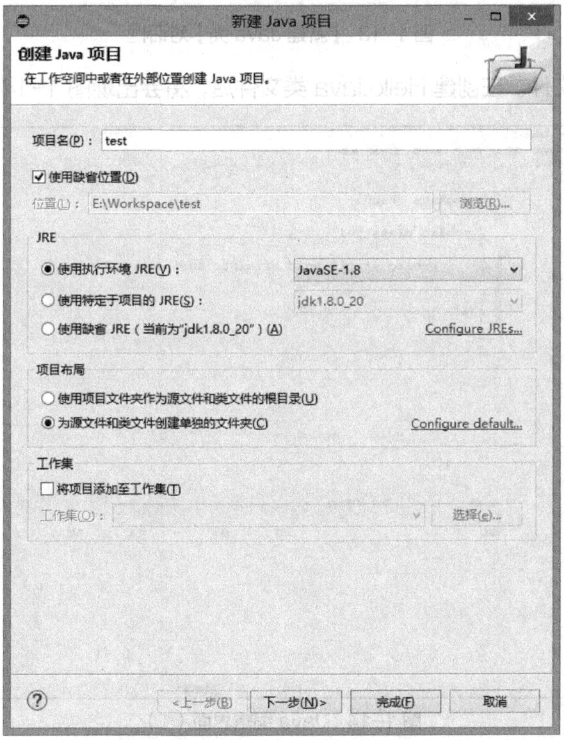

图1-12 【新建Java项目】对话框（2）

（3）创建Java类文件。在创建test项目后，选择“文件”→“新建”→“类”，将会弹出图1-13

所示的【新建 Java 类】对话框。在“包”文本框中输入包名“chap01”；在“名称”文本框中输入 Java 类文件名“Hello”；在“想要创建哪些方法存根？”复选框中勾选“public static void main (String[] args)”。单击“完成”按钮，创建 Hello.java 类文件。

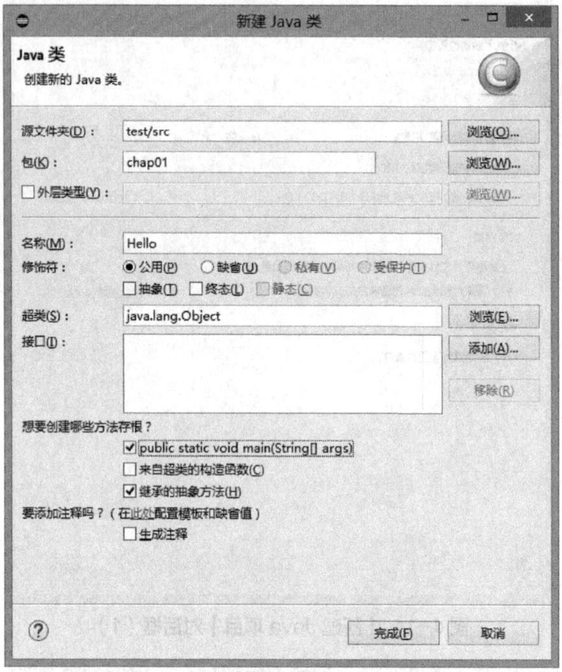

图 1-13 【新建 Java 类】对话框

（4）编辑 Java 类文件。在创建 Hello.java 类文件后，将会出现图 1-14 所示的 Java 编辑界面。

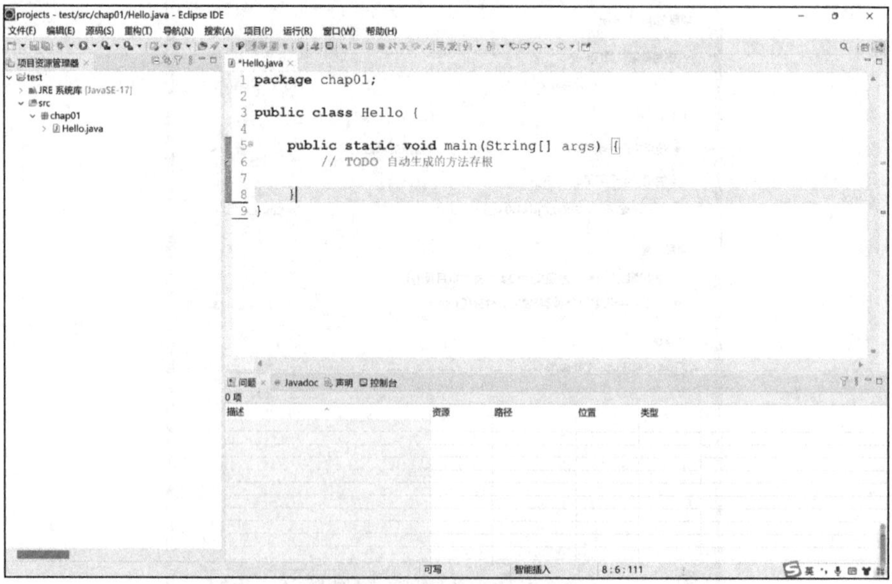

图 1-14 Java 编辑界面（1）

输入如下代码，如图 1-15 所示。

```
System.out.println("Hello Java");
```

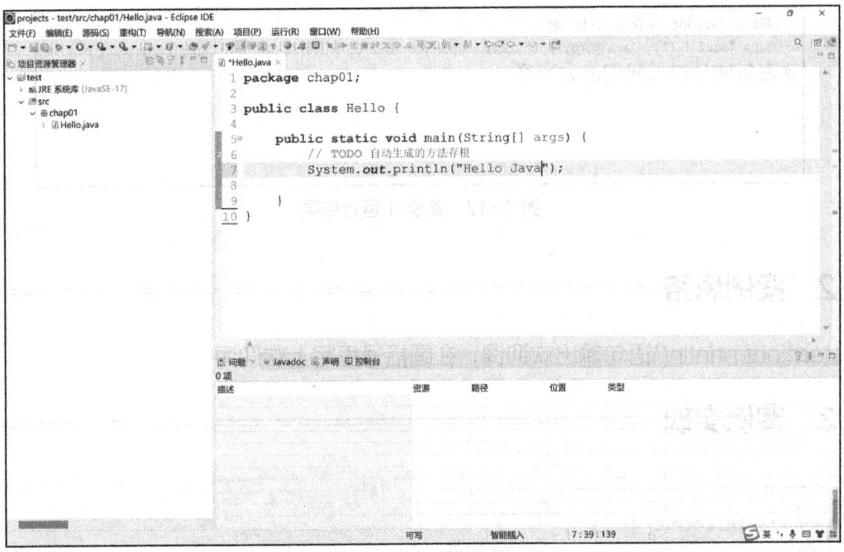

图 1-15　Java 编辑界面（2）

（5）解释并运行 Java 程序。选择菜单栏中的“运行”→“运行方式”→“Java 应用程序”，运行结果如图 1-16 所示。

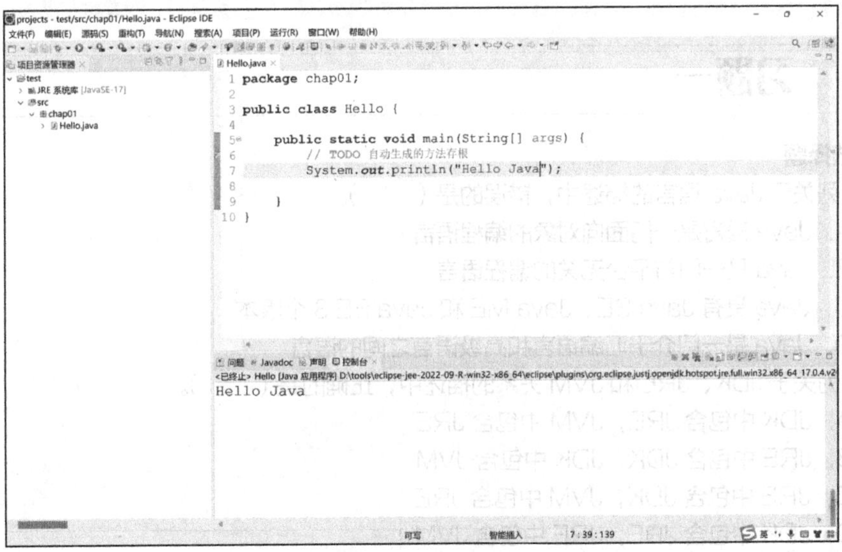

图 1-16　运行结果

这样，就成功在 Eclipse 中完成了一个 Java 应用程序的开发。

1.5　案例 1——新生入学欢迎词

案例 1

1.5.1　案例介绍

每年 9 月都是大多数高校新生入学的时间，学校会对新生的到来表示热烈的欢迎。本案例模拟各高校官网欢迎界面，显示新生入学欢迎词。本案例运行结果如图 1-17 所示。

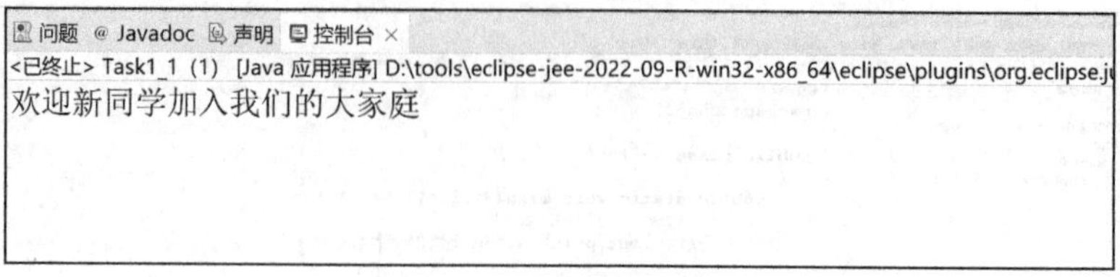

图 1-17　案例 1 运行结果

1.5.2　案例思路

用 System.out.println()语句输出欢迎词，在圆括号里写上欢迎词。

1.5.3　案例实现

```
package chap01;
public class Welcome {
    public static void main(String[] args) {
        // TODO Auto-generated method stub
        System.out.println("欢迎新同学加入我们的大家庭");
    }
}
```

习题一

一、选择题

1. 下列关于 Java 语言的描述中，错误的是（　　）。
   A. Java 语言是一门面向对象的编程语言
   B. Java 是一门与平台无关的编程语言
   C. Java 具有 Java SE、Java ME 和 Java EE 3 个版本
   D. Java 是一门介于汇编语言和高级语言之间的语言
2. 下列关于 JDK、JRE 和 JVM 关系的描述中，正确的是（　　）。
   A. JDK 中包含 JRE，JVM 中包含 JRE
   B. JRE 中包含 JDK，JDK 中包含 JVM
   C. JRE 中包含 JDK，JVM 中包含 JRE
   D. JDK 中包含 JRE，JRE 中包含 JVM
3. 以下关于 Java 解释器作用的描述中，正确的是（　　）。
   A. 它专门负责解析由 Java 编译器生成的.class 文件
   B. 它可以将编写好的 Java 文件编译成.class 文件
   C. 可以把文件压缩
   D. 可以把数据打包
4. Java 语言是一种（　　）语言。
   A. 机器
   B. 面向对象的
   C. 面向过程的
   D. 汇编

5. 下列 Java 命令中，哪一个可以编译 HelloWorld.java 文件？（　　）

   A. java HelloWorld

   B. java HelloWorld.java

   C. javac HelloWorld.java

   D. javac HelloWorld

二、填空题

1. 在 Classpath 环境变量的配置中，“.”代表的是（　　　　　）。
2. Java 程序的运行环境简称为（　　　　　）。
3. （　　　　　）环境变量用来存储 Java 的编译工具和运行工具所在的路径。
4. （　　　　　）环境变量用来保存 JVM 要运行的.class 类文件的路径。

三、简答题

1. 简述一下 Java 语言的特点。
2. 用 Eclipse 编写一个程序，要求在控制台上显示“Welcome to Java!”“Welcome to Computer Science”和“Programming is fun”，运行效果如图 1-18 所示。

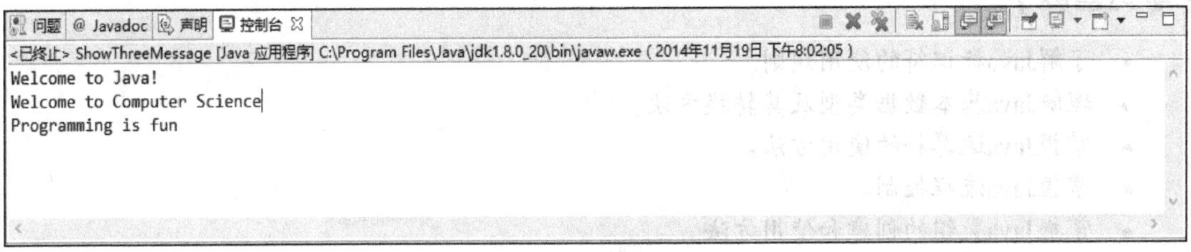

图 1-18　运行效果

第2章 Java编程基础

02

【本章导读】

学做任何事情，都要打好基础。同样地，要想掌握并熟练使用Java语言，必须充分了解Java语言中的基础知识。本章主要介绍Java的基本语法、变量、运算符、流程控制、数组和方法等。

【学习目标】

- 了解Java标识符的使用规则。
- 理解Java基本数据类型及其转换方法。
- 掌握Java运算符的使用方法。
- 掌握Java流程控制。
- 掌握Java数组的创建和使用方法。
- 掌握Java方法的定义和使用方法。

【素质拓展学习】

不以规矩，不能成方圆。——孟子《离娄章句上》

如果人人都能够遵守规则，那么对于整个社会、整个国家，将会是巨大的进步，能提升国家的形象和国际影响力。

比赛时的规则需要运动员与裁判员共同遵守，以保障比赛的公平进行；学校的规章制度需要老师与同学共同遵守，以营造良好、有秩序、积极向上的学习氛围；公司的规章制度需要领导与员工一起遵守，以保证公司的平稳运行。同样，Java语句的编写也需要严格依据语法规则来完成。

2.1 基本语法

2.1.1 注释

注释是为源程序增加必要的解释说明的内容，是程序的非执行部分。增加注释的目的是提高程序的可读性，是编写程序的良好习惯。Java 中有 3 种形式的注释。

（1）// 标识单行注释。

（2）/*　*/ 标识多行注释。

（3）/**　*/ 标识文档注释。

在编程时，如果只对一行代码添加注释，则选择第 1 种形式。如果对多行代码添加注释，则建议使用第 2 种或第 3 种形式。第 3 种形式主要用于创建 Web 页面的 HTML 文件，Java 的文档生成器能从这类注释中提取信息，并将其规范化后用于建立 Web 页面。

2.1.2 标识符

程序设计语言中的每一个成分（如变量、常量、方法和类）都需要一个名字来标识它的存在和唯一性，这个名字被称为标识符。用户可以为自己程序中的每一个成分取一个唯一的名字（标识符）。

Java 语言标识符的使用要遵循以下规定。

（1）Java 的标识符可以由字母、数字、下画线“_”和“$”组成，但只能以字母、下画线“_”或“$”开头。

（2）Java 的标识符严格区分大小写，例如 age 和 AGE 是不同的。

（3）标识符不能是 Java 关键字，但可以包含关键字。

例如，name、cha_1、$money、publicname 都是合法的标识符，而 a b、3_6、m%n、int 都是不合法的标识符。

Java 语言标识符命名的一些约定如下。

（1）类名和接口名的第一个字母用大写字母，例如 String、System、Applet、FirstByCMD 等。

（2）方法名第一个字母用小写字母，例如 main()、print()、println()等。

（3）常量（用关键字 final 修饰的变量）名全部用大写字母，各单词之间用下画线隔开，例如 TEXT_CHANGED_PROPERTY。

（4）变量名等首字母用小写字母。

（5）标识符的长度不限，但在实际命名时不宜过长，遵循“见名知意”的原则。

2.1.3 关键字

关键字是特定的程序设计语言本身已经使用并赋予特定意义的一些符号。Java 的常用关键字如表 2-1 所示。

由于程序设计语言的编译器在对程序进行编译的过程中会对关键字给予特殊对待，所以，编程人员不能用关键字作为自定义程序成分的标识符。

表 2-1 Java 的常用关键字

访问控制	private	protected	public		
类、接口、方法、变量和代码块修饰符	abstract	class	extends	final	implements
	interface	native	new	static	volatile
	strictfp	synchronized	transient		
程序控制	break	continue	return	do	while
	if	else	for	switch	case
	default	instanceof			
错误处理	try	catch	throw	throws	
包相关	import	package			
基本类型	boolean	byte	char	double	float
	int	long	short	null	true
	false				

续表

变量引用	super	this	void		
保留字	goto	const			

2.1.4 常量

常量是程序运行过程中值不能改变的量。例如数字5、字符'm'、布尔值true等。在Java中常量分为整数常量、浮点数常量、布尔常量、字符常量等。定义常量的语法格式如下。

```
final 常量类型 常量名 = 值;
```

例如：

```
final double PI = 3.14;              //浮点数常量
final String LOVE = "imooc";         //字符串常量
```

常量名一般使用大写字母。程序中使用常量可以提高代码的可维护性。例如，在项目开发时，我们需要指定用户的性别，此时可以定义一个常量SEX，赋值为 "男"，在需要指定用户性别的地方直接调用此常量即可，从而避免由于用户的不规范赋值导致程序出错的情况。

2.2 变量

2.2.1 变量的声明及初始化

变量是程序中最基本的存储单元，其要素包括变量名、变量类型和作用域。声明变量的语法格式如下。

```
变量类型 变量名=变量值
```

例如：

```
int i = 100;
float f = 12.3f;
```

使用变量前必须对变量赋值，首次对变量赋值称为初始化变量，其语法格式如下。

```
变量名=表达式;
```

其中，变量名必须是已经声明过的，表达式由值、运算符、变量组成，表达式的最终运算结果是一个值。

例如，对已声明过的int型变量i赋值，具体代码如下。

```
i = 5*(3 / 2) + 3 * 2;
```

另外，可以在声明变量的同时初始化变量，示例代码如下。

```
int i = 3, j = 4;
```

变量初始化后还可以对变量重新赋值，重新赋值后，新的值将会覆盖原来的值。

2.2.2 变量的数据类型

数据类型是语言的抽象原子概念，是语言中最基本的单元定义，在Java中将数据类型分为两种：基本数据类型和引用数据类型。

1. 基本数据类型

基本数据类型也称作内置类型，是Java语言本身提供的数据类型，是引用其他类型（包括Java核心库和用户自定义类型）的基础。Java基本数据类型的取值范围如表2-2所示。

表 2-2 Java 基本数据类型的取值范围

名称		关键字	占用字节数	取值范围
整数类型	字节型	byte	1	$-2^7 \sim 2^7-1$（-128～127）
	短整型	short	2	$-2^{15} \sim 2^{15}-1$（-32768～32767）
	整型	int	4	$-2^{31} \sim 2^{31}-1$
	长整型	long	8	$-2^{63} \sim 2^{63}-1$
浮点数类型	单精度型	float	4	$-3.4\times10^{38} \sim 3.4\times10^{38}$
	双精度型	double	8	$-1.79\times10^{308} \sim 1.79\times10^{308}$
字符类型		char	2	0～65535 或\u0000～\uFFFF
布尔类型		boolean	1	true 或 false

同时应注意以下几点。

（1）默认情况下，整数字面值是 int 型，如果要指定 long 型的整数字面值，必须在数值的后面加 L 或 l。

（2）默认情况下，浮点数字面值是 double 型。如果要指定 float 型的浮点数字面值，必须在浮点数后面加 f 或 F。例如，0.1f、-3.14F。

2. 引用数据类型

在 Java 中，除基本数据类型外的其他数据类型都是引用数据类型，自定义的 class 类也都是引用数据类型，可以像基本数据类型一样使用。例如：

```
public class MyDate {
      private int day = 8;
      private int month = 8;
      private int year = 2008;
      private MyDate(int day, int month, int year){...}
      public void print(){...}
   }
   public class TestMyDate {
      public static void main(String args[]) {
         //today 变量就是一个引用数据类型的变量
         MyDate today = new MyDate(23, 7, 2008);
      }
   }
```

2.2.3 变量的类型转换

Java 是强类型语言，对数据类型的规范要求严格。因此，在进行赋值操作时要对数据类型进行检查。用常量、变量或表达式给另一个变量赋值时，两者的数据类型要一致。如果数据类型不一致，则要进行类型转换。数据类型转换分为“自动类型转换”和“强制类型转换”两种。

1. 自动类型转换

当数据需要从低级数据类型向高级数据类型转换时，编程人员无须进行任何操作，Java 会自动完成类型转换。低级数据类型是指取值范围相对较小的数据类型，高级数据类型则指取值范围相对较大的数据类型。例如，long 型相对于 float 型是低级数据类型，但是相对于 int 型是高级数据类型。

在基本数据类型中，除了boolean类型外，其余数据类型均可参与算术运算，这些数据类型按取值范围从低到高的排列顺序如图2-1所示。

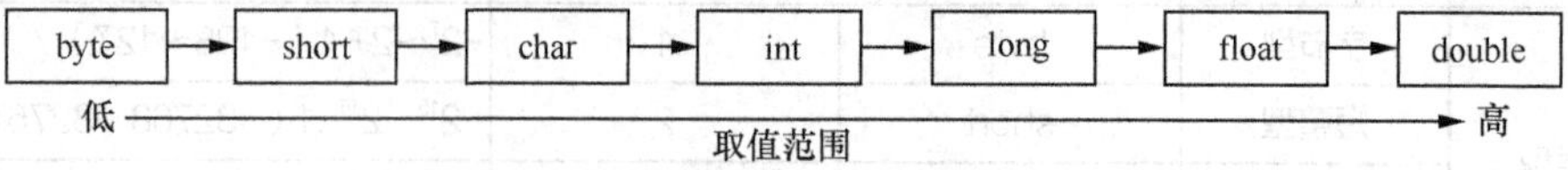

图2-1　数据类型按取值范围排列顺序

例如：

```
long a = 105;          // 105是int型，long型的取值范围比int型的大
double b = 5.52F;      // 5.52F是float型，double型的取值范围比float型的大
double d = 11;         // 11是int型，double型的取值范围比int型的大
```

2. 强制类型转换

如果需要把数据类型级别较高的数据或变量赋值给数据类型级别相对较低的变量，就必须进行强制类型转换。实现强制类型转换的语法格式如下。

```
(数据类型)数据　或　(数据类型)表达式
```

在执行强制类型转换时，可能会导致数据溢出或精度降低。

例如：

```
int a = (int) 105L;      //105L是long型，赋给int型变量前必须将其强制转换成int型
float b = (float) 5.52;  //5.52是double型，赋给float型变量前必须将其强制转换成float型
int d = (int) 1.1;       //1.1是double型，赋给int型变量前必须将其强制转换成int型
```

例2-1　对变量进行数据类型转换，代码如下，运行结果如图2-2所示。

```
package chap02;
public class Example2_1  {
    public static void main(String[] args) {
        int iNum1 = 3;
        float fNum2 = 2f;
        double dResult = 0;
        dResult = 1.5 + iNum1 / fNum2;
        System.out.println("result1=" + dResult);
        dResult = 1.5 + (double) iNum1 / fNum2;
        System.out.println("result2=" + dResult);
        dResult = 1.5 +  iNum1 / (int) fNum2;
        System.out.println("result3=" + dResult);
        }
    }
```

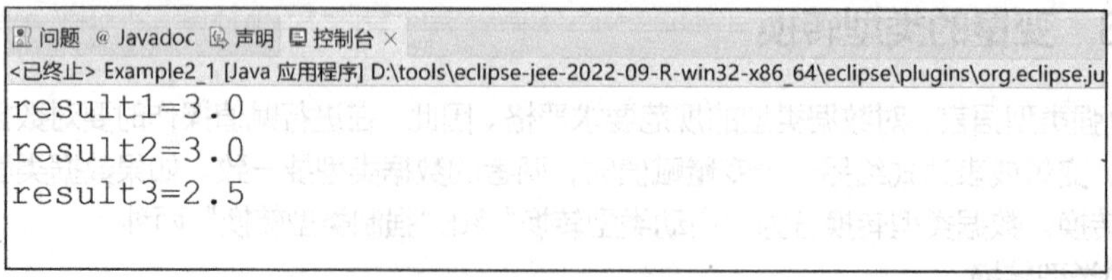

图2-2　例2-1运行结果

2.2.4　变量的作用域

在前面介绍过，变量需要先定义后使用，但这并不意味着在变量定义之后的语句中一定可以使用

该变量。变量只有在它的作用范围内才可以被使用，这个作用范围称为变量的作用域。按作用域范围划分，变量分为局部变量和成员变量。

1. 局部变量

在一个方法或代码块中定义的变量称为局部变量。局部变量在方法或代码块被执行时创建，在方法或代码块执行结束时被销毁。局部变量在使用前必须进行初始化，否则会在编译时发生错误。

2. 成员变量

在类体内定义的变量称为成员变量，它的作用域是整个类，也就是说在这个类中都可以访问到定义的成员变量。

例如：

```
public class TestDemo {
        //成员变量
        public String test1;

        public void method(String s){
            //局部变量
            String test2;
        }
    }
```

局部变量和成员变量两者之间的区别如下。

- 成员变量可以有修饰符，局部变量不能有修饰符。
- 系统会给成员变量设置默认值，但局部变量没有默认值，必须由用户手动赋值。

2.3 运算符

计算机的最基本用途之一就是执行数学运算，作为一门计算机语言，Java 也提供了一套丰富的运算符来操纵变量执行数学运算。

运算符和表达式是 Java 程序的基本组成要素。运算符是一种特殊的符号，用以表示数据的运算、赋值和比较。不同的运算符用来完成不同的运算。

Java 语言使用运算符将一个或者多个操作数连接成执行语句，形成表达式。表达式是由运算符和操作数按一定语法规则组成的符号序列。

以下是合法的表达式：

```
a + b、(a + b) * (a - b)、"name = " + "李  明"
```

表达式经过运算后都会产生一个确定的值。一个常量或一个变量是最简单的表达式。

Java 中的运算符包括算术运算符、赋值运算符、关系运算符、逻辑运算符和位运算符等。下面介绍各个运算符的使用方法。

2.3.1 算术运算符

算术运算符支持整型数据和浮点型数据的算术运算，分为双目运算符和单目运算符两种。双目运算符就是连接两个操作数的运算符，这两个操作数分别写在运算符的左右两边；而单目运算符则只搭配一个操作数，这个操作数可以位于运算符的任意一侧，但是位于不同侧有不同的含义。常用的算术运算符如表 2-3 所示。

表 2-3 算术运算符

运算符	功能	举例	运算结果	结果类型
+	加法运算	10 + 7.5	17.5	double
-	减法运算	10 - 7.5F	2.5F	float
*	乘法运算	3 * 7	21	int
/	除法运算	22 / 3L	7L	long
%	求余运算	10 % 3	1	int
++（单目）	自加 1 运算	int x = 7，y = 5; int z = (++x) * y; 或 int z = (x++) * y;	x = 8，z = 40 x = 8，z = 35	与操作数的类型相同
--（单目）	自减 1 运算	int x = 7，y = 5; int z = (--x) * y; 或 int z = (x--) * y;	x = 6，z = 30 x = 6，z = 35	与操作数的类型相同

在使用“++”和“--”运算符时，要注意它们与操作数的位置关系对表达式运算结果的影响。++或--出现在操作数前面时，先执行自加或自减运算，再执行其他运算；出现在操作数后面时，先执行其他运算，再执行自加或自减运算。

2.3.2 赋值运算符

赋值运算符的符号为“=”，它的作用是将数据、变量、对象赋值给相应类型的变量。

例如：

```
int i = 75;                              // 将数据赋值给变量
long l = i;                              // 将变量赋值给变量
```

复合赋值运算符是在赋值运算符“=”前加上其他运算符。常用的复合赋值运算符如表 2-4 所示。

表 2-4 复合赋值运算符

运算符	功能	举例	运算结果
+=	加等于	a = 3; b = 2; a += b;，即 a = a + b;	a = 5，b = 2
-=	减等于	a = 3; b = 2; a -= b;，即 a = a - b;	a = 1，b = 2
*=	乘等于	a = 3; b = 2; a *= b;，即 a = a * b;	a = 6，b = 2
/=	除等于	a = 3; b = 2; a /= b;，即 a = a / b;	a = 1，b = 2
%=	模等于	a = 3; b = 2; a %= b;，即 a = a % b;	a = 1，b = 2

2.3.3 关系运算符

关系运算符用于比较大小，运算结果为 boolean 类型，当关系表达式成立时，运算结果为 true，否则运算结果为 false。常用的关系运算符如表 2-5 所示。

表 2-5 关系运算符

运算符	功能	举例	运算结果
>	大于	'a' > 'b'	false
<	小于	2 < 3.0	true

续表

运算符	功能	举例	运算结果
==	等于	'X' == 88	true
!=	不等于	true != true	false
>=	大于或等于	6.6 >= 8.8	false
<=	小于或等于	'M' <= 88	true

要注意关系运算符“==”和赋值运算符“=”的区别！

2.3.4 逻辑运算符

逻辑运算符用于对 boolean 类型结果的表达式进行运算，运算结果还是 boolean 类型的。常用的逻辑运算符如表 2-6 所示。

表 2-6 逻辑运算符

运算符	描述	示例	结果
&	与	false & true	false
|	或	false | true	true
^	异或	true ^ false	true
!	非	!true	false
&&	逻辑与	false && true	false
||	逻辑或	false || true	true

2.3.5 位运算符

位运算符用于对操作数以二进制位为单位进行操作和运算，运算结果均为整型。位运算符又分为逻辑位运算符和移位运算符两种。

1. 逻辑位运算符

逻辑位运算符用来对操作数进行按位运算，包括“~”（按位取反）、“&”（按位与）、“|”（按位或）和“^”（按位异或）。图 2-3 为 4 个逻辑位运算的示例。

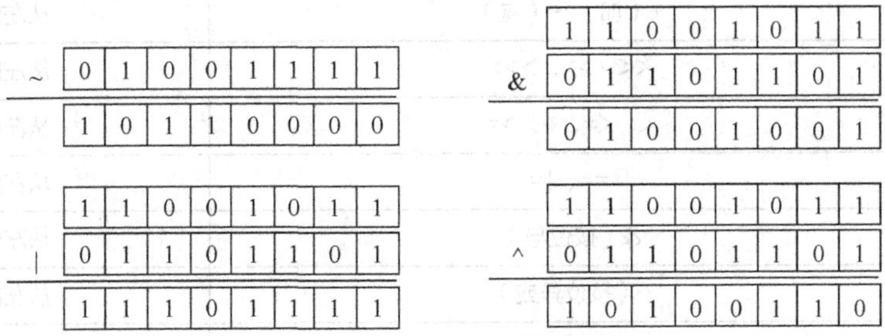

图 2-3 4 个逻辑位运算的示例

2. 移位运算符

移位运算符一般是相对于二进制数据而言的，包括“<<”（左移运算符，num<<1，相当于 num

乘2）、“>>”（右移运算符，num>>1，相当于num除以2）和“>>>”（无符号右移，忽略符号位，空位都以0补齐）。

2.3.6 其他运算符

除了前面介绍的几类运算符外，Java中还有一些不属于上述类别的运算符。

1. 字符串连接运算符“+”

语句“String s = "He" + "llo";”的执行结果为"Hello"。“+”除了可用于字符串连接外，还能将字符串与其他类型的数据相连，组成一个新的字符串。例如，语句“String s = "x" + 123;”的执行结果为字符串"x123"。

2. 三目运算符“?:”

三目运算符就是能操作3个数的运算符，如“X ? Y : Z”，X为boolean类型表达式，先计算X的值，若为true，整个三目运算的结果为表达式Y的值，否则整个运算的结果为表达式Z的值。

例如：

```
int score = 75;
String type = score >= 60 ? "及格" : "不及格";//分数大于等于60，结果为及格
```

2.3.7 运算符的优先级

当一个表达式中存在多个运算符进行混合运算时，会根据运算符的优先级来决定运算顺序，优先级最高的是括号“()”，它的作用与数学运算中的括号一样，用来指定括号内的表达式要优先处理。例如：

```
int num = 8* (4+6);            // num为80
```

结合性是指运算符结合的顺序，通常情况下是“从左到右”。最典型的具有“从右向左”的结合性的运算符是负号，例如：3 + -4，意义是3加-4，负号首先和其右侧的内容结合。

运算符优先级和结合性如表2-7所示。

表2-7 运算符优先级和结合性

优先级	运算符	结合性
1	()、[]	从左到右
2	!、+（正）、-（负）、~、++、--	从右向左
3	*、/、%	从左向右
4	+（加）、-（减）	从左向右
5	<<、>>、>>>	从左向右
6	<、<=、>、>=	从左向右
7	==、!=	从左向右
8	&（按位与）	从左向右
9	^（按位异或）	从左向右
10	|（按位或）	从左向右
11	&&	从左向右
12	||	从左向右

续表

优先级	运算符	结合性
13	?:	从左向右
14	=、+=、-=、*=、/=、%=、&=、|=、^=、~=、<<=、>>=、>>>=	从右向左

例 2-2　使用运算符的示例代码如下，运行结果如图 2-4 所示。

```
package chap02;
public class Example2_2 {
    public static void main(String[] args) {
        // TODO Auto-generated method stub
        int iNum1 = 7, iNum2 = 5,iNum3 = 10;
        System.out.println("---条件:iNum1=7 iNum2=5 iNum3=10");
        System.out.println("iNum1/iNum2 的结果为: " + iNum1 / iNum2);
        System.out.println("iNum1%iNum2 的余数为: " + iNum1 % iNum2);
        System.out.println("iNum1>iNum2 的结果为: " + (iNum1 > iNum2));
        System.out.println("iNum1==iNum2 的结果为: " + (iNum1 == iNum2));
        boolean bFirst,bSecond;
        bFirst = iNum1 > iNum2;
        bSecond = iNum1 < iNum3;
        System.out.print("\n---条件: ");
        System.out.print("bFirst=" + bFirst + " ");
        System.out.println("bSecond=" + bSecond);
        System.out.println("bFirst&bSecond 的结果为: " + (bFirst & bSecond));
        System.out.println("bFirst|bSecond 的结果为: " + (bFirst | bSecond));
        System.out.println("bFirst^bSecond 的结果为: " + (bFirst ^ bSecond));
        System.out.println("bFirst&&bSecond 的结果为: " + (bFirst && bSecond));
        System.out.println("bFirst||bSecond 的结果为: " + (bFirst || bSecond));
        System.out.println("!bFirst|bSecond 的结果为: " + (!bFirst | bSecond));
        System.out.println("!(bFirst|bSecond)的结果为: " + (!(bFirst | bSecond)));
        int iTemp = 12;
        System.out.println("\n---条件: iNum1=7 iTemp=12");
        iTemp += iNum1;
        System.out.println("iTemp+=iNum1x 结果为: " + iTemp);
        iTemp -= iNum1;
        System.out.println("iTemp-=iNum1 结果为: " + iTemp);
        iTemp *= iNum1;
        System.out.println("iTemp*=iNum1 结果为: " + iTemp);
        iTemp/=iNum1;
        System.out.println("iTemp/=iNum1 结果为: " + iTemp);
        int iResult = (iNum1 > 4) ? iNum2 : iNum3;
        System.out.println("iResult=(iNum1>4)?iNum2:iNum3 的结果为: " + iResult);
    }
}
```

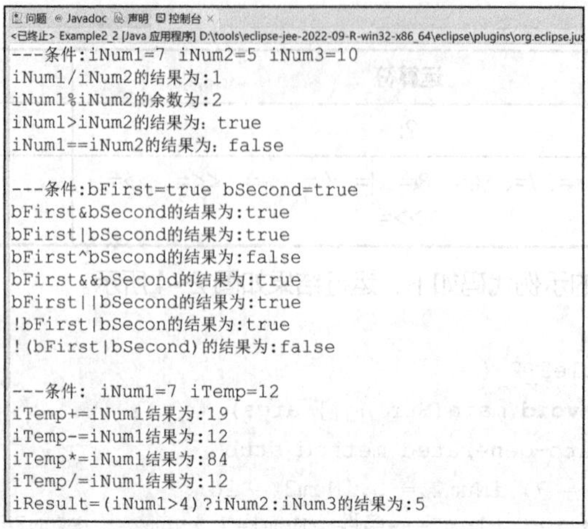
问题 Javadoc 声明 控制台
<已终止> Example2_2 [Java 应用程序] D:\tools\eclipse-jee-2022-09-R-win32-x86_64\eclipse\plugins\org.eclipse.ju
---条件:iNum1=7 iNum2=5 iNum3=10
iNum1/iNum2的结果为:1
iNum1%iNum2的余数为:2
iNum1>iNum2的结果为: true
iNum1==iNum2的结果为: false
---条件:bFirst=true bSecond=true
bFirst&bSecond的结果为:true
bFirst|bSecond的结果为:true
bFirst^bSecond的结果为:false
bFirst&&bSecond的结果为:true
bFirst||bSecond的结果为:true
!bFirst|bSecon的结果为:true
!(bFirst|bSecond)的结果为:false
---条件: iNum1=7 iTemp=12
iTemp+=iNum1结果为:19
iTemp-=iNum1结果为:12
iTemp*=iNum1结果为:84
iTemp/=iNum1结果为:12
iResult=(iNum1>4)?iNum2:iNum3的结果为:5

图2-4 例2-2运行结果

2.4 流程控制

流程是人们生活中不可或缺的一部分，人们每天都在按照一定的流程做事，例如出门搭车、上班、下班、搭车回家，这其中的步骤是有顺序的。程序设计也需要有流程控制语句来完成用户的要求，根据用户的输入决定程序要进入什么流程，即“做什么”以及“怎么做”等。

Java 语句中主要有 3 种流程控制结构：顺序结构、选择结构和循环结构。

2.4.1 顺序结构

若在程序中没有给出特别的执行目标，系统默认自上而下一行一行地执行该程序中的代码，这类程序的结构就称为顺序结构。例如：

```
System.out.println("A");
System.out.println("B");
System.out.println("C");
```

在经过计算机处理后，它就会按顺序执行程序中的代码，依次输出 A、B、C。

2.4.2 选择结构

选择结构也被称为分支结构。选择结构有特定的语法规则，代码要执行具体的逻辑运算并进行判断。逻辑运算的结果有两个，所以会产生选择，即按照不同的选择执行不同的代码。Java 语言提供了两种选择结构语句：if 语句和 switch 语句。

1. if 语句

Java 中的 if 语句主要有 3 种形式：简单的 if 条件语句、if...else 条件语句和 if...else if 多分支语句，下面分别讲解。

（1）简单的 if 条件语句

简单的 if 条件语句用于对某种条件做出相应的处理，通常表现为“如果满足某种情况，那么进行某种处理”，语法格式如下。

```
if(表达式){
语句序列
}
```

例如，如果今天下雨，我们就不出去玩。

```
if(今天下雨){
     我们就不出去玩
}
```

（2）if...else 条件语句

if...else 条件语句是条件语句最通用的形式之一，通常表现为“如果满足某种条件，就进行某种处理，否则进行另一种处理”，语法格式如下。

```
if(表达式){
     语句序列 1
}else{
     语句序列 2
}
```

例如，如果今年为闰年，二月份为 29 天，否则二月份为 28 天。

```
if(今年是闰年){
     二月份为 29 天
}else{
     二月份为 28 天
}
```

例 2-3 判断指定整数的奇偶性，代码如下，运行结果如图 2-5 所示。

```
package chap02;
import java.util.Scanner;
public class Example2_3 {
    public static void main(String[] args) {
        int num;
        Scanner in = new Scanner(System.in);
        System.out.print("请输入一个整数 ");
        num = in.nextInt();
        if(num % 2 == 0)
            System.out.println("这是偶数");
        else
            System.out.println("这是奇数");
    }
}
```

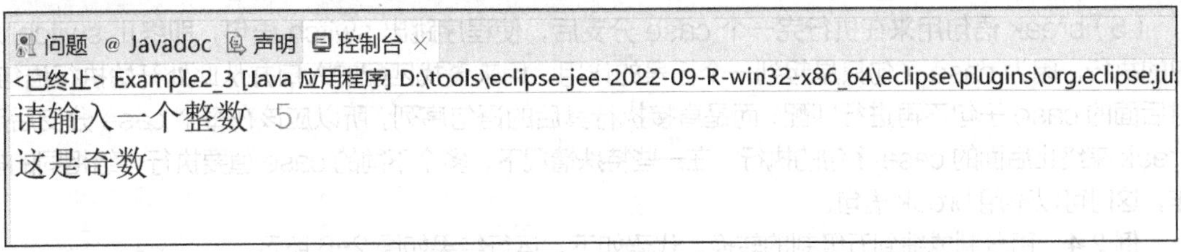

图 2-5　例 2-3 运行结果

（3）if...else if 多分支语句

if...else if 多分支语句用于针对某一事件的多种情况进行处理，通常表现为“如果满足某种条件，就进行某种处理，否则如果满足另一种条件，就进行另一种处理”，语法格式如下。

```
if(表达式 1){
     语句序列 1
```

```
}else if(表达式 2){
      语句序列 2
}else{
      语句序列 3
}
```

例如，如果今天是星期一，上数学课；如果今天是星期二，上语文课；否则上自习课。

```
if(今天是星期一){
      上数学课
}else if(今天是星期二){
      上语文课
}else{
      上自习课
}
```

2. switch 语句

switch 语句是一种简单明了的多选一语句，在 Java 语言中，可以用 switch 语句将动作组织起来进行多选一，语法格式如下。

```
switch(表达式){
      case 常量表达式 1: 语句序列 1
            [break;]
      case 常量表达式 2: 语句序列 2
            [break;]
      …
      case 常量表达式 n: 语句序列 n
            [break;]
      default: 语句序列 n+1
            [break;]
```

有以下几点说明。

（1）switch 语句中表达式的值必须是整数类型或字符类型，switch 会根据表达式的值，执行符合常量表达式的语句序列。

（2）case 后的各常量表达式的值不能相同，否则会出现错误。

（3）case 后允许有多条语句，可以不用“{}”标识。当然也可作为复合语句用“{}”标识。

（4）各 case 和 default 语句的前后顺序可以变动，且不会影响程序执行结果，但把 default 语句放在最后是一种良好的编程习惯。

（5）break 语句用来在执行完一个 case 分支后，使程序跳出 switch 语句，即终止 switch 语句的执行。因为 case 子句只是起到一个标号的作用，用来查找匹配的入口并从此处开始执行语句，对后面的 case 子句不再进行匹配，而是直接执行其后的语句序列，所以应该在每个 case 分支后用 break 来终止后面的 case 子句的执行。在一些特殊情况下，多个不同的 case 值要执行一组相同的操作，这时可以不用 break 语句。

例 2-4 百分制成绩到五级制的转换，代码如下，运行结果如图 2-6 所示。

例 2-4

```
package chap02;
import java.util.Scanner;
public class Example2_4 {
    public static void main(String[] args) {
        char cGrade;
        int iScore;
```

```
        Scanner sc = new Scanner(System.in);
        System.out.println("请输入成绩: ");
        iScore = sc.nextInt();
        switch(iScore / 10){
        case 10: cGrade = 'A';break;
        case 9: cGrade = 'A';break;
        case 8: cGrade = 'B';break;
        case 7: cGrade = 'C';break;
        case 6: cGrade = 'D';break;
        default: cGrade = 'E';
        }
        System.out.println("您的成绩为: " + iScore + "\t" + "等级为: " + cGrade);
        }
    }
```

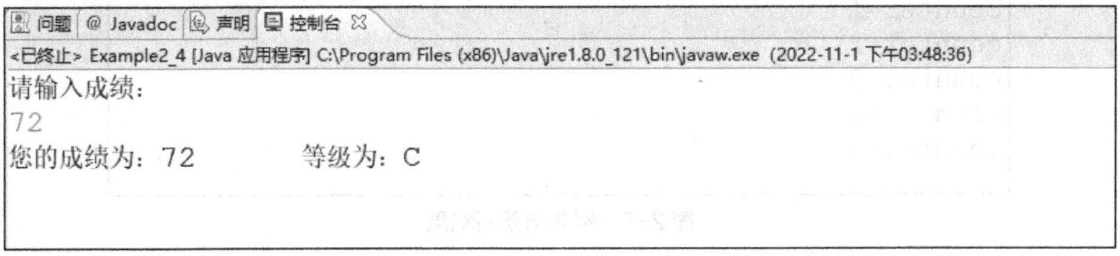

图 2-6 例 2-4 运行结果

2.4.3 循环结构

循环结构是为在程序中反复执行某个功能而设置的一种程序结构。它依据循环体中的条件，判断继续执行某个功能还是退出循环。Java 中的循环结构主要有 while 循环语句、do...while 循环语句、for 循环语句这 3 种。

1. while 循环语句

while 循环语句的循环方式为利用一个条件来控制是否要继续执行某个功能，语法格式如下。

```
while(表达式){
    语句序列(循环体)
}
```

while 循环语句在每次迭代前检查表达式。如果条件是 true，则执行循环；如果条件是 false，则该循环永远不执行。while 语句一般用于一些简单重复的工作，这也是计算机擅长的。另外，与将要讲到的 for 语句相比，while 语句可以处理事先不知道要重复多少次的循环，其执行流程如图 2-7 所示。

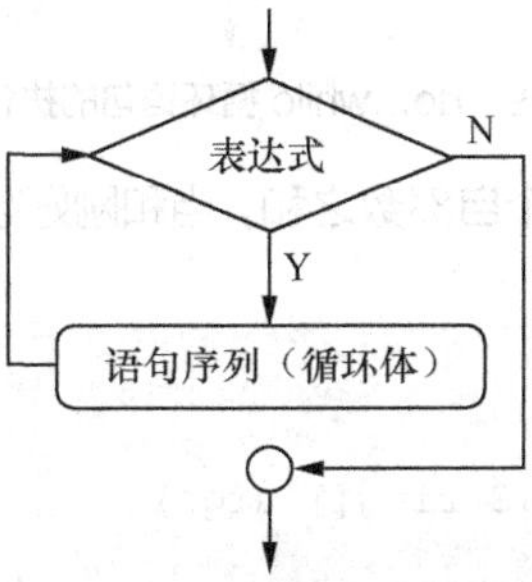

图 2-7 while 循环语句的执行流程

例 2-5　输出数字 1~5，代码如下，运行结果如图 2-8 所示。

```
package chap02;
public class Example2_5 {
    public static void main(String[] args) {
        int counter = 1;
        while(counter <= 5)
        {
            System.out.println("counter=" + counter);
            counter++;
        }
    }
}
```

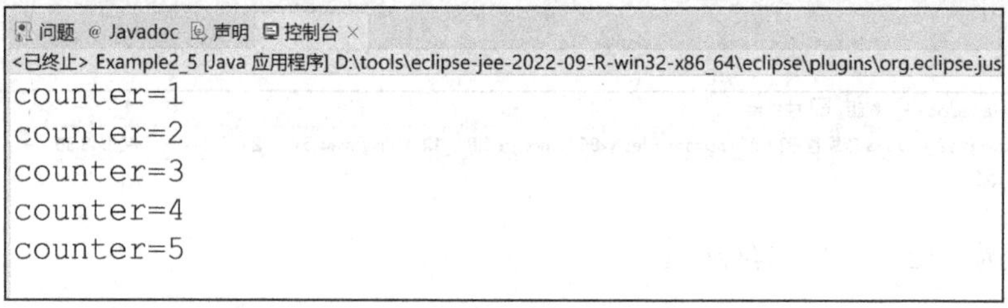

图 2-8　例 2-5 运行结果

2. do...while 循环语句

do...while 循环语句与 while 循环语句的区别是 while 循环语句先判断条件是否成立，若条件成立再执行循环体，而 do...while 循环语句则是先执行一次循环体后，再判断条件是否成立，即 do...while 至少执行一次。do...while 循环语句语法格式如下。

```
do{
    语句序列(循环体)
}while(表达式);
```

do...while 循环语句的执行流程如图 2-9 所示。

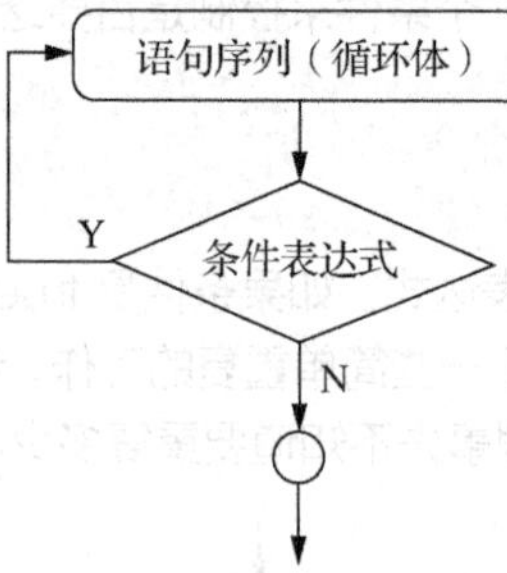

图 2-9　do...while 循环语句的执行流程

例 2-6　计算从 1 开始的连续 *n* 个自然数之和，当和刚好超过 200 时结束，求这个 *n* 值，代码如下，运行结果如图 2-10 所示。

```
package chap02;
public class Example2_6 {
    public static void main(String[] args) {
        int n = 0;
        int sum = 0;
```

```
        do
        {
            n++;
            sum += n;
        }while(sum <= 200);
        System.out.println("sum=" + sum);
        System.out.println("n=" + n);
    }
}
```

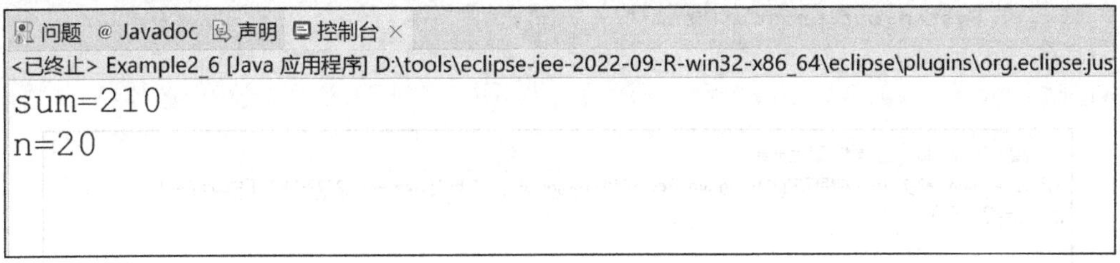

图 2-10　例 2-6 运行结果

3. for 循环语句

for 循环语句是使用最广泛的一种循环语句，其灵活多变，主要适用于已知循环次数的循环，语法格式如下。

```
for(表达式 1（初始化语句）; 表达式 2（循环条件）; 表达式 3（迭代语句））
{
  语句序列（循环体）
}
```

for 循环语句首先执行初始化语句（表达式 1），然后判断循环条件（表达式 2，当循环条件的值为 true 时，就执行一次循环体，最后执行迭代语句（表达式 3），改变循环变量的值。这样就结束了一次循环。接下来进行下一次循环（不包括初始化语句），直到循环条件的值为 false 时，才结束循环。其执行流程如图 2-11 所示。

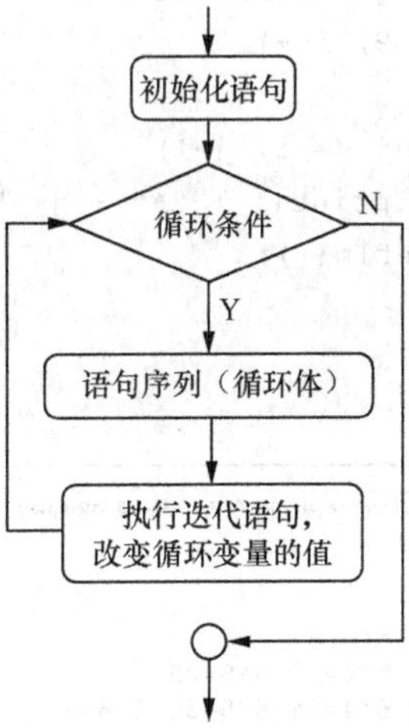

图 2-11　for 循环语句的执行流程

对于 for 循环语句有以下几点说明。

（1）for 后的圆括号中通常含有 3 个表达式，各表达式之间用“;”隔开。

（2）初始化语句、循环条件和迭代语句都可以为空语句，三者均为空时，相当于死循环。

例 2-7 求自然数 0～100 中所有偶数之和，代码如下，运行结果如图 2-12 所示。

```
public class Example2_7{
    public static void main(String[] args) {
        int sum = 0, odd;
        for(odd = 0; odd <= 100; odd += 2)
        {
            sum += odd;
        }
        System.out.println("sum=" + sum);
    }
}
```

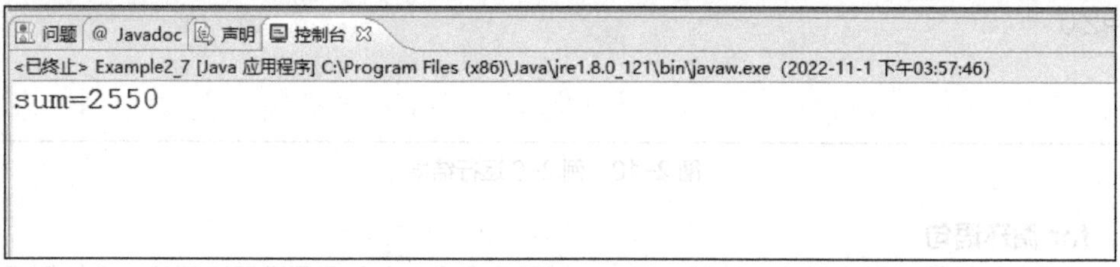
问题 @ Javadoc 声明 控制台
<已终止> Example2_7 [Java 应用程序] C:\Program Files (x86)\Java\jre1.8.0_121\bin\javaw.exe (2022-11-1 下午03:57:46)
sum=2550

图 2-12 例 2-7 运行结果

4. 循环嵌套语句

循环的嵌套就是在一个循环体内包含另一个完整的循环结构，而在这个完整的循环结构的循环体内还可以嵌套其他的循环结构。循环嵌套很复杂，在 for 语句、while 语句和 do...while 语句中都可以嵌套。

例 2-8 用嵌套 for 语句输出九九乘法表，代码如下，运行结果如图 2-13 所示。

例 2-8

```
package chap02;
public class Example2_8 {
    public static void main(String[] args) {
        // TODO Auto-generated method stub
        for(int i = 1; i <= 9; i++)
        {
            for(int j = 1; j <= i; j++)
                System.out.print(i + "*" + j+ "=" + (i * j) + " ");
            System.out.println( );
        }
    }
}
```

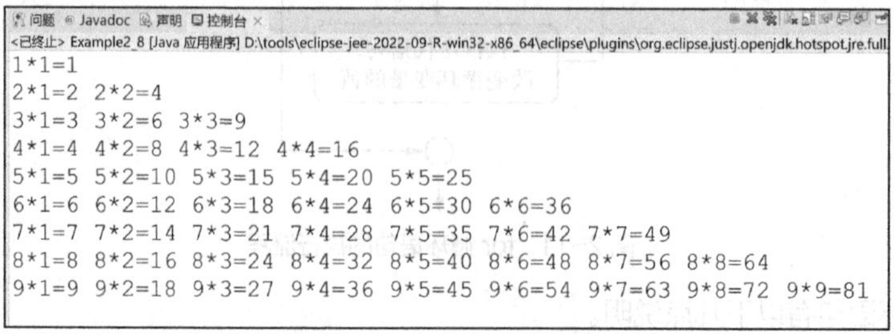
问题 Javadoc 声明 控制台
<已终止> Example2_8 [Java 应用程序] D:\tools\eclipse-jee-2022-09-R-win32-x86_64\eclipse\plugins\org.eclipse.justj.openjdk.hotspot.jre.full
1*1=1
2*1=2 2*2=4
3*1=3 3*2=6 3*3=9
4*1=4 4*2=8 4*3=12 4*4=16
5*1=5 5*2=10 5*3=15 5*4=20 5*5=25
6*1=6 6*2=12 6*3=18 6*4=24 6*5=30 6*6=36
7*1=7 7*2=14 7*3=21 7*4=28 7*5=35 7*6=42 7*7=49
8*1=8 8*2=16 8*3=24 8*4=32 8*5=40 8*6=48 8*7=56 8*8=64
9*1=9 9*2=18 9*3=27 9*4=36 9*5=45 9*6=54 9*7=63 9*8=72 9*9=81

图 2-13 例 2-8 运行结果

2.4.4 跳转语句

Java 语言抛弃了 C 语言中有争议的 goto 语句，取而代之的是两条特殊的跳转语句，即 break 语句和 continue 语句，它们用在选择结构或循环结构中，让程序员可更方便地控制程序执行的方向。

1. break 语句

break 语句可以终止循环结构或其他流程控制结构。它在 for、while 或 do...while 循环中用于强行终止循环，只要执行到 break 语句，就会终止循环体的执行。break 语句在 switch 语句里也适用。

break 语句通常适用于在循环体中通过 if 语句判定退出循环的条件，如果条件满足，但程序还没有执行完循环，使用 break 语句将强行退出循环体，执行循环体后面的语句。

如果是双重循环，而 break 语句处在内循环中，那么在执行 break 语句后只能退出内循环，如果想要退出外循环，要使用带标记的 break 语句。

例 2-9 从 0 开始，每次递增 1，求对应平方数，当平方数大于 100 时退出循环，代码如下，运行结果如图 2-14 所示。

```
package chap02;
public class Example2_9 {
    public static void main(String[] args) {
        for (int i = 0; i < 100;i++)
        {
            if (i * i > 100) break;
            System.out.println("i=" + i + " " + "i*i=" + (i * i));
        }
    }
}
```

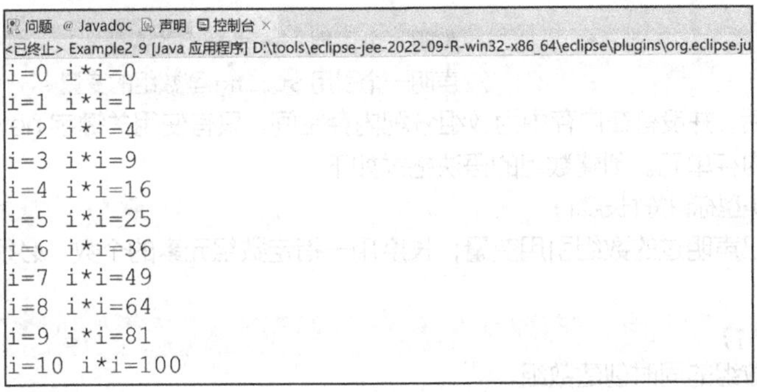

图 2-14 例 2-9 运行结果

2. continue 语句

continue 语句应用在 for、while 和 do...while 等循环语句中，如果在某次循环的执行中执行了 continue 语句，那么本次循环就会结束，即不再执行本次循环中 continue 语句后面的语句，而进行下一次循环。

例 2-10 输出 0~50 中的偶数，代码如下，运行结果如图 2-15 所示。

```
package chap02;
public class Example2_10 {
    public static void main(String[] args)
    {
        for (int i = 0; i <= 50; i++)
```

```
            {
                if ((i % 2)!= 0)
                    continue;//如果 i 是奇数，本次循环结束，跳过下面的输出语句，进行下一次循环
                System.out.print(i+" ");
            }
        }
}
```

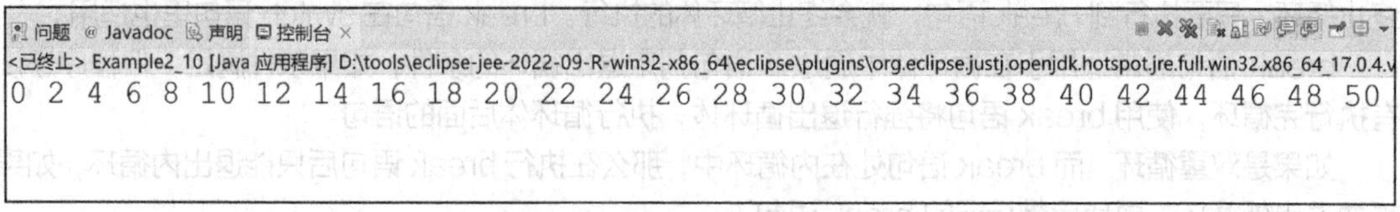

图2-15 例2-10运行结果

2.5 数组

数组是最常见的一种数据结构，它是相同类型元素的集合。数组使用一个统一的数组名和不同的索引来唯一确定数组中的元素。实质上，数组是一个简单的线性序列，因此访问速度很快。

2.5.1 一维数组

1. 数组的声明和创建

声明数组的语法格式有两种。

```
类型标识符 数组名[]或类型标识符[] 数组名
```

例如：

```
int[ ]  a;                        //声明一个引用 int 型数组的变量 a
String  s[ ];                     //声明一个引用 String 型数组的变量 s
```

声明数组变量后，并没有在内存中为数组分配内存空间。只有使用关键字 new 创建数组后，数组才拥有一片连续的内存单元。创建数组的语法格式如下。

```
变量名 = new 类型标识符[长度];
```

变量名必须是已声明过的数组引用变量；长度用于指定数组元素的个数，必须是自然数。

例如：

```
a = new int[5];
```

也可以在声明数组的同时创建数组。

例如：

```
int[ ] a = new int[5];
String  s[ ] = new String[10];
```

2. 数组的初始化

为数组分配了内存空间后就可以使用这些空间存放数组元素了，第一次存放数组元素的过程称为初始化。数组的初始化方式有两种，一种是在为数组分配内存空间的同时给出各数组元素的初始值；另一种是直接给数组的每个元素指定初始值，系统会自动根据所给出的数组元素的个数为数组分配相应的内存空间，这样其空间大小即隐式地确定了。

例如：

```
int[]  nums = {1,2,3};
int[]  nums = new int[]{1,2,3};
```

3. 访问数组元素

在 Java 中，数组索引从 0 开始，数组元素个数 length 是数组类中唯一的数据成员变量。使用 new 关键字创建数组时系统会自动给 length 赋值。数组一旦创建完毕，其大小就固定下来。程序运行时可以使用 length 进行边界检查。一般我们使用 for 循环语句来遍历数组中的全部元素。

例 2-11 读取数组元素，代码如下，运行结果如图 2-16 所示。

```
package chap02;
public class Example2_11 {
    public static void main(String[] args) {
        int i;
        int a[] = new int[5];
        for(i = 0; i < 5; i++){
            a[i] = i;
        }
        for(i = a.length - 1;i >= 0; i--){
            System.out.println("a[" + i + "]=" + a[i]);
        }
    }
}
```

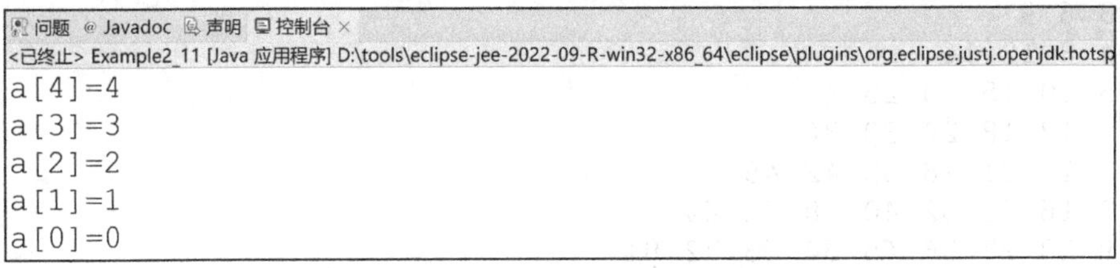

图 2-16 例 2-11 运行结果

2.5.2 二维数组

二维数组的声明语法格式与一维数组相似，只是需要使用两对方括号，其语法格式如下。

```
类型标识符 数组名[][]或类型标识符[][] 数组名
```

在初始化二维数组时，可以只指定数组的行数而不给出数组的列数，每一行的长度将在二维数组被引用时决定，但不能只指定列数而不指定行数。

例如，声明并创建一个整型二维数组 table。

```
int  table[ ][ ];                // 或int[ ][ ]  table;
table = new int[2][3];
```

也可以在声明时创建数组，写成：

```
int  table[ ][ ] = new int[2][3];
```

声明二维数组的同时也可以给出各数组元素的初始值，例如：

```
int  table[ ][ ] = { {1,2,3}, {4,5,6}};
```

引用二维数组中的元素必须使用两个索引，指出元素位于第几行、第几列。例如，第一行、第一列为 table[0][0]，第二行、第三列为 table[1][2]。

例 2-12 用二维数组语句输出九九乘法表，代码如下，运行结果如图 2-17 所示。

```
package chap02;
public class Example2_12 {
    public static void main(String[] args) {
```

```
        int a[][]=new int[9][9];
        //   生成九九乘法表
        for(int i = 0; i < a.length; i++)
            for(int j = 0; j < a[i].length; j++)
            {
                a[i][j]=(i+1)*(j+1);
            }
        for(int i = 0; i < a.length; i++)
        {
            for(int j = 0; j <= i; j++)
                System.out.print(a[i][j] + " ");
            System.out.println();
        }
    }
}
```

```
问题 @ Javadoc 声明 控制台 ×
<已终止> Example2_12 [Java 应用程序] D:\tools\eclipse-jee-2022-09-R-win32-x86_64\eclipse\plugins\org.eclipse.justj.openjdk.
1
2 4
3 6 9
4 8 12 16
5 10 15 20 25
6 12 18 24 30 36
7 14 21 28 35 42 49
8 16 24 32 40 48 56 64
9 18 27 36 45 54 63 72 81
```

图 2-17　例 2-12 运行结果

2.6 方法

Java 中的“方法”（Method）也可被称为“函数”（Function）。对于一些逻辑复杂的代码，如果希望重复使用这些代码，并且做到“随时任意使用”，那么可以将这些代码放在一个花括号“{}”中，并为其起一个名字，即方法名。使用代码的时候，直接调用方法名即可。

定义一个方法的语法格式如下。

```
[访问修饰符] 返回值类型 方法名(参数类型 参数名1, 参数类型 参数名2, ...){
    方法体;
    [return 返回值;]
}
```

对定义方法的语法格式有以下几点说明。

（1）访问修饰符：表示方法允许被访问的权限范围，可以是 public、protected、private，甚至可以省略。其中 public 表示该方法可以被其他任何代码调用，其他几种修饰符的使用在本书后面的内容中会详细讲解。

（2）返回值类型：方法返回值的类型，如果方法不返回任何值，则可以将返回值类型指定为 void；如果方法有返回值，则需要指定返回值的类型，并且在方法体中使用 return 语句返回返回值。

（3）方法名：定义的方法的名字，必须使用合法的标识符。

（4）参数列表：传递给方法的参数列表，参数可以没有也可以有多个，多个参数间以逗号“,”隔开，每个参数由参数类型和参数名组成，以空格隔开。

例 2-13 定义无参方法，输出“Hello World!”，代码如下，运行结果如图 2-18 所示。

```
package chap02;
public class Example2_13 {
    public static void main(String[] args) {
        myPrint();    //调用方法
    }
    public static void myPrint(){    //无参方法，与主方法main()同级，不能写在主方法里面
        System.out.println("Hello World!");
        return;  //可以不写
    }
}
```

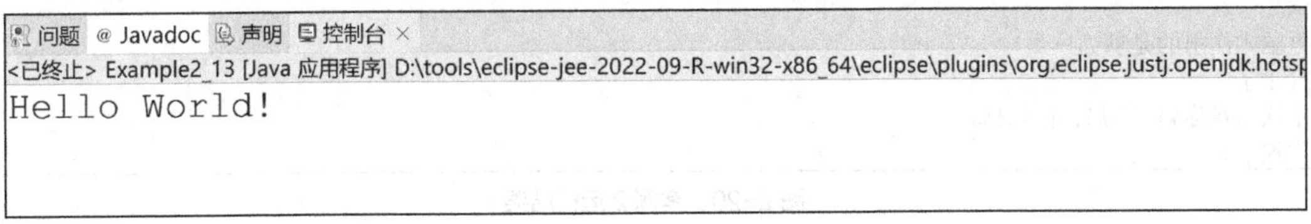

图 2-18 例 2-13 运行结果

例 2-14 定义有参方法，输出两个整数的和，代码如下，运行结果如图 2-19 所示。

```
package chap02;
public class Example2_14 {
    public static void main(String[] args) {
        int sum = add(5, 10);    //有返回值，需要定义变量接收，类型为 int
        System.out.println(sum);
    }
    public static int add(int x, int y){ //有参方法
        return x+y;  //返回 x+y 的和
    }
}
```

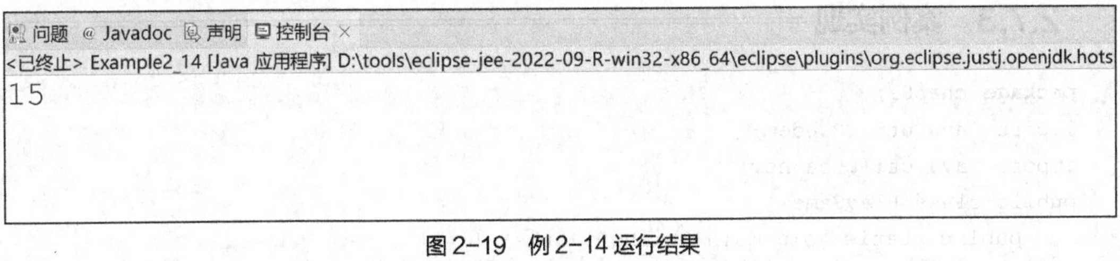

图 2-19 例 2-14 运行结果

2.7 案例 2——“剪刀石头布”小游戏

案例 2

2.7.1 案例介绍

“剪刀石头布”小游戏大家都玩过，本章案例要求编写一个“剪刀石头布”小游戏的程序。程序启动后会随机生成 0～2 的随机整数，分别代表剪刀、石头和布，玩家通过键盘输入剪刀、石头和布与电脑进行 3 轮游戏，赢的次数多的一方为赢家。若 3 局皆为平局，则最终结果判

为平局。本案例运行结果如图2-20所示。

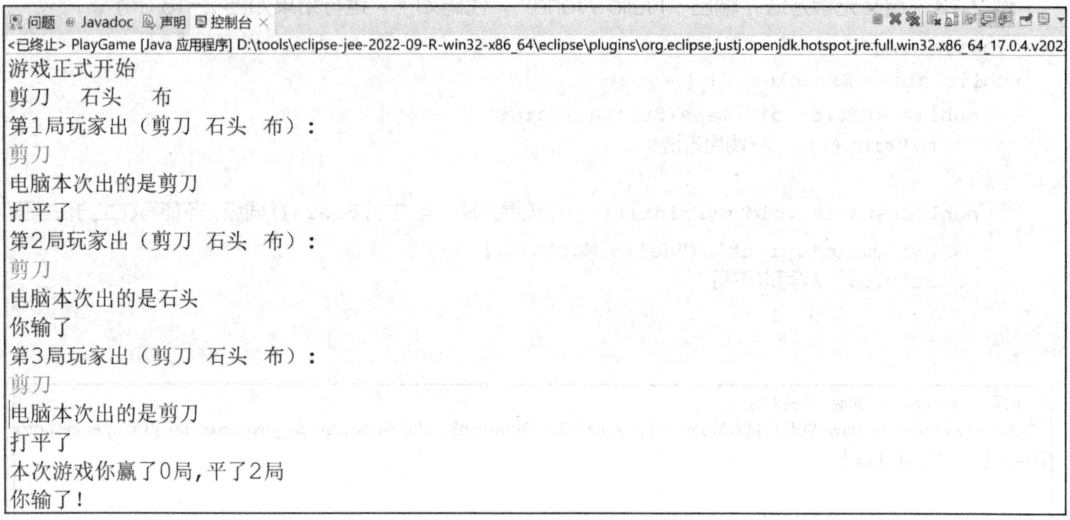
问题 @ Javadoc 声明 控制台
<已终止> PlayGame [Java 应用程序] D:\tools\eclipse-jee-2022-09-R-win32-x86_64\eclipse\plugins\org.eclipse.justj.openjdk.hotspot.jre.full.win32.x86_64_17.0.4.v202
游戏正式开始
剪刀　石头　布
第1局玩家出（剪刀 石头 布）：
剪刀
电脑本次出的是剪刀
打平了
第2局玩家出（剪刀 石头 布）：
剪刀
电脑本次出的是石头
你输了
第3局玩家出（剪刀 石头 布）：
剪刀
电脑本次出的是剪刀
打平了
本次游戏你赢了0局，平了2局
你输了！

图2-20　案例2运行结果

2.7.2　案例思路

（1）我们先输出头部显示的内容，再使用循环完成3次用户输入字符的接收和随机整数的生成，得到3个用户输入字符和3个随机整数。

（2）我们使用Random类中的nextInt(int n)方法生成0～2的随机整数，设置0代表剪刀，1代表石头，2代表布。使用if...else语句判断玩家输入的内容，将随机生成的数字与玩家输入的内容做判断，得出一轮游戏的输赢。

（3）在程序开始处定义两个int变量来记录玩家获胜或平局的场次，在游戏中玩家获胜一局时a+1，在游戏平局时b+1，再使用if...else语句判断，将结果分为获胜、和局和失败3种。如果玩家与电脑获胜场次一致，结果为和局，如果玩家获胜场次大于电脑获胜场次，则玩家获胜，反之则为失败。

2.7.3　案例实现

```
package chap02;
import java.util.Random;
import java.util.Scanner;
public class PlayGame {
    public static void main(String[] args) {
        //通过Random类中的nextInt(int n)方法生成随机整数，0代表剪刀，1代表石头，2代表布
        int a = 0;   //玩家获胜场次
        int b = 0;   //玩家平局场次
        System.out.println("游戏正式开始");
        System.out.println("剪刀　石头　布");
        Scanner sc = new Scanner(System.in);
        for(int i = 1; i <= 3; i++){
            System.out.print("第" + i + "局");
            System.out.println("玩家出（剪刀 石头 布）：");
```

```
        String enter = sc.next();  //接收用户输入的字符
        //随机生成 0～2 的随机整数
        int randomNumber = new Random().nextInt(3);
        if(enter.equals("剪刀")) {        //判断用户输入的字符
            if(randomNumber == 0) {     //判断谁输谁赢
                System.out.println("电脑本次出的是剪刀");
                System.out.println("打平了");
                b++;    //平局后 b+1
            }else if(randomNumber == 1) {
                System.out.println("电脑本次出的是石头");
                System.out.println("你输了");
            }else if(randomNumber == 2) {
                System.out.println("电脑本次出的是布");
                System.out.println("你赢了");
                a++;        //玩家赢后 a+1
            }
        }else if(enter.equals("石头")) {
            if(randomNumber == 0) {
                System.out.println("电脑本次出的是剪刀");
                System.out.println("你赢了");
                a++;
            }else if(randomNumber == 1) {
                System.out.println("电脑本次出的是石头");
                System.out.println("打平了");
                b++;
            }else if(randomNumber == 2) {
                System.out.println("电脑本次出的是布");
                System.out.println("你输了");
            }
        }else if(enter.equals("布")) {
            if(randomNumber == 0) {
                System.out.println("电脑本次出的是剪刀");
                System.out.println("你输了");
            }else if(randomNumber == 1) {
                System.out.println("电脑本次出的是石头");
                System.out.println("你赢了");
                a++;
            }else if(randomNumber == 2) {
                System.out.println("电脑本次出的是布");
                System.out.println("打平了");
                b++;
            }
        }else {
            System.out.println("输入错误，游戏终止！请认真玩游戏！");
        }
    }
    System.out.println("本次游戏你赢了" + a + "局，平了" + b + "局");
```

```
        int c = 3 - a - b;     //计算出电脑胜利的场次
        if(a == c) {           //和局
            System.out.println("和局！");
        }else if(a > b) {    //获胜
            System.out.println("你赢了！");
        }else{
            System.out.println("你输了！");
        }
    }
}
```

习题二

一、选择题

1. 下列关于多行注释的说法中，正确的是（　　）。
   A. 多行注释中不能嵌套单行注释
   B. 多行注释中可以嵌套多行注释
   C. 多行注释中不可以有分号、逗号、括号等符号
   D. 多行注释中可以没有换行符
2. 以下选项中，哪些属于合法的标识符？（　　）
   A. Hello%World
   B. class
   C. 123username
   D. username123
3. 下列选项中，不属于 Java 中关键字的是（　　）。
   A. break
   B. for
   C. Final
   D. class
4. 设有 int i = 6;，则执行以下语句后，i 的值为（　　）。

```
i += i - 1;
```

   A. 10
   B. 121
   C. 11
   D. 100
5. 下列关于方法的描述中，正确的是（　　）。
   A. 方法是对功能代码块的封装
   B. 方法没有返回值时，返回值类型可以不写
   C. 没有返回值的方法，不能有 return 语句
   D. 方法是不可以没有参数的
6. 请阅读下面的代码片段。

```
int x = 3;
if (x > 5) {
System.out.println("a");
```

```
} else {
System.out.print("b");
}
```

代码片段正确的运行结果为（　　）。

A. a

B. b

C. ab

D. 编译错误

7. 阅读下面的代码片段，正确的运行结果为（　　）。

```
public static void main(String[] args) {
{
  int a = 1;
  System.out.print(a);
}
{
  int a = 2;
  System.out.print(a);
}
  int a = 3;
  System.out.print(a);
}
```

A. 123

B. 111

C. 121

D. 编译不通过

8. 若二维数组 int arr[][]={{1,2,3},{4,5,6},{7,8}};，则 arr[1][2]的值是（　　）。

A. 2

B. 5

C. 6

D. 0

9. 下列数据类型中，哪种数据类型转为 int 型需要进行强制转换？（　　）

A. byte

B. short

C. char

D. float

10. 下列关于变量作用域的说法中，正确的是（　　）。

A. 在 main()方法中任何位置定义的变量的作用域为整个 main()方法

B. 块中定义的变量，在块外也是可以使用的

C. 变量的作用域为：从定义处开始，到变量所在块结束为止

D. 变量的作用域不受块的限制

二、填空题

1. Java 语言中，事先定义好并赋予了特殊含义的符号，被称为（　　　　）。

2. 标识符可以由任意顺序的大小写字母、数字、（　　　　）和“$”组成。

3. 在循环语句中，（　　　　）用于终止本次循环，执行下一次循环。

4. 若 x = 2，则表达式(x++) / 3 的值是（　　　　　　）。
5. Java 语言中，float 型所占存储空间为（　　　　　　）个字节。
6. 如果 int x = 3; int y = 4;，表达式 int z = x > y ? x : y;，那么 z 的执行结果是（　　　　　　）。
7. 若 int [ ] a = {12,45,34,46,23};，则 a[2]=（　　　　　　）。
8. 在 Java 中，一个小数会被默认为（　　　　　　）型的字面值。
9. switch 语句中，case 后面的值必须是（　　　　　　）。
10. 用于比较两个整数是否相等的运算符是（　　　　　　）。

三、编程题

1. 请阅读下面的代码片段，在空白处填写正确的代码。

```
class Demo{
  public static void main(String[] args){
  short s = 10 ;
  s = (_______________)(s + 10) ;
  System.out.println(s);
  }
}
```

2. 编写程序，定义一个存储 int 型数据的数组，存储的数据是 10、11、12，要求输出数组中第一个元素的值。

3. 编写一个类，根据给定时间判断该时间是否属于下午（12～18 点），如果是下午输出“下午好!”，否则不输出，要求使用 if 语句完成。

4. 定义一个 getMax()方法，用于获取两个整数中较大的数，该方法接收两个 int 型参数 a、b。提示：使用三目运算符完成比较。

5. 使用 do...while 循环语句计算正数 5 的阶乘。

第3章 面向对象（上）

03

【本章导读】

Java是面向对象的程序设计语言，与面向过程的程序设计语言相比，其更接近于人的自然思维。本章主要介绍面向对象的基本概念和特点、类的定义、对象的声明、构造方法的编写、this关键字和static关键字的使用、包的定义及使用等。

【学习目标】

- 了解面向过程与面向对象的区别。
- 了解封装、继承和多态的相关概念。
- 掌握类、对象和构造方法的概念。
- 掌握参数传递、方法重载的使用方法。
- 正确使用this关键字、static关键字。
- 了解包的概念及正确使用import语句。
- 了解访问修饰符的种类和使用规则。

【素质拓展学习】

横看成岭侧成峰，远近高低各不同。不识庐山真面目，只缘身在此山中。

——苏轼《题西林壁》

人们观察事物的立足点、立场不同，就会得到不同的结论。要认清事物的本质，就必须从各个角度去观察，既要客观，又要全面。学习面向对象思想，需要完成某种任务（或者需要实现某种功能）时，要客观且全面地考虑如何完成（如何实现），即哪个对象通过什么样的方式去完成或实现。

3.1 面向对象概述

3.1.1 面向过程与面向对象

所谓面向对象是指面向客观事物之间的关系。面向对象是一种思想，与之相对应的是面向过程，为了更好地理解面向对象，可以用面向过程来与之比较。

面向过程就是先分析出解决问题所需要的步骤，然后用方法把这些步骤依次实现，使用这些方法的时候再依次调用；面向对象是把构成问题的事物分解成各个对象，建立对象的目的不是完成某一个步骤，而是描述某个事物在整个解决问题的步骤中的行为。

例如完成一个五子棋程序的开发，面向过程的设计思路是首先分析解决问题所需要的步骤：开始游戏、黑子先走、绘制画面、判断输赢、轮到白子走、绘制画面、判断输赢、返回第二步，重复这个过程，直至游戏结果，输出最后的结果。面向过程的设计是把上面每个步骤用不同的方法来实现。

面向对象的设计则是用另外的思路来解决问题的。整个五子棋程序包括：黑白双方的玩家对象，这两方的行为是一模一样的；棋盘对象，负责绘制画面；规则系统，负责判定犯规、输赢等。第一类对象（玩家对象）负责接收用户输入，并告知第二类对象（棋盘对象）棋子布局的变化，第二类对象接收到棋子布局的变化后要负责在屏幕上面显示出这种变化，同时利用第三类对象（规则系统）来对棋局进行判定。

可以明显地看出，面向对象是以功能来划分问题的，而不是步骤。同样是绘制棋局，这样的行为在面向过程的设计中被分散在了多个步骤中，很可能出现不同的绘制版本，因为通常设计人员会考虑到实际情况进行各种各样的简化。而在面向对象的设计中，绘图只可能在棋盘对象的相关调用中出现，从而保证了绘图的统一。

3.1.2 面向对象的特点

面向对象的特点主要可以概括为封装、继承和多态，接下来对这 3 个特点进行介绍。

1. 封装

对于面向对象而言，封装是将方法和属性一起包装到一个程序单元中。这些程序单元以类的形式实现。在面向对象中，当定义对象时，往往将相互关联的数据和功能绑定在一起。就像将药用胶囊中的化学药品包装起来一样，这种做法称为封装。封装的好处之一就是隐藏信息。

2. 继承

在面向对象中，将已存在的类（称其为“父类”）的定义作为基础来建立新类的技术称为继承，建立新类时可以增加新的数据或新的功能，也可以用父类的功能，但不能选择性地继承父类。继承是实现软件复用的重要手段。

3. 多态

多态是指允许不同类的对象对同一消息做出响应。多态包括参数化多态和包含多态。支持多态的语言具有灵活、抽象、行为共享和代码共享的优势，很好地解决了应用程序方法同名的问题。多态也弥补了类单继承带来的功能不足的问题。

3.2 类与对象

面向对象的编程思想是力图使在程序中对事物的描述与该事物在现实中的形态保持一致。为了做到这一点，面向对象的思想中提出两个概念，即类和对象。其中，类是对某一类事物的抽象描述，而对象用于表示现实中该类事物的个体。类可以看成一类对象的模板或者图纸，对象可以看成该类的一个具体实例。

例如我们要创造一个人（张三），怎么创造呢？类就是图纸，规定了人的详细信息，然后根据图纸即可将人造出来。图纸（类）就是人（对象）的抽象，各式各样的人的固有属性和行为表达出的抽象概念就是人类，张三、李四这些具体的事物就是对象。

3.2.1 类的定义

类的定义也称为类的声明。类中含有两部分，分别是成员变量和成员方法。类定义的一般语法格式如下。

```
[<访问修饰符>]  class <类名> [extends <父类名>] [implements <接口名称> ]
 {
    成员变量声明
    成员方法声明
}
```

例如：

```
public class Person {  //定义了一个类，Person 是类名
    //成员变量声明
    int  age;
    //成员方法声明
    void shout(){
        System.out.println("hello,my age is " + age);
    }
}
```

3.2.2 对象的创建与使用

应用程序想要完成具体的功能，仅有类是远远不够的，还需根据类创建对象。在 Java 中，创建对象包括声明对象和为对象分配内存两个部分。

1. 声明对象

对象是类的实例，属于某个已经声明的类。因此，在声明对象之前，一定要先定义该对象的类。声明对象的语法格式如下。

```
类名  对象名;
```

例如，声明 Person 类的一个对象 person。

```
Person  person ;
```

在声明对象时，只是在栈内存中为其建立一个引用，并设置其初始值为 null，表示不指向任何内存空间。因此，使用时还需要为对象分配内存。

2. 为对象分配内存

为对象分配内存也称为实例化对象。在 Java 中使用关键字 new 来实例化对象。为对象分配内存的语法格式如下。

```
对象名= new  构造方法名([参数列表])
```

例如，在声明 Person 类的一个对象 person 后，可以通过以下代码在堆内存中为对象 person 分配内存，如图 3-1 所示。

```
Person  person=new  Person();
```

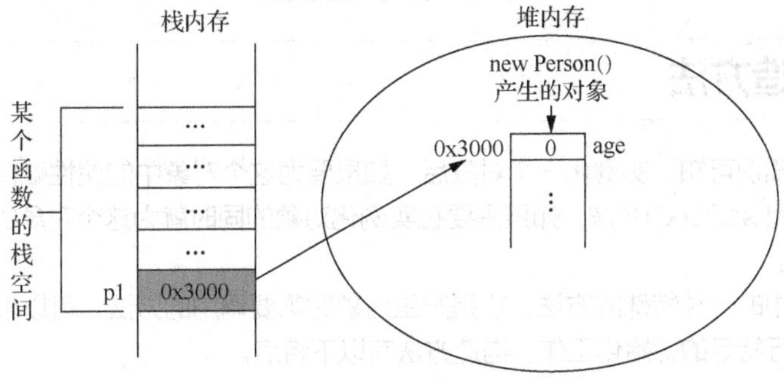

图 3-1　对象实例化时的内存分配示意

3. 对象的使用

对象创建后，如果要访问对象里的某个成员变量或方法，可以通过下面的语法格式来实现。

```
对象.成员变量
对象.成员方法(参数列表)
```

例 3-1 代码如下，运行结果如图 3-2 所示。

例 3-1

```
package chap03;
class Person{
    int age; //成员变量
    void shout(){   //成员方法
        System.out.println("hello,my age is " + age);
    }
    public int getAge() {                           //成员方法
        return age;
    }
    public void setAge(int a) {                     //成员方法
        if(a > 0){
            age = a;
        }
    }
}
public class Example3_1{
    public static void main(String[] args) {
        Person person=new Person();                 //创建对象
        person.age=20;                              //对象引用成员变量
        person.shout();                             //对象调用成员方法
        person.setAge(25);                          //对象调用成员方法
        System.out.println(person.getAge());        //对象调用成员方法
    }
}
```

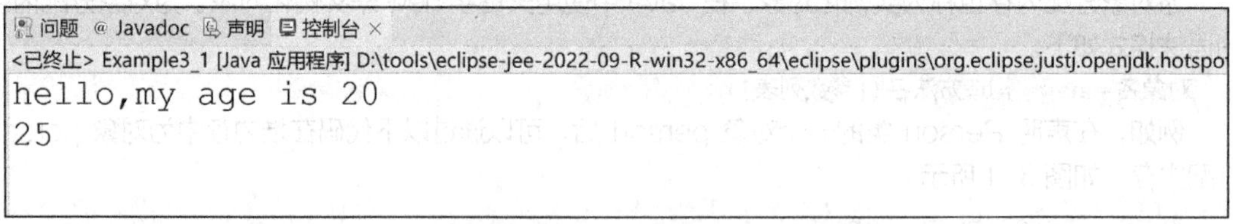

图 3-2 例 3-1 运行结果

3.3 构造方法

由前面学到的知识可知，实例化一个对象后，如果要为这个对象中的属性赋值，则必须要直接访问对象的属性或调用 setXxx()方法。如果需要在实例化对象的同时就为这个对象的属性赋值，可以通过构造方法来实现。

构造方法是类中的一种特殊的方法，它是产生对象时需要调用的方法。可以根据需要定义类的不同的构造方法，进行特定的初始化工作。构造方法有以下特点。

（1）方法名和类名一样。

（2）不能用 static、final 等修饰。

（3）没有返回值。

（4）在对象实例化的时候调用，用关键字 new 来实例化。

（5）如果一个类没有构造方法，系统会提供一个默认的构造方法。默认构造方法的参数列表和方法体均为空，所生成的对象的各属性的值也为 0 或空。

（6）如果类里定义了一个或多个构造方法，那么系统将不提供默认的构造方法，而使用类里定义的构造方法。

例 3-2 系统默认提供一个无参的构造方法的示例代码如下，运行结果如图 3-3 所示。

```
package chap03;
class Apple
{
    int num;
    float price;
}
public class Example3_2 {
    public static void main(String[] args) {
        // TODO Auto-generated method stub
        Apple apple = new Apple();  //使用系统默认提供的无参构造方法，所生成的对象的各属性的值都为 0
        System.out.println("苹果数量: " + apple.num);
        System.out.println("苹果单价: " + apple.price);
    }
}
```

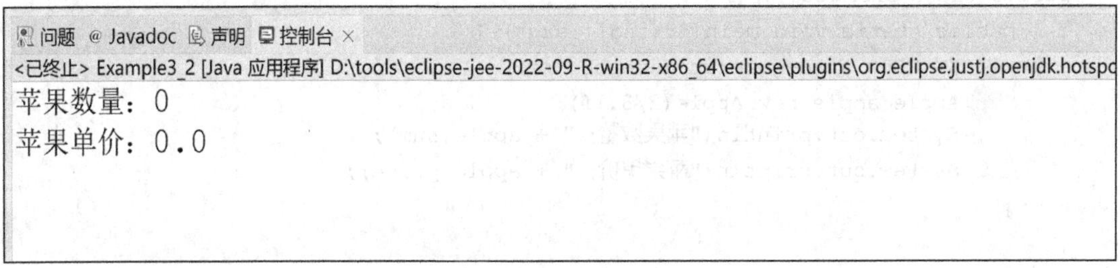

图 3-3 例 3-2 运行结果

例 3-3 类里定义了一个无参构造方法的示例代码如下，运行结果如图 3-4 所示。

```
package chap03;
class Apple {
    int num;
    float price;
    public Apple() {            //无参构造方法
        num = 10;
        price = 8.34f;
    }
}
public class Example3_3 {
    public static void main(String[] args) {
        // TODO Auto-generated method stub
```

```
        Apple apple=new Apple();  //系统将不提供默认的构造方法，使用类里定义的构造方法
        System.out.println("苹果数量：" + apple.num);
        System.out.println("苹果单价：" + apple.price);
    }
}
```

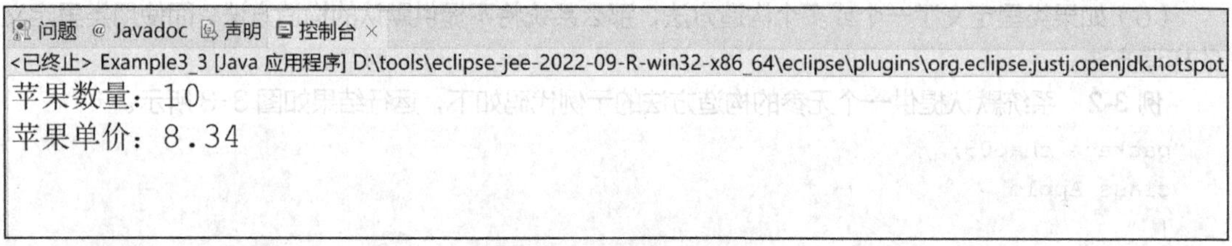

图 3-4　例 3-3 运行结果

例 3-4　类里定义了一个有参构造方法的示例代码如下，运行结果如图 3-5 所示。

```
package chap03;
class Apple {
    int num;
    float price;
    public Apple(int n,float f) {          //有参构造方法
        num = n;
        price = f;
    }
}
public class Example3_4 {
    public static void main(String[] args) {
        // TODO Auto-generated method stub
        Apple apple=new Apple(2,3.1f);
        System.out.println("苹果数量：" + apple.num);
        System.out.println("苹果单价：" + apple.price);
    }
}
```

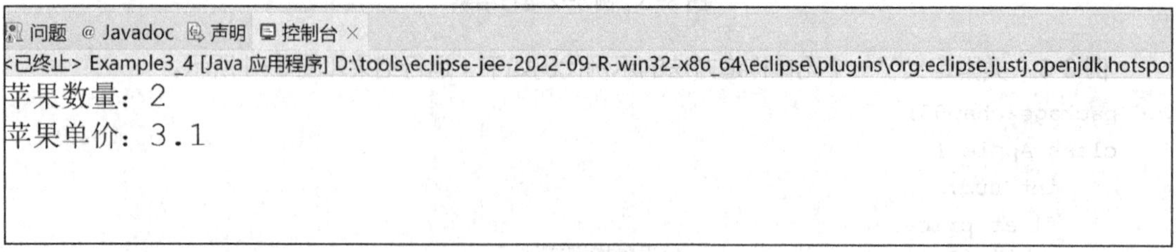

图 3-5　例 3-4 运行结果

3.4 参数传递

参数传递是 Java 程序设计中方法调用的重要步骤，通常我们把传给方法的参数称为“实参”，方法的参数列表中列出的参数称为“形参”。

Java 中是“按值”传递实参的。当形参为基本数据类型时，调用方法时会将实参“值”复制

给形参。方法返回时，形参的值并不会带回给实参，即在方法内对形参的任何修改都不会影响实参的值。

当形参为引用数据类型时，则调用方法时传递给形参的是一个地址，即实参指向对象的首地址。方法返回时，这个地址也不会被改变，但地址内保存的内容是可以改变的。因此，当从方法中退出时，所修改的对象内容可以保留下来。

例 3-5 基本数据类型参数的传值示例代码如下，运行结果如图 3-6 所示。

```
package chap03;
public class Example3_5 {
    public static void main(String[] args) {
        Example3_5 p = new Example3_5();
        int i = 10;
        System.out.println("pass 方法调用前，i 的值为=" + i);
        p.pass(i);  //实参为基本数据类型时
        System.out.println("pass 方法调用后，i 的值为=" + i);
    }
    public void pass(int i) {
        i *= 3;
        System.out.println("pass 方法中，i 的值为=" + i);
    }
}
```

```
问题 @ Javadoc 声明 控制台 ×
<已终止> Example3_5 [Java 应用程序] D:\tools\eclipse-jee-2022-09-R-win32-x86_64\eclipse\plugins\org.eclipse.justj.openjdk.hotspo
pass方法调用前，i的值为=10
pass方法中，i的值为=30
pass方法调用后，i的值为=10
```

图 3-6 例 3-5 运行结果

例 3-6 引用数据类型参数的传地址示例代码如下，运行结果如图 3-7 所示。

```
package chap03;
public class Example3_6 {
 public static void main(String[] args) {
        Example3_6 p = new Example3_6();
        User user = new User();
        user.setName("张三");
        user.setAge(18);
        System.out.println("pass 方法调用前，user=" + user.toString());
        p.pass(user); //实参是一个对象，为引用数据类型
        System.out.println("pass 方法调用后，user=" + user.toString());
    }
    public void pass(User user) {
       user.setName("李四");
       System.out.println("pass 方法中，user = " + user.toString());
    }
}
class User {
```

```
    /**
     * 姓名
     */
    private String name;
    /**
     * 年龄
     */
    private int age;
    public String getName() {
        return name;
    }
    public void setName(String name) {
        this.name = name;
    }
    public int getAge() {
        return age;
    }
    public void setAge(int age) {
        this.age = age;
    }
    @Override
    public String toString() {
        return "User{" + "name='" + name + '\'' + ", age=" + age + '}';
    }
}
```

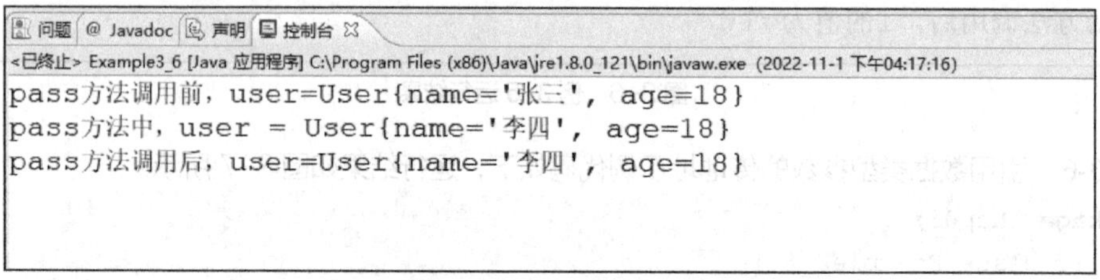

图 3-7　例 3-6 运行结果

3.5 方法重载

在一个类中，出现多个名称相同但参数个数或参数类型不同的方法，这种情况称为方法重载。Java在执行具有重载关系的方法时，将根据调用参数的个数和类型区分具体执行的是哪个方法。重载的方法之间并不一定必须有联系，但是为了提高程序的可读性，一般只重载功能相似的方法。

方法重载一般分为构造方法重载和成员方法重载。

例 3-7　实现构造方法重载和成员方法重载，代码如下，运行结果如图 3-8 所示。

例 3-7

```
package chap03;
class Person {
    private int age;                          //将成员变量设置为私有
```

```
    public Person(){                        //构造方法重载
    }
    public Person(int a){                   //构造方法重载
        age = a;
    }
    public void shout(int time){            //成员方法重载
        for(int i = 0; i < time; i++){
            System.out.println("hello,my age is " + age);
        }
    }
    public void shout(){                    //成员方法重载
        System.out.println("hello,my age is " + age);
    }
}
public class Example3_7 {
    public static void main(String[] args) {
        // TODO Auto-generated method stub
        Person person1=new Person();        //调用无参构造方法
        Person person2=new Person(20);      //调用有参构造方法
        person1.shout();                    //调用无参成员方法
        person2.shout();                    //调用无参成员方法
        person1.shout(3);                   //调用有参成员方法
        person2.shout(3);                   //调用有参成员方法
    }
}
```

```
问题 @ Javadoc 声明 控制台 ×
<已终止> Example3_7 [Java 应用程序] D:\tools\eclipse-jee-2022-09-R-win32-x86_64\eclipse\plugins\org.eclipse.justj.openjdk.hotsp
hello,my age is 0
hello,my age is 20
hello,my age is 0
hello,my age is 0
hello,my age is 0
hello,my age is 20
hello,my age is 20
hello,my age is 20
```

图 3-8　例 3-7 运行结果

3.6 this 关键字

对象被创建后，JVM 就会给这个对象分配一个引用自身的指针，这个指针的名字就是 this。因此，我们可以把 this 看作一个变量，它的值是对当前对象的引用。this 只能在类的非静态方法中使用，静态方法和静态的代码块中绝对不能出现 this，并且 this 只与特定的对象关联，而不与类关联，同一个类的不同对象有不同的 this。this 关键字主要有以下 3 种应用。

（1）通过 this 调用本类中的成员变量。需要对类中的数据进行初始化时，可以通过 this 来赋值，而无须随便定义一个变量来赋值。this 可以用来区分成员变量和局部变量（重名问题），使用 this 更有利于开发人员阅读与理解代码。

默认的语法格式是：

```
this.成员变量
```

例 3-8　通过 this 调用本类中的成员变量，代码如下，运行结果如图 3-9 所示。

```
package chap03;
class Book{//定义书的类
    private String name;//书本名字
    private double price;//书本价格
    public Book(String name,double price){ //使用 this 对类的数据进行初始化
        this.name = name;
        this.price = price;
    }
    /*public Book(String n,int p){ //若不使用 this 关键字只能这样赋值，不利于将变量与属性统一起来
        name = n;
        price = p;
    }*/
    public String getInfo(){
        return "书籍：" + name + ",价格：" + price;
    }
}
public class Example3_8 {
    public static void main(String[] args) {
        Book book = new Book("Java",89.9);
        System.out.println(book.getInfo());
    }
}
```

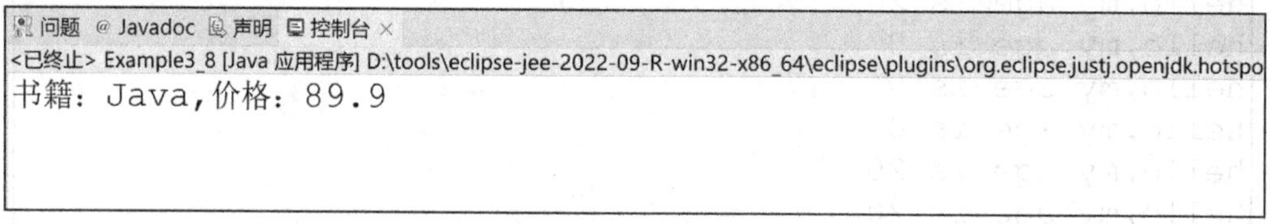

图 3-9　例 3-8 运行结果

（2）通过 this 调用本类中的其他成员方法，其默认的语法格式如下。

```
this.成员方法(参数列表)
```

例 3-9　通过 this 调用本类中的其他成员方法，代码如下，运行结果如图 3-10 所示。

```
package chap03;
class Book{//定义书的类
    private String name;//书本名字
    private double price;//书本价格
    public Book(String name,double d){//使用 this 对类的数据进行初始化
        this.name = name;
        this.price = d;
        this.print();//调用本类普通方法，虽然不使用 this 也可以进行本类普通方法的调用，但是
```

```
最好加上，目的是区分方法的定义来源
        }
        public String getInfo(){
            return "书籍：" + name + ",价格：" + price;
        }
        public void print(){
            System.out.println("*************");
        }
    }
    public class Example3_9 {
        public static void main(String[] args) {
            // TODO Auto-generated method stub
            Book book = new Book("Java",89.9);
            System.out.println(book.getInfo());
        }
    }
```

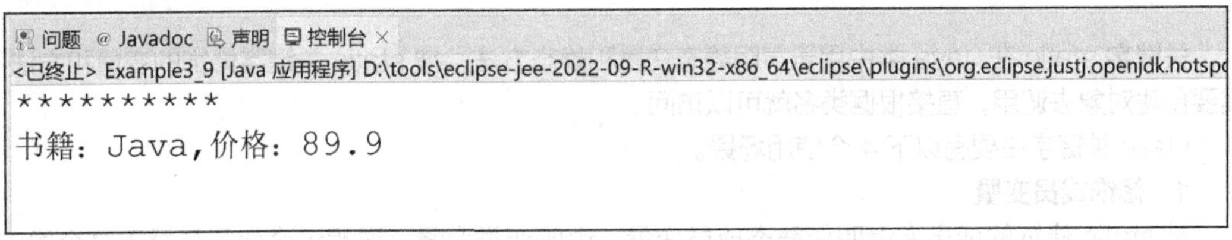

图 3-10 例 3-9 运行结果

（3）通过 this 调用本类中的其他构造方法（调用时必须将相关语句放在构造方法的首行），其默认的语法格式如下。

```
this(参数列表)
```

例 3-10 通过 this 调用本类中的其他构造方法，代码如下，运行结果如图 3-11 所示。

```
package chap03;
class Book{//定义书的类
    private String name;//书本名字
    private double price;//书本价格
    public Book(){//无参构造方法
        System.out.println("*************");
    }
    public Book(String name){//一参构造方法
        this();//调用本类中的无参构造方法
        this.name = name;
    }
    public Book(String name,double d){//二参构造方法
        this(name);//调用本类中的一参构造方法
        this.price = d;
    }
    public String getInfo(){
        return "书籍：" + name + ",价格：" + price;
    }
```

```
    }
    public class Example3_10 {
        public static void main(String[] args) {
            Book book = new Book("Java 语言",56.2);
            System.out.println(book.getInfo());
        }
    }
```

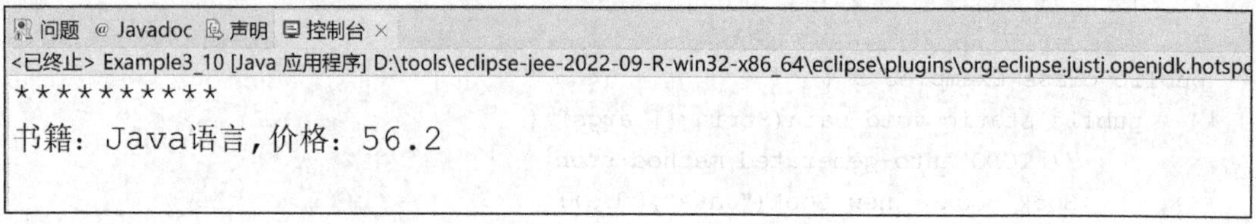

图 3-11　例 3-10 运行结果

3.7 static 关键字

关键字 static 在 Java 类中用于声明静态变量和静态方法，被 static 关键字修饰的变量和方法不需要创建对象去调用，直接根据类名就可以访问。

static 关键字主要有以下 4 个使用场景。

1. 修饰成员变量

被 static 修饰的成员变量叫作静态成员变量，也叫作类变量，说明这个变量是属于某个类的，而不是属于对象的；没有被 static 修饰的成员变量叫作实例变量，说明这个变量是属于某个具体的对象的。

调用静态变量的语法格式如下。

```
类名称.静态成员变量    //静态成员变量
```

例 3-11　代码如下，运行结果如图 3-12 所示。

```
package chap03;
class Cat {
    /**
     * 静态成员变量
     */
    static int sid = 0;
    String name;
    int id;
    Cat(String name) {
        this.name = name;
        id = ++sid;
    }
    public void info() {
        System.out.println("My Name is " + name + ",NO." + id);
    }
}
public class Example3_11 {
    public static void main(String[] args) {
```

```
        // TODO Auto-generated method stub
        Cat.sid = 100;   //访问静态成员变量
        Cat mimi = new Cat("mimi");
        Cat pipi = new Cat("pipi");
        mimi.info();
        pipi.info();
    }
}
```

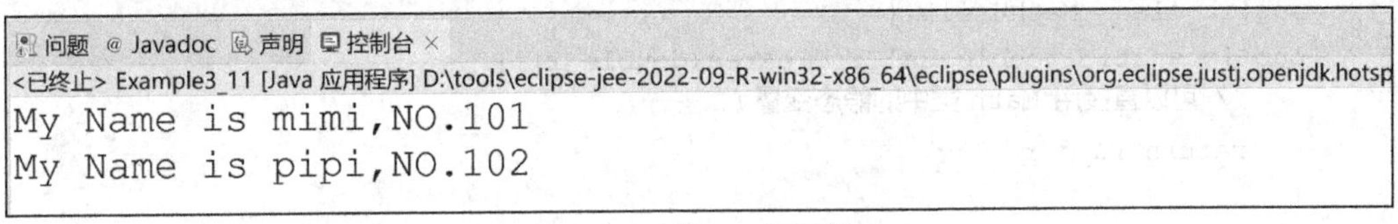

图 3-12　例 3-11 运行结果

我们发现，给 sid 属性加了 static 关键字之后，Cat 对象就不再拥有 sid 属性了，sid 属性会统一交给 Cat 类去管理，即多个 Cat 对象只会对应一个 sid 属性，一个对象如果对 sid 属性做了修改，其他的对象在使用 sid 属性时都会受到影响。

2. 修饰成员方法

static 的另一个使用场景是修饰成员方法。相比于修饰成员属性，修饰成员方法对数据的存储并不会产生多大的变化，因为我们从之前的程序可以看出，方法本来就是存放在类的定义中的。static 修饰成员方法最大的作用就是可以使用"类名.方法名"的方式操作方法，避免了先使用 new 创建对象的烦琐和资源消耗。我们可能会经常在帮助类中看到它的使用。

调用静态方法的语法格式如下。

```
类名称.静态方法()//静态方法
```

例 3-12　代码如下，运行结果如图 3-13 所示。

```
package chap03;
public class Example3_12 {
    public static void display(Object o){
        System.out.println(o);
    }
    public static void main(String[] args) {
        Example3_12.display("Hello world");
    }
}
```

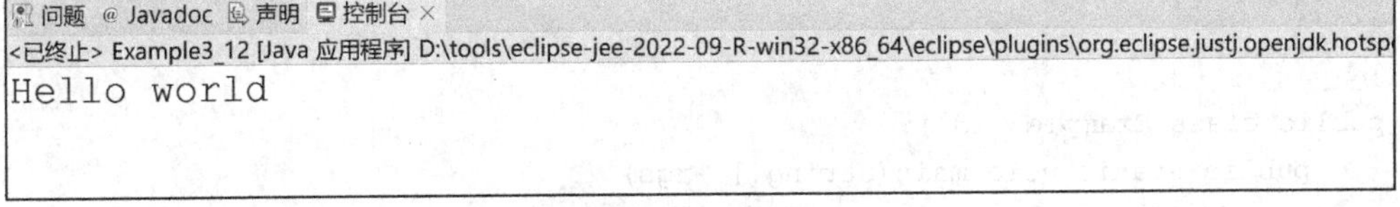

图 3-13　例 3-12 运行结果

3. 定义静态代码块

定义静态代码块通常来说是为了对静态变量进行一些初始化操作，定义静态代码块的语法格式如下。

```
public class 类名称{
```

```
    static {
        //静态代码块的内容
    }
}
```

4. 静态导包

静态导包其实就是 import static，用来导入某个类或者某个包中的静态方法或者静态变量。示例代码如下。

```
import static java.lang.Math.PI;
    public class MathUtils {
    public static double calCircleArea(double r) {
        // 可以直接用 Math 类中的静态变量 PI
        return PI * r * r;
    }
}
```

使用 static 关键字有以下几点说明。

（1）在静态方法里不能访问非静态的变量或者方法，也不能出现 this 关键字。

（2）静态代码块只在类加载的时候执行一次，以后再也不执行了。

（3）static 不能修饰局部变量。

（4）创建一个对象的时候，先初始化静态变量、执行静态代码块，再初始化属性，最后执行构造方法。

3.8 包

在 Java 语言中，为了对同一个项目中的多个类和接口进行分类和管理，防止命名冲突，以及将若干相关的类组合成较大的程序单元，会把这些类放在同一个文件夹下进行管理，此文件夹称为包。定义包的语法格式如下。

```
package pkg1[. pkg2[. pkg3…]];
```

这条语句必须放在源文件的开头，并且语句前面无空格。包名一般全部用小写字母。Java 中对包的管理类似于操作系统中对文件系统目录的管理。在包语句中用圆点（.）实现包之间的嵌套，表明包的层次。编译后的.class 文件必须放在与包层次相对应的目录中。

例 3-13 定义一个包，代码如下，运行结果如图 3-14 所示。

```
package chap03.Pack1; //定义一个有层次的包
class Demo{
    public String getInfo(){
        return "HelloWorld";
    }
}
public class Example3_13 {
    public static void main(String[] args) {
        // TODO Auto-generated method stub
        Demo demo = new Demo();
        System.out.println(demo.getInfo());
    }
}
```

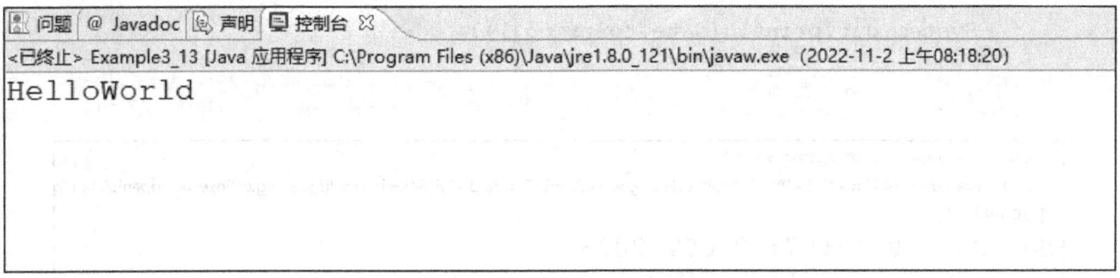

图 3-14　例 3-13 运行结果

由于包创建了新的名字空间（Namespace），所以不会跟其他包中的任何名字产生命名冲突。使用包这种机制，更容易实现访问控制，并且让定位相关类变得更加简单。

3.9 import 语句

当一个 Java 类需要另一个类的对象作为自己的成员或方法中的局部变量时，如果这两个类在同一个包下（同文件夹下）当然没问题，但是如果不在同一个包下，就需要用 import 语句来导入其他包中的类。

在一个 Java 源文件中可以有多条 import 语句，它们必须写在 package 语句（假如有 package 语句的话）和源文件中类的定义之间。

import 语句主要有以下两个使用场景。

1. 引入 Java 提供的类

在编写源文件的时候，除了自己编写的类外，经常需要使用 Java 提供的许多类，这些类可能在不同的包中。为了能够使用 Java 提供给我们的类，可以使用 import 语句引入包中的类。

Java 为我们提供了大约 130 多个包，其中比较常见的包有以下几个。

- java.lang 包中包含所有的基本语言类。
- javax.swing 包中包含抽象窗口工具集中的图形、文本、窗口 GUI 类。
- java.io 包中包含所有的输入输出类。
- java.util 包中包含实用类。
- java.sql 包中包含操作数据库的类。
- java.nex 包中包含所有实现网络功能的类。
- java.applet 包中包含所有实现 Java applet 的类。

如果要引入一个包中的全部类，则可以用通配符（*）来代替，示例代码如下。

```
import java.util.*;
```

上述代码表示引入 java.util 包中所有的类。而如果要引入包中的某个类，示例代码如下。

```
import java.util.Date;
```

上述代码表示只是引入 java.util 包中的 Date 类。

例 3-14　引入其他包中的类，代码如下，运行结果如图 3-15 所示。

```
package chap03;
import java.util.Date;   //引入 java.util 包中的 Date 类
public class Example3_14 {
    public static void main(String[] args) {
        // TODO Auto-generated method stub
        Date date = new Date();  //使用 java.util 包中的 Date 类创建对象，显示本地时间
        System.out.println("本地时间是：");
```

```
        System.out.println(date.toString());
    }
}
```

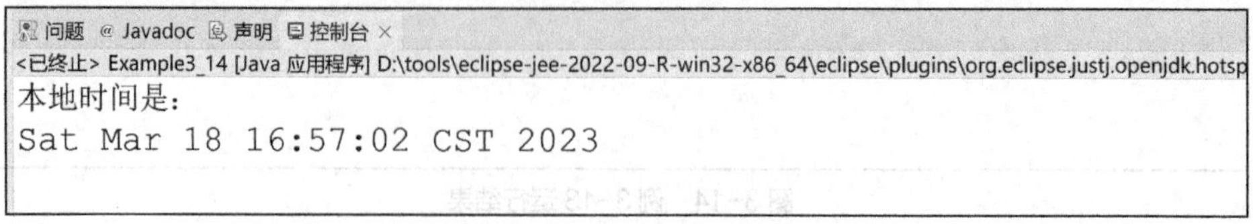

图 3-15　例 3-14 运行结果

2. 引入自定义包中的类

用户也可以使用 import 语句引入非类库中的有包名的类，示例代码如下。

```
import p2.OtherPackage;    //导入p2包下的OtherPackage类
```

例 3-15　引入自定义包中的类，代码如下，运行结果如图 3-16 所示。

例 3-15

定义一个放在 pack.Example 包中的 Rect 类。

```
package pack.Example;
public class Rect {
    double width,height;
    public double getWidth() {
        return width;
    }
    public void setWidth(double width) {
        this.width = width;
    }
    public double getHeight() {
        return height;
    }
    public void setHeight(double height) {
        this.height = height;
    }
    public double getArea()
    {
        return this.width * this.height;
    }
}
```

引入 pack.Example 包中的 Rect 类。

```
package chap03;
import pack.Example.Rect;
public class Example3_15 {
        // TODO Auto-generated method stub
        public static void main(String[] args) {
            Rect rect = new Rect();
            rect.setHeight(10);
            rect.setWidth(5);
            System.out.println("面积=" + rect.getArea());
    }
}
```

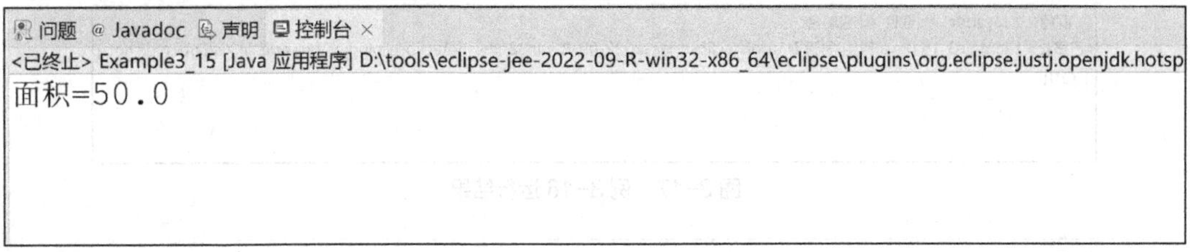

图 3-16　例 3-15 运行结果

3.10　访问权限

根据类的封装性，设计者既要为类提供与其他类或者对象联系的方法，又要尽可能地隐藏类中的实现细节。为了实现类的封装性，设计者要为类及类中成员变量和成员方法分别设置必要的访问权限，使所有子类、同一包中的类、本类等不同关系的类具有不同的访问权限。

访问修饰符是一组限定类、属性或方法是否可以被程序里的其他部分访问和调用的修饰符，这些修饰符提供了不同级别的访问权限。访问修饰符有 public、protected 和 private，它们都是 Java 的关键字，其权限如表 3-1 所示。

表 3-1　访问修饰符的权限

修饰符	包外	子类	包内	类内
public	yes	yes	yes	yes
protected	no	yes	yes	yes
private	no	no	no	yes
无修饰符	no	no	yes	yes

例 3-16　代码如下，运行结果如图 3-17 所示。

```
package chap03;
class People {
    private String name = null;  //私有变量
    public People(String name) {
        this.name = name;
    }
    public String getName() {
        return name;
    }
    public void setName(String name) {
        this.name = name;
    }
}
public class Example3_16{
    public static void main(String[] args) {
        People people = new People("Tom");
//      people.name = "Herry"; //非法使用私有变量
        System.out.println(people.getName());
    }
}
```

```
问题 @ Javadoc 声明 控制台 ×
<已终止> Example3_16 [Java 应用程序] D:\tools\eclipse-jee-2022-09-R-win32-x86_64\eclipse\plugins\org.eclipse.justj.openjdk.hotsp
Tom
```

图 3-17 例 3-16 运行结果

3.11 案例 3——查看手机属性与功能

案例 3

3.11.1 案例介绍

随着科技的发展，手机的使用越来越广泛，手机的属性也越来越多，其功能也越来越强大。使用本章所学知识编写一个查看手机属性与功能的程序，测试手机的各种属性与功能。使用手机时，输出当前手机的各个属性以及正在使用的功能。本案例运行结果如图 3-18 所示。

```
问题 @ Javadoc 声明 控制台 ×
<已终止> PhoneDemo [Java 应用程序] D:\tools\eclipse-jee-2022-09-R-win32-x86_64\eclipse\plugins\org.eclipse.justj.openjdk.hotsp
品牌：小米
型号：Xiaomi 12S
操作系统：MIUI13
价格：3999元
内存： 8G

使用自动拨号功能：
拨打妈妈的电话号码
玩贪吃蛇游戏
播放歌曲：《我的中国心》
*********************
品牌：华为
型号：P50
操作系统：HarmonyOS
价格：6666元
内存： 16G

使用自动拨号功能：
拨打爸爸的电话号码
玩贪吃蛇游戏
播放歌曲：《北京欢迎你》
```

图 3-18 案例 3 运行结果

3.11.2 案例思路

（1）通过案例介绍可知，需要定义一个手机类 Phone 实现手机的概念。

（2）手机的属性包括品牌（brand）、型号（type）、操作系统（os）、价格（price）和内存（memorySize）等。因此，需要在手机类中定义品牌（brand）、型号（type）、价格（price）、操作系统（os）和内存（memorySize）等成员变量。

（3）手机的功能包括查看手机信息（about()）、打电话（call()）、玩游戏（playGame()）、播放音乐（playMusic()）。所以，需要定义对应的方法 about()、call()、playGame()、playMusic()。

（4）定义一个主类 PhoneDemo，通过两种方式创建两个手机对象，分别调用不同的方法完成对各项功能的测试。

3.11.3 案例实现

```
package chap03;
  public class Phone {
      private String brand;   // 品牌
      private String type;    // 型号
      private String os;      // 操作系统
      private int price;      // 价格
      private int memorySize; // 内存
      // 无参构造方法
      public Phone(){
      }
      // 有参构造方法
      public Phone(String brand, String type, String os, int price, int memorySize) {
          this.brand = brand;
          this.type = type;
          this.os = os;
          this.price = price;
          this.memorySize = memorySize;
     }

     public String getBrand() {
          return brand;
     }
     public void setBrand(String brand) {
          this.brand = brand;
     }
     public String getType() {
          return type;
     }
     public void setType(String type) {
          this.type = type;
     }
     public String getOs() {
          return os;
     }
     public void setOs(String os) {
          this.os = os;
     }
     public int getPrice() {
          return price;
     }
     public void setPrice(int price) {
          this.price = price;
     }
     public int getMemorySize() {
```

```
        return memorySize;
    }
    public void setMemorySize(int memorySize) {
        this.memorySize = memorySize;
    }
    // 查看手机信息
    public void about() {
        System.out.println("品牌: " + brand + "\n" + "型号: " + type + "\n" +
                "操作系统:" + os + "\n" + "价格:" + price + "元\n" + "内存: " + memorySize
                 + "G\n");
    }
    // 打电话
    public void call(int num) {
        System.out.println("使用自动拨号功能: ");
        String phoneNo = "";
        switch (num) {
        case 1: phoneNo = "拨打爸爸的电话号码";break;
        case 2: phoneNo = "拨打妈妈的电话号码";break;
        }
        System.out.println(phoneNo);
    }
    // 玩游戏
    public void playGame() {
        System.out.println("玩贪吃蛇游戏");
    }
    // 播放音乐
    public void playMusic(String song) {
        System.out.println("播放歌曲: " + song);
    }
}
package chap03;
public class PhoneDemo {
    public static void main(String[] args) {
        // 通过无参构造方法创建手机对象一
        Phone p1 = new Phone();
        p1.setBrand("小米");
        p1.setType("Xiaomi 12S");
        p1.setOs("MIUI13");
        p1.setPrice(3999);
        p1.setMemorySize(8);
        // 测试 p1 的各项功能
        p1.about();
        p1.call(2);
        p1.playGame();
        p1.playMusic("《我的中国心》");
        System.out.println("********************");
        // 通过有参构造方法创建手机对象二
```

```
        Phone p2 = new Phone("华为","P50","HarmonyOS",6666,16);
        // 测试 p2 的各项功能
        p2.about();
        p2.call(1);
        p2.playGame();
        p2.playMusic("《北京欢迎你》");
    }
}
```

习题三

一、选择题

1. 以下关于类的描述中，错误的是（　　）。
   A. 在面向对象的思想中，最核心的就是对象，为了在程序中创建对象，首先需要定义一个类
   B. 定义类的关键字是 Interface
   C. 类中的方法叫成员方法，成员方法又分为实例方法与类方法
   D. 类中的属性叫成员变量，成员变量又分为实例变量与类变量
2. 下列关于构造方法的描述中，错误的是（　　）。
   A. 构造方法的方法名必须与类名一致
   B. 构造方法不能指定返回值类型
   C. 构造方法可以重载
   D. 构造方法的访问权限必须与类的访问权限一致
3. 类的定义必须包含在以下哪种符号之间？（　　）
   A. []
   B. {}
   C. ""
   D. ()
4. 在以下什么情况下，构造方法会被调用？（　　）
   A. 类定义时
   B. 创建对象时
   C. 调用对象方法时
   D. 使用对象的变量时

5. 重载是指方法具有相同的名字，但这些方法的参数必须不同。下列哪种说法不属于方法参数的不同。（　　）
   A. 形式参数的个数不同
   B. 形式参数的类型不同
   C. 形式参数的名字不同
   D. 形式参数的排列顺序不同
6. “隐藏对象的属性和实现细节，仅对外提供公有的方法”描述的是面向对象的哪个特点。（　　）
   A. 封装
   B. 继承
   C. 多态
   D. 以上都不是

7. 下列关于静态方法的描述中，错误的是（　　）。
   A. 静态方法属于类的共享成员
   B. 静态方法是通过“类名.静态方法”的方式来调用的
   C. 静态方法只能被类调用，不能被对象调用
   D. 静态方法中可以访问静态变量
8. 为了能让外界访问私有属性，需要提供一些使用（　　）关键字修饰的方法。
   A. void
   B. default
   C. private
   D. public
9. 阅读下面的代码片段。

```
class Demo{
 private String name;
 Demo(String name){this.name = name;}
 private static void show(){
   System.out.println(name)
 }
 public static void main(String[] args){
   Demo d = new Demo("lisa");
   d.show();
 }
}
```

下列关于程序运行结果的描述中，正确的是（　　）。
   A. 输出 lisa
   B. 输出 null
   C. 输出 name
   D. 编译失败，无法从静态上下文中引用非静态变量 name
10. 定义类 A 如下：

```
class A{
 int a,b,c;
 public void B(int x,int y, int z){ a = x; b = y; c = z;}
}
```

下面对方法 B 的重载哪些项是正确的？（　　）
   A. public void A(int x1,int y1, int z1) { a = x1; b = y1; c = z1;}
   B. public void B(int x1,int y1, int z1) { a = x1; b = y1; c = z1;}
   C. public void B(int x,int y) { a = x; b = y; c = 0;}
   D. public B(int x,int y, int z) { a = x; b = y; c = z;}

二、填空题

1. 面向对象的三大特点是（　　　　）、（　　　　）和（　　　　）。
2. 构造方法（　　　　）返回值。
3. 定义在类中的变量被称为（　　　　），定义在方法中的变量被称为（　　　　）。
4. Person p1 = new Person();Person p2 = p1;这两句代码创建了（　　　　）个对象。
5. 静态方法必须使用（　　　　）关键字来修饰。
6. 在 Java 中成员变量与局部变量名称冲突时，可以使用（　　　　）关键字来解决。

7. int 型的成员变量初始化值为（　　　　　）。

三、编程题

1. 请设计一个汽车类 Car，该类包含两个属性，即型号（name）、颜色（color），以及一个用于描述汽车行驶的 run()方法。

2. 请阅读下面的代码片段，在空白处填写正确的代码，完成构造方法重载，并为成员变量赋值。

```
public class Person {
String name;
int age;
public Person() {
}
public ______(String n, int a) {
______=________;
______=________;
}
}
```

3. 编写一个类，在类中定义一个静态方法，用于求两个整数的和。

请按照以下要求设计一个测试类 Demo，并进行测试。

要求如下：

（1）Demo 类中有一个静态方法 getSum(int a,int b)，该方法的作用是返回参数 a、b 的和；

（2）在 main()方法中调用 getSum()方法并输出计算结果。

第4章 面向对象（下）

04

【本章导读】

继承和多态是面向对象程序设计的重要内容：继承是实现软件组件复用的一种强有力的手段；多态是面向对象编程的重要特性，是继承产生的结果。Java语言很好地体现了继承和多态两大特性。本章将进一步讲解用Java语言实现继承和多态，内容包括继承的概念、继承的实现、方法的重写、抽象类的作用、用接口实现多继承的方法及内部类的使用等。

【学习目标】

- 了解子类和父类的相关概念。
- 掌握成员变量的隐藏和方法重写的使用方法。
- 正确使用final关键字、super关键字。
- 掌握抽象类的概念和使用规则。
- 掌握接口的概念和使用方法。
- 掌握内部类的使用方法。

【素质拓展学习】

青，取之于蓝，而青于蓝；冰，水为之，而寒于水。——荀子《劝学》

人的知识是由浅而深、由低而高通过不断学习获得的，随着时间的推移，知识会越积累越广博，学问会越研究越高深。人的一生总是在不断地超越自己，人才总是一代更比一代强。然而学无止境，要想不断地超越自己，只有坚持不懈地学习，不断地丰富自己，以苦作舟，以勤为径，才能最终成为一个出色有用的人。

类继承犹如青于蓝、寒于水一样，通过重写等一系列方式，在一些比较一般的类的基础上构造和扩充新类，从而实现更多的功能。

4.1 类的继承

4.1.1 继承的概念

继承是类的三大特性之一，是 Java 中实现代码重用的重要手段之一。

继承是以已存在的类的定义为基础建立新类的技术，它允许创建分层次的类。被继承的类称为超类或父类（superclass），继承超类或父类的新类称为派生类或子类（subclass）。

Java 只支持单继承，即每个类只能有一个父类。继承表达的是“is a”的关系，或者说是特殊和一般的关系。例如 A dog is a pet。同样，我们可以让学生继承人、让苹果继承水果、让三角形继承几何图形。

在类的定义中，通过关键字 extends 实现继承，其语法格式如下。

```
Class 子类名 extends 父类名
{
      //类体，声明自己的成员变量和成员方法
}
```

例 4-1 通过关键字 extends 实现继承，代码如下，运行结果如图 4-1 所示。

例 4-1

```
package chap04;
class Animal {                              //父类
    public boolean live = true;             //定义一个成员变量
    public void eat(){                      //定义一个成员方法
        System.out.println("动物需要吃食物");
    }
    public void move(){                     //定义一个成员方法
        System.out.println("动物会运动");
    }
}
class Bird extends Animal {           //子类，表示鸟类继承了动物类
    public String skin = "羽毛";     //子类中增加父类中没有的变量
}
public class Example4_1 {
    public static void main(String[] args) {
        // TODO Auto-generated method stub
        Bird bird = new Bird();
        bird.eat();                         //继承父类方法的调用
        bird.move();                        //继承父类方法的调用
        System.out.println("鸟有: " + bird.skin);
    }
}
```

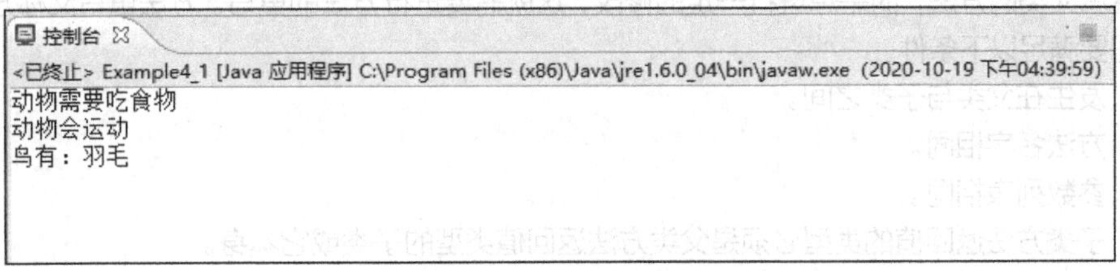

图 4-1 例 4-1 运行结果

注意 **子类继承了其父类的代码和数据，但它不能访问声明为 private 的父类成员。**

4.1.2 成员变量的隐藏

在编写子类时，我们仍然可以声明成员变量，一种特殊的情况是，如果子类中的成员变量与父类

中的成员变量同名，那么即使它们类型不一样，父类中的成员变量也会被隐藏。同时在子类中，父类中的成员变量就不能通过简单的引用来访问。

例 4-2 隐藏父类成员变量，代码如下，运行结果如图 4-2 所示。

```
package chap04;
class Super {
    String s = "Super";
}
class Sub extends Super {
    String s = "Sub";    //子类中的成员变量与父类中的成员变量同名，隐藏父类中的成员变量
}
public class Example4_2 {
     public static void main(String[] args) {
        Sub c1 = new Sub();
        System.out.println(" c1.s : " + c1.s); //父类中的成员变量被隐藏，子类对象调用子类中的成员变量
     }
}
```

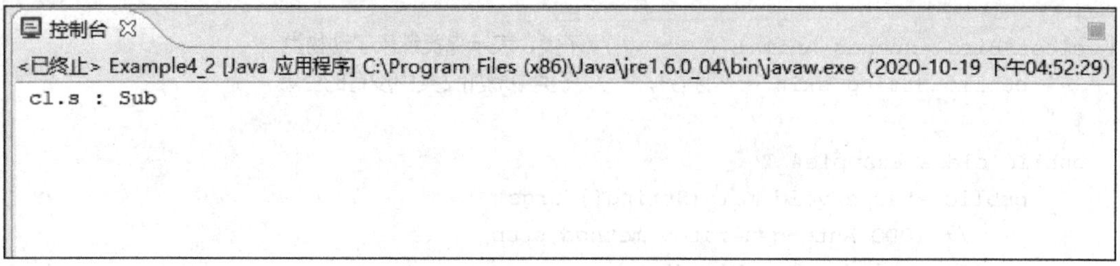

图 4-2　例 4-2 运行结果

4.1.3 方法重写

在 Java 中，子类可继承父类中的方法，而不需要重新编写相同的方法。但有时子类并不想原封不动地继承父类的方法，而是想进行一定的修改，这就需要进行方法的重写。方法重写又称方法覆盖。方法重写要满足以下条件。

（1）发生在父类与子类之间。

（2）方法名字相同。

（3）参数列表相同。

（4）子类方法返回值的类型必须是父类方法返回值类型的子类或它本身。

（5）子类方法的访问控制权限必须与父类一样或者比父类更广。

例 4-3 重写父类同名方法，代码如下，运行结果如图 4-3 所示。

```
package chap04;
class Animal {
     public void move(){
          System.out.println("Animal Moving..." );
     }
}
class Cat extends Animal {
     public void move() {          //重写父类同名方法
```

```
            System.out.println("cat Moving..." );
        }
    }
    public class Example4_3 {
        public static void main(String[] args) {
            Cat cat = new Cat();
            cat.move();
        }
    }
```

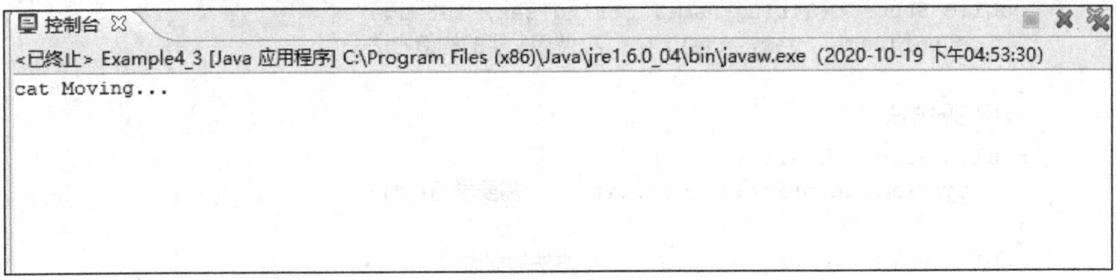

图 4-3　例 4-3 运行结果

4.1.4　super 关键字

super 关键字与前面所学的 this 关键字很像，this 关键字指向的是当前对象的调用，super 关键字指向的是当前调用对象的父类。

super 关键字主要有两种用途：调用父类的构造方法和调用父类中被隐藏的成员变量或被覆盖的成员方法。

1. 调用父类的构造方法

子类可以调用父类的构造方法，但是必须在子类的构造方法中使用 super 关键字来调用，其语法格式如下。

```
super([参数列表]);
```

如果父类的构造方法中包括参数，则参数列表为必选项，用于指定父类构造方法的入口参数。

Java 规定 super([参数列表])方法只能出现在子类构造方法的第一行。因为子类的实例化依赖于父类的实例化，在构建子类时，必须要有父类实例，只有有了父类的实例，子类才能够实例化自己。就好像人类世界里，都要先有父亲，再有孩子一样。

2. 调用父类中被隐藏的成员变量或被覆盖的成员方法

如果想在子类中调用父类中被隐藏的成员变量和被覆盖的成员方法，也可以使用 super 关键字，其语法格式如下。

```
super.成员变量
super.成员方法([参数列表] )
```

例 4-4　代码如下，运行结果如图 4-4 所示。

```
package chap04;
class Person {
    public String name;
    public String sex;
    public int age;
    public Person(String name, String sex, int age) {
```

例 4-4

```
        this.name = name;
        this.sex = sex;
        this.age = age;
    }
    public void eat(){
        System.out.println(this.name + "需要吃饭！");
    }
}
class Student extends Person{
    public Student(String name, String sex, int age) {
        super(name, sex, age);     //调用父类的构造方法
    }
    //学习的方法
    public void school(){
        System.out.println(this.name + "需要学习！");
    }
    public void eat(){                  //方法的覆盖
        super.eat();                    //调用被覆盖的父类成员方法
        System.out.println(this.name + "在学校吃饭。");
    }
}
class Worker extends Person{
    public Worker(String name, String sex, int age) {
        super(name, sex, age);          //调用父类的构造方法
    }
    //工作的方法
    public void duty(){
        System.out.println(this.name + "需要工作！");
    }
    public void eat(){                       //方法的覆盖
        super.eat();                         //调用被覆盖的父类成员方法
        System.out.println(this.name + "在工厂吃饭。");
    }
}
public class Example4_4 {
    public static void main(String[] args) {
        Person person = new Person("张三","男",30);
        Student student = new Student("李四","女",19);
        Worker worker = new Worker("王五","男",40);
        person.eat();
        student.school();
        student.eat();
        worker.duty();
        worker.eat();
    }
}
```

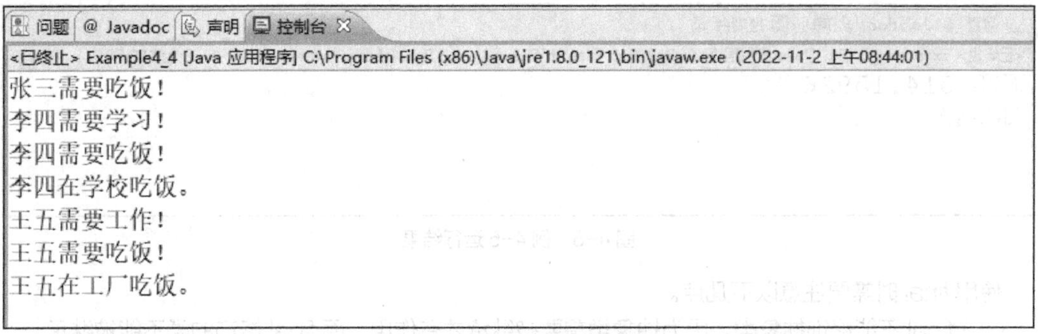
问题 @ Javadoc 声明 控制台
<已终止> Example4_4 [Java 应用程序] C:\Program Files (x86)\Java\jre1.8.0_121\bin\javaw.exe（2022-11-2 上午08:44:01）
张三需要吃饭！
李四需要学习！
李四需要吃饭！
李四在学校吃饭。
王五需要工作！
王五需要吃饭！
王五在工厂吃饭。

图 4-4 例 4-4 运行结果

4.2 final 关键字

在 Java 中，final 关键字可以用来修饰类、方法和变量（包括成员变量和局部变量）。

1. final 修饰类

final 修饰的类称为最终类，无法被继承。例如，public final class Math extends Object（数学类，最终类）。

2. final 修饰方法

final 修饰的方法称为最终方法，无法被子类重写。但是，该方法仍然可以被继承。

3. final 修饰变量

（1）如果修饰的是基本数据类型，说明该变量所代表的数值永不能变（不能重新赋值）。

（2）如果修饰的是引用数据类型，说明该变量的引用不能变，但引用所代表的对象的内容是可变的。

例 4-5 演示 final 关键字的使用，代码如下，运行结果如图 4-5 所示。

```
package chap04;
class Yuan
{
    final double PI = 3.1415926;  //PI 是常量
    public double getArea(final double r)
    {
        //r = r + 1; //非法，不能对 final 修饰的变量进行更新操作
        return PI * r * r;
    }
    public final void speak()  //该方法不可被覆盖
    {
        System.out.println("圆的操作");
    }
}
public class Example4_5 {
    public static void main(String[] args) {
        Yuan yuan = new Yuan();
        System.out.println("面积: " + yuan.getArea(10));
        yuan.speak();
    }
}
```

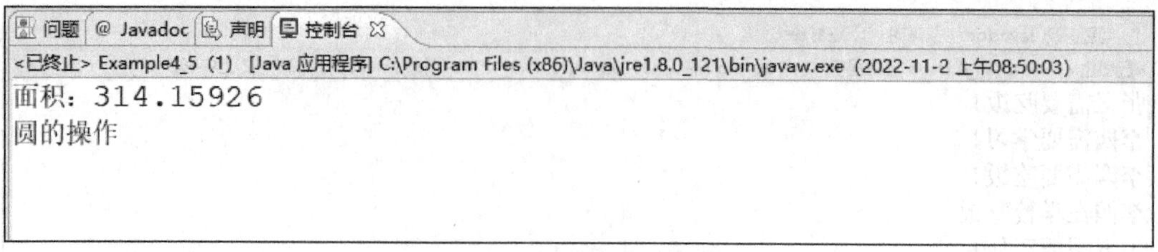

图 4-5　例 4-5 运行结果

使用 final 时需要注意以下几点。

（1）final 不能修饰抽象类。因为抽象类需要被继承才有作用，而 final 修饰的类不能被继承。

（2）final 不能用来修饰构造方法。因为构造方法既不能被继承，也不能被重写，用 final 修饰毫无意义。

（3）final 修饰的成员变量必须在声明的时候初始化或者在构造方法中初始化，否则就会出现编译错误。

（4）final 修饰的局部变量必须在声明时赋值，如果不赋值，虽然在声明时不会出错，但在调用时会出现编译错误。

4.3 抽象类

在程序设计过程中，有时需要创建某个类代表一些基本行为，并为其规范定义一些方法，但是又无法或不宜在这个类中对这些方法加以具体实现，而希望在其子类中根据实际情况再去实现这些方法。例如，设计一个名为 Drawing 的类，它代表了不同绘图工具的绘图方法，但这些方法必须以与平台无关的方法实现。很显然，在使用一台机器的硬件的同时，又要做到与平台无关是不太可能的。因此解决问题的方法是，在这个类中只定义应该存在什么方法，而具体实现这些方法的工作由依赖于具体平台的子类去完成。

像 Drawing 类这种定义了方法但没有定义具体实现的类称为抽象类。在 Java 中可以通过关键字 abstract 把一个类定义为抽象类。每一个未被定义具体实现的方法也用 abstract 标记，这样的方法称为抽象方法。

定义抽象类的语法格式如下。

```
abstract class 类名{
}
```

定义抽象方法的语法格式如下。

```
public abstract 返回值类型 方法名(参数);
```

对于 abstract 的用法有以下几点说明。

（1）使用 abstract 修饰类时，该类称为抽象类。抽象类不可生成对象（但可以有构造方法留给子类使用），必须被继承使用。

（2）abstract 永远不会和 private、static、final 同时出现。

（3）一个类有抽象方法，它就必须被声明为抽象类。

（4）一个子类继承一个抽象类，必须实现该抽象类里所有的抽象方法，不然就要把自己声明为抽象类。

（5）一个类里没有任何抽象方法，它也可以被声明为抽象类。

例 4-6　实现抽象类，代码如下，运行结果如图 4-6 所示。

例 4-6

```
package chap04;
abstract class Fruit {                              //定义抽象类
```

```
    public String color;                          //定义颜色成员变量
    //定义构造方法
    public Fruit(){
        color = "绿色";                           //对变量 color 进行初始化
    }
    //定义抽象方法
    public abstract void harvest();               //收获的方法
}
class Apple extends Fruit {
    public void harvest() {
        System.out.println("苹果已经收获！");     //输出字符串“苹果已经收获!”
    }
}
class Orange extends Fruit {
    public void harvest() {
        System.out.println("橘子已经收获！");     //输出字符串“橘子已经收获!”
    }
}
public class Example4_6 {
    public static void main(String[] args) {
        System.out.println("调用 Apple 类的 harvest()方法的结果：");
        Apple apple = new Apple();        //声明 Apple 类的一个对象 apple，并为其分配内存
        apple.harvest();                  //调用 Apple 类的 harvest()方法
        System.out.println("调用 Orange 类的 harvest()方法的结果：");
        Orange orange = new Orange();     //声明 Orange 类的一个对象 orange，并为其分配内存
        orange.harvest();                 //调用 Orange 类的 harvest()方法
    }
}
```

```
问题 @ Javadoc 声明 控制台
<已终止> Example4_6 (1) [Java 应用程序] C:\Program Files (x86)\Java\jre1.8.0_121\bin\javaw.exe (2022-11-2 上午08:56:42)
调用Apple类的harvest( )方法的结果：
苹果已经收获！
调用Orange类的harvest( )方法的结果：
橘子已经收获！
```

图 4-6 例 4-6 运行结果

4.4 接口

接口是体现抽象类功能的一种方式，可将其想象为一个“纯”抽象类。接口是由全局常量和公共的抽象方法组成的。接口是解决 Java 无法使用多继承的一种手段，但是接口在实际中更多的作用是制定标准。

4.4.1 接口的定义

使用关键字 interface 来定义接口。接口的定义与类的定义很相似，包括接口声明和接口体，其

语法格式如下。

```
[访问修饰符] interface 接口名 [extends 父接口列表]{ //接口声明
//接口体
[public] [static] [final] 常量; //全局常量
[public] [abstract] 方法; //公共抽象方法
}
```

接口定义举例如下。

```
public interface Runner {
   int id = 1; //全局常量
   public void start();    //公共抽象方法
   public void run();      //公共抽象方法
   public void stop();     //公共抽象方法
}
```

注意　与 Java 的类文件一样，接口文件名必须与接口名相同。

4.4.2 接口的实现

定义接口后，就可以在类中实现该接口。在类中实现接口可以使用关键字 implements，其基本语法格式如下。

```
[访问修饰符] class <类名> [extends 父类名] [implements 接口列表]{
}
```

例 4-7　实现接口，代码如下，运行结果如图 4-7 所示。

例 4-7

```
package chap04;
interface Calculate {
    final float PI = 3.14159f; //全局常量
    float getArea(float r); //公共抽象方法
    float getCircumference(float r);  //公共抽象方法
}
class Circle implements Calculate { // Circle类中实现Calculate接口
    //实现计算圆面积的方法
    public float getArea(float r) { //必须实现接口中的抽象方法
        float area = PI * r * r;                //计算圆面积并将其赋值给变量area
        return area;                            //返回计算后的圆面积
    }
    //实现计算圆周长的方法
    public float getCircumference(float r) { //必须实现接口中的抽象方法
        float circumference = 2 * PI * r;    //计算圆周长并将其赋值给变量circumference
        return circumference;                //返回计算后的圆周长
    }
}
public class Example4_7 {
    public static void main(String[] args) {
        Circle cir = new Circle();
```

```
        System.out.println("圆面积是" + cir.getArea(3.0f));
        System.out.println("圆周长是" + cir.getCircumference(3.0f));
    }
}
```

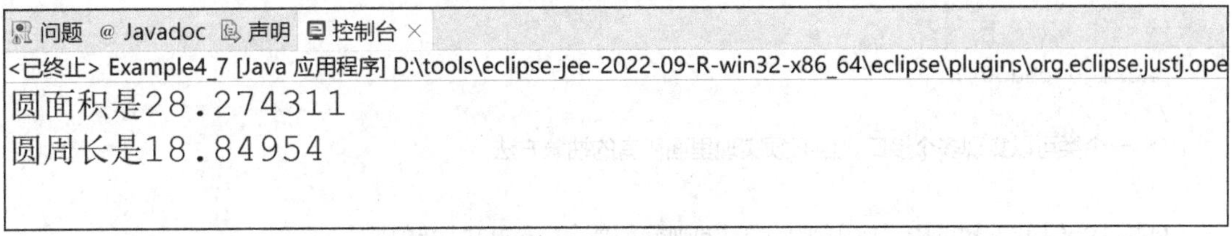

图 4-7　例 4-7 运行结果

接口的特点归纳如下。

（1）接口中的每个方法都是隐式抽象的，即接口中的方法会被隐式地指定为 public abstract（只能是 public abstract，使用其他修饰符都会出错）。

（2）接口中可以含有变量，但是接口中的变量会被隐式地指定为 public static final 并且只能是 public，用 private 修饰会出现编译错误）。

（3）类与接口是一种实现关系，关键字是 implements。

（4）一个类可以实现多个接口，但必须实现接口中所有的抽象方法。不然，该类就必须声明为抽象类。

（5）一个类可以同时继承一个类和实现多个接口。

（6）不能用接口来创建对象，接口没有构造方法。

（7）接口可以继承另一个接口，使用 extends 关键字来实现。

（8）接口文件也是.class 文件。

例 4-8　实现接口间继承，代码如下，运行结果如图 4-8 所示。

```
package chap04;
/**
 * 接口的定义
 * （1）接口中只能有抽象方法，不能包含一般方法
 * （2）接口中定义的都是静态常量
 */
public interface Animal {
    public abstract void work();
    public abstract void bird();

}

package chap04;
/*
 * 接口之间也能继承
 */
public interface AquaticAnimal extends Animal {
}

package chap04;
```

```
/*
 * 接口之间也能继承
 */
public interface MammaAnimal extends Animal {
}

package chap04;
/*
 * 一个类可以实现多个接口，但必须实现里面所有的抽象方法
 */
public class Whale implements MammaAnimal, AquaticAnimal  {
    public void work() {
        System.out.println("水里游");
    }
    public void born() {
        System.out.println("胎生");
    }
}

package chap04;
public class Example4_8{
    public static void main(String[] args) {
        // 不能用接口来创建对象
        Animal whale=new Whale();
        whale.born();
        whale.work();
    }
}
```

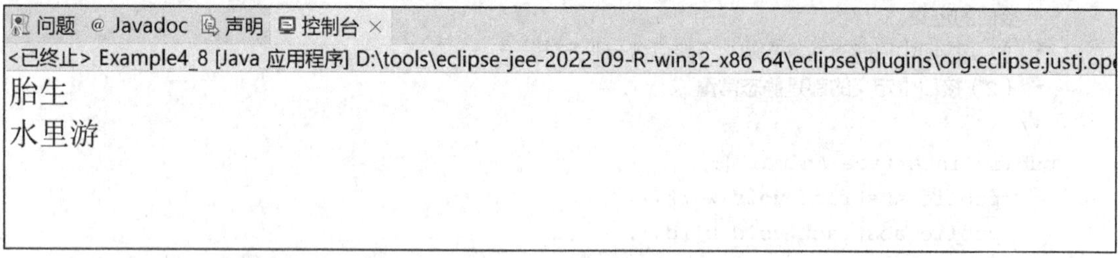

图4-8　例4-8运行结果

4.4.3　抽象类与接口的区别

抽象类与接口的区别如下。

（1）抽象类中的方法可以有方法体，即能实现方法的具体功能，但是接口中的方法不行。

（2）抽象类中的成员变量可以是各种类型的，而接口中的成员变量只能用 public static final 修饰。

（3）接口中不能含有静态代码块和静态方法（用 static 修饰的方法），而抽象类中是可以有静态代码块和静态方法的。

（4）一个类只能继承一个抽象类，而一个类却可以实现多个接口。

4.5 多态

多态是 Java 的又一个重要特征，它是指在父类中定义的属性和方法被子类继承之后，可以具有不同的数据类型或表现出不同的行为，这使得同一个属性或方法在父类及其各个子类中具有不同的含义。

Java 实现多态有 3 个必要条件：继承、重写和上转型对象。

（1）继承：在多态中必须存在有继承关系的子类和父类。

（2）重写：子类对父类中某些方法进行重新定义后，其他类在调用这些方法时就会调用子类的方法。

（3）上转型对象：在多态中需要将子类的引用赋给父类对象，只有这样该引用才既能调用父类的方法，又能调用子类的方法。

继承和重写已在前面的章节中讲解，本节重点讲解上转型对象。

定义上转型对象的语法格式如下。

```
父类名称 对象名称 = new 子类名称;
```

举例：

```
Animal animal = new Cat();
// animal 上转型对象表示将子类对象（Cat 对象）向上转型或父类对象（Animal 对象）
```

上转型对象的特点归纳如下。

（1）上转型对象不能操作子类新增的成员变量和成员方法。

（2）上转型对象能使用父类被继承或重写的成员方法、被继承或隐藏的成员变量。

（3）如果子类重写了父类的方法，则上转型对象调用该方法时一定调用的是重写后的方法（多态）。

（4）如果子类重新定义了父类的同名变量，则上转型对象访问该变量时必定访问的是父类本身的变量，而不是子类定义的变量。

例 4-9 实现多态，代码如下，运行结果如图 4-9 所示。

```
package chap04;
//测试子类对象的上转型对象以及还原后的子类对象
class Human{
    private String name;
    public static final String typeName = "人类";
    public Human(String name){
        this.name = name;
    }
    protected String getName(){
        return name;
    }
    public void think(){
        System.out.println(name + "在思考");
    }
    public String like(){
        return "爱好因人而异";
    }
}
class Pupil extends Human{
    private String stuNo;
    public static final String typeName = "学生类";
    public Pupil(String stuNo,String name){
```

```
        super(name);
        this.stuNo = stuNo;
    }
    public String like(){
        return stuNo + "号" + getName() + "爱好文娱体育活动";
    }
    public void learn(){
        System.out.println(stuNo + "号" + getName() + "扎进学习中");
    }
}
public class Example4_9 {
    public static void main(String[] args) {
        // TODO Auto-generated method stub
        System.out.println("===学生类的上转型对象====");
        Human human = new Pupil("001","张三");
        /*子类重新定义了父类的同名成员变量 typeName，上转型对象 human 访问该成员变量时必定访问的是父类本身的成员变量，而不是子类定义的成员变量
        */
        System.out.println("该对象属于: " + human.typeName);
        System.out.println(human.like());//子类重写了父类的方法 like,上转型对象 human 调用该方法时一定调用的是重写后的方法
        human.think();//上转型对象 human 使用父类被继承的成员方法 think()
        System.out.println("\n===上转型对象还原为学生类对象===");
        Pupil pupil = (Pupil)human;
        System.out.println("该对象属于" + pupil.typeName);//上转型对象还原为学生类对象，访问子类学生类对象定义的成员变量
        System.out.println(pupil.like());
        pupil.think();
        pupil.learn();
    }
}
```

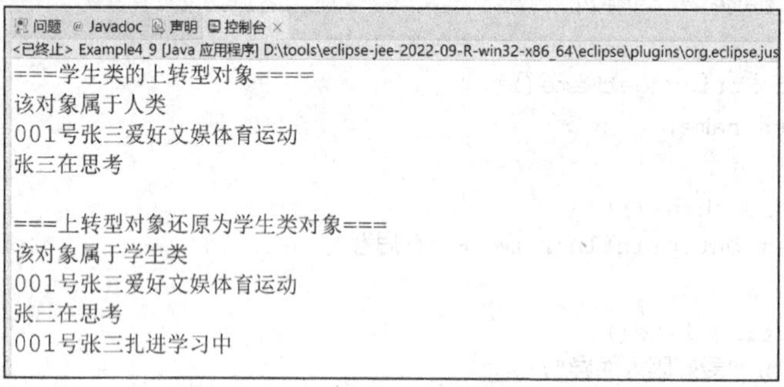

```
问题 @ Javadoc 声明 控制台 ×
<已终止> Example4_9 [Java 应用程序] D:\tools\eclipse-jee-2022-09-R-win32-x86_64\eclipse\plugins\org.eclipse.jus
===学生类的上转型对象====
该对象属于人类
001号张三爱好文娱体育运动
张三在思考

===上转型对象还原为学生类对象===
该对象属于学生类
001号张三爱好文娱体育运动
张三在思考
001号张三扎进学习中
```

图4-9　例4-9运行结果

4.6 内部类

Java 语言允许在类中定义另一个类，定义在类中的类称作内部类，而包含内部类的类称为内部类的外部类。内部类存在的意义在于其可以自由地访问外部类的任何成员（包括私有成员），使用内部类

可以使程序更加简洁（以牺牲程序的可读性为代价），便于规范命名和划分层次。

例如：

```
public class Zoo{
class Wolf{                          // 内部类 Wolf
        }
}
```

内部类有以下 4 种形式：成员内部类、局部内部类、静态内部类和匿名内部类。内部类可以用 4 种修饰符（private、default、protected、public）修饰，而外部类只能使用 public 和 default 修饰。内部类在一定程度上也解决了 Java 里的多继承问题。

4.6.1 成员内部类

成员内部类与成员变量一样，属于类的全局成员。

例如：

```
public class Sample {
     public int id;                  // 成员变量
     class Inner{                    // 成员内部类
     }
}
```

注意 **外部类 Sample 可以使用 public 修饰，但是成员内部类 Inner 不可以使用 public 修饰，因为公共类的名称必须与类文件同名，所以每个 Java 类文件中只允许存在一个公共类。**

Inner 成员内部类和变量 id 都被定义为 Sample 类的成员，但是 Inner 成员内部类的使用要比 id 成员变量的更复杂一些，两者使用的一般格式如下。

```
Sample sample = new Sample();
Sample.Inner inner = sample.new Inner();
```

只有创建了成员内部类的实例，才能使用成员内部类的变量和方法。

例 4-10 实现成员内部类，代码如下，运行结果如图 4-10 所示。

```
package chap04;
class Sample {
    public int id;                                  // 成员变量
    private String name;                            // 私有成员变量
    static String type;                             // 静态成员变量
    public Sample() {
        id = 1111;
        name = "苹果";
        type = "水果";
    }
    class Inner{                                    // 成员内部类
        private String message = "成员内部类的创建者包含以下属性：";
        public void print(){
            System.out.println(message);
            System.out.println("编号：" + id);       // 访问公有成员变量
            System.out.println("名称：" + name);     // 访问私有成员变量
```

```
                System.out.println("类别: " + type);             // 访问静态成员变量
            }
        }
    }
    public class Example4_10 {
        public static void main(String[] args) {
            Sample sample = new Sample();                        // 创建 Sample 类的对象
            Sample.Inner inner = sample.new Inner();             // 创建成员内部类的对象
            inner.print();                                       // 调用成员内部类的 print()方法
        }
    }
```

```
问题 @ Javadoc 声明 控制台
<已终止> Example4_10 [Java 应用程序] C:\Program Files (x86)\Java\jre1.8.0_121\bin\javaw.exe (2022-11-2 上午09:40:59)
成员内部类的创建者包含以下属性：
编号：1111
名称：苹果
类别：水果
```

图 4-10　例 4-10 运行结果

4.6.2　局部内部类

局部内部类与局部变量一样，都是在方法内定义的，其只在方法内部有效。

例如：

```
public void sell() {
     class Apple {            // 局部内部类
     }
}
```

局部内部类可以访问它的外部类中的所有成员变量和成员方法。

例 4-11　实现局部内部类，代码如下，运行结果如图 4-11 所示。

```
package chap04;
class SampleTest2 {
    private String name; // 私有成员变量
    public SampleTest2() {
        name = "苹果";
    }
    public void sell(int price) {
        class Apple { // 局部内部类
            int innerPrice = 0;
            public Apple(int price) {
                innerPrice = price;
            }
            public void price() {
                System.out.println("现在开始销售" + name);
                System.out.println("总价为: " + innerPrice + "元");
```

```
            }
        }
        Apple apple = new Apple(price);
        apple.price();
    }
}
public class Example4_11 {
    public static void main(String[] args) {
        SampleTest2 sample = new SampleTest2();
        sample.sell(100);
    }
}
```

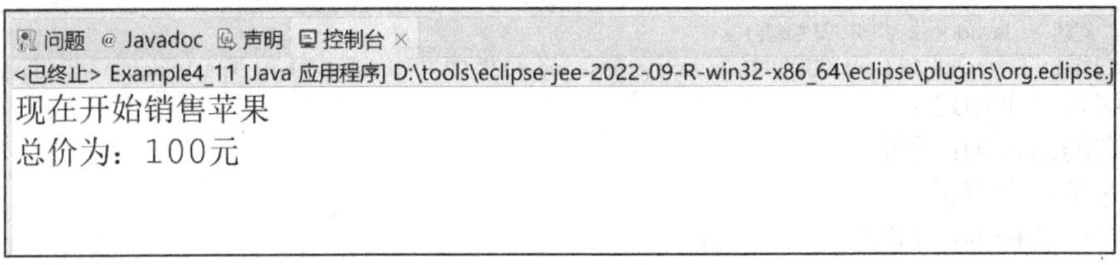

图 4-11　例 4-11 运行结果

4.6.3 静态内部类

静态内部类与静态变量类似，它们都使用 static 关键字修饰。所以，在学习静态内部类之前，必须熟悉静态变量的使用方法。

例如：

```
public class Sample {
    static class Apple {                            // 静态内部类
    }
}
```

静态内部类 Apple 可以在不创建 Sample 类的情况下直接使用。

例 4-12　实现静态内部类，代码如下，运行结果如图 4-12 所示。

```
package chap04;
class SampleTest3 {
    private static String name;                     // 私有成员变量
    public SampleTest3() {
        name = "苹果";
    }
    static class Apple {                            // 静态内部类
        int innerPrice = 0;
        public Apple(int price) {
            innerPrice = price;
        }
        public void introduction() {                // 介绍苹果的方法
            System.out.println("这是一个" + name);
            System.out.println("它的总价为：" + innerPrice + "元");
        }
```

```
        }
    }
    public class Example4_12 {
        public static void main(String[] args) {
            SampleTest3.Apple apple = new SampleTest3.Apple(8);// 第一次创建Apple类的对象
            apple.introduction();          // 第一次执行Apple类的对象的介绍方法
            SampleTest3 sample=new SampleTest3();  // 创建Sample类的对象
            SampleTest3.Apple apple2 = new SampleTest3.Apple(10);// 第二次创建 Apple类的对象
            apple2.introduction();                  // 第二次执行Apple类的对象的介绍方法
        }
    }
```

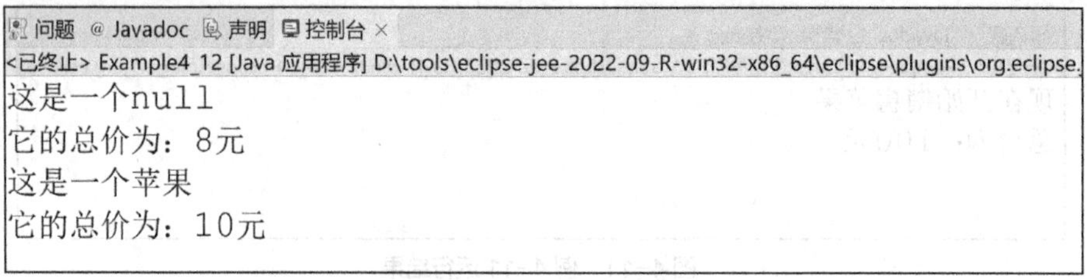
问题 @ Javadoc 声明 控制台 ×
<已终止> Example4_12 [Java 应用程序] D:\tools\eclipse-jee-2022-09-R-win32-x86_64\eclipse\plugins\org.eclipse.
这是一个null
它的总价为：8元
这是一个苹果
它的总价为：10元

图4-12　例4-12运行结果

4.6.4　匿名内部类

匿名内部类就是没有名称的内部类，它经常被应用于Swing程序设计中的事件监听处理中。

例如，创建一个匿名的Apple类，示例代码如下。

```
public class Sample {
    public static void main(String[] args) {
        new Apple() {
            public void introduction() {
                System.out.println("这是一个匿名内部类，但是谁也无法使用它。");
            }
        };
    }
}
```

上述代码虽然成功创建了一个Apple匿名内部类，但是正如它的introduction()方法所描述的那样，谁也无法使用它，这是因为没有对该类的引用。

匿名内部类经常用来创建接口的唯一实现类，或者创建某个类的唯一子类。

例4-13　实现匿名内部类，代码如下，运行结果如图4-13所示。

```
package chap04;
interface Apple{                                    // 定义Apple接口
    public void say();                              // 定义say()方法
}
public class Example4_13 {
    public static void print(Apple apple){          // 创建print()方法
        apple.say();
    }
```

```
    public static void main(String[] args) {
        Example4_13.print(new Apple() {          // 为print()方法传递匿名内部类参数
            public void say() {                  // 实现Apple接口的say()方法
                System.out.println("这是一箱子的苹果。");
            }
        });
    }
}
```

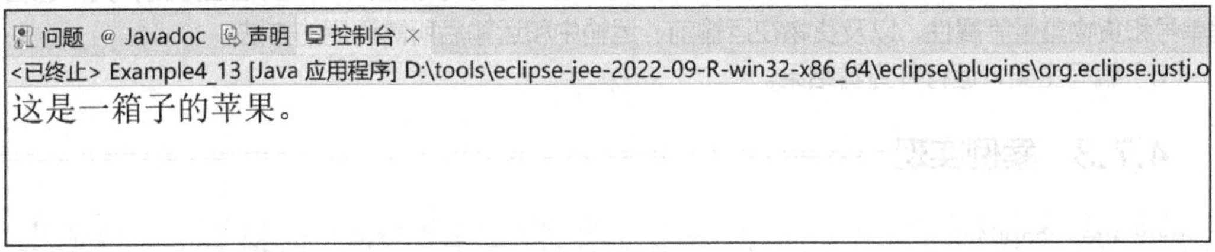

图 4-13　例 4-13 运行结果

4.7 案例 4——物流快递系统

案例 4

4.7.1 案例介绍

如今，网络购物已成为人们生活的重要组成部分。当人们在购物网站中下订单后，订单中的货物经过一系列的流程后，送到人们的手中。而在送货期间，物流管理人员可以在系统中查看所有物品的物流信息。本案例创建一个物流快递系统，模拟后台系统处理货物的过程。本案例运行结果如图 4-14 所示。

问题 @ Javadoc 声明 控制台 ☒
<已终止> Task [Java 应用程序] C:\Program Files (x86)\Java\jre1.8.0_121\bin\javaw.exe (2022-11-2 上午10:34:14)
订单开始处理，仓库验货中。
货物重量：46.85kg
货物检验完毕！
货物填装完毕！
运货人已通知！
快递单号：SF20210000
======================
运货人小王正在驾驶型号为H5的红旗汽车运输货物！
运输进行中。
货物当前的坐标为：188,386
======================
货物运输任务已完成！
运货人小王所驾驶型号为H5的红旗汽车已归还！
货物运输车辆保养完毕！

图 4-14　案例 4 运行结果

4.7.2 案例思路

（1）运输货物首先需要有交通工具，所以先定义一个交通工具类。由于交通工具有很多，所以将该交通工具类定义成一个抽象类，类中需要包含该交通工具的型号、品牌以及运货人等属性和一个抽象的运输方法。

（2）运输完成后，需对交通工具进行保养，所以定义一个保养接口，具备保养交通工具的功能。

（3）交通工具可能有很多种，在程序里定义一个专用运输车类，该类继承交通工具类，并实现保养接口。

（4）在货物运输过程中，需要对运输车辆定位，以便随时跟踪货物的位置信息。定位功能可以使用GPS来实现，可以定义一个包含定位功能的GPS接口，以及实现该接口的仪器类（如Phone等）。

（5）有了运输的交通工具和车辆定位后，就可以开始运送货物了。货物在运输前、运输中和运输后，都需要检查和记录，并且每一个快递都有快递单号，这时可以定义一个快递任务类，其中包含快递单号和货物重量等属性，以及货物在运输前、运输中和运输后所需调用的方法。

（6）编写主类，运行并查看结果。

4.7.3 案例实现

```java
package chap04;
/*
 * 1.交通工具类
 */
public abstract class Transportation {
    private String model; // 型号
    private String brand; // 品牌
    private String admin; // 运货人
    public Transportation() {
        super();//可省略
    }
    public Transportation(String model, String brand, String admin) {
        super();
        this.number = model;
        this.model = brand;
        this.admin = admin;
    }
    // 抽象的运输方法
    public abstract void transport();
    // 型号
    public void setModel(String model) {
        this.model = model;
    }
    public String getModel() {
        return model;
    }
    // 品牌
    public String getBrand() {
        return brand;
    }
    public void setBrand(String brand) {
        this.brand = brand;
    }
```

```
    // 运货人
    public void setAdmin(String admin) {
        this.admin = admin;
    }
    public String getAdmin() {
        return admin;
    }
}

package chap04;
/*
 * 2.定义保养接口，具备保养功能
 */
public interface Careable{
    //保养方法
    public abstract void upKeep();
}

package chap04;
/*
 * 3.专用运输车类
 */
public class ZTransportation extends Transportation implements Careable{
    //无参构造方法
    public ZTransportation() {
        super();
    }
    //有参构造方法：车辆型号、品牌、运货人
    public ZTransportation(String model, String brand, String admin) {
        super(model, brand, admin);
    }
    // 运输方法
    public void transport() {
        System.out.println("运输进行中。");
    }
    // 重写车辆保养方法
    public void  upKeep() {
        System.out.println("货物运输车辆保养完毕!");
    }
}

package chap04;
/*
 * 4.定义 GPS 接口，具备定位功能
 */
public interface GPS{
    //显示坐标的方法
```

```
    public String showCoordinate();
}

package chap04;
/*
 *5.定义一个手机类，实现GPS接口，拥有定位功能
 */
class Phone implements GPS{
    public Phone() { //空参构造方法
        super();
    }
    //定位方法
    public String  showCoordinate() {
        String location = "188,386";
        return location;
    }
}

package chap04;
/*
 * 6.快递任务类
 */
public class SendTask {
    private String number;          // 快递单号
    private double goodsWeight;     // 货物重量
    public SendTask() {
        super(); //可省略
    }
    public SendTask(String number, double goodsWeight) {
        this.number = number;
        this.goodsWeight = goodsWeight;
    }
    public String getNumber() {
        return number;
    }
    public void setNumber(String number) {
        this.number = number;
    }
    public double getGoodsWeight() {
        return goodsWeight;
    }
    public void setGoodsWeight(double goodsWeight) {
        this.goodsWeight = goodsWeight;
    }
    //运输前
        public void sendBefore () {
            System.out.println("订单开始处理，仓库验货中。");
```

```
            System.out.println("货物重量：" + this.getGoodsWeight() + "kg");
            System.out.println("货物检验完毕!");
            System.out.println("货物填装完毕!");
            System.out.println("运货人已通知!");
            System.out.println("快递单号：" + this.getNumber());
        }
        //运输中
        public void send(Transportation t,GPS tool) {
            System.out.println("运货人" + t.getAdmin()
                    + "正在驾驶型号为" + t.getModel()
                    + "的" + t.getBrand() + "汽车运输货物！");
            t.transport();
            String showCoordinate = tool.showCoordinate();
            System.out.println("货物当前的坐标为：" + showCoordinate);
        }
        //运输后
        public void sendAfter(Transportation t) {
            System.out.println("货物运输任务已完成！");
            System.out.println("运货人" + t.getAdmin()
                    + "所驾驶的型号为" + t.getModel()
                    + "的" + t.getBrand() + "汽车已归还！");
        }
}

package chap04;
/*
 * 7.主类，运行并查看结果
 */
public class Task {
    public static void main(String[] args) {
        // 快递任务类对象
        SendTask task = new SendTask("SF20210000",46.85);
        // 调用运输前准备方法
        task.sendBefore();
        System.out.println("======================");
        // 创建交通工具对象
        ZTransportation t = new ZTransportation("H5","红旗","小王");
        //创建 GPS 工具对象
        Phone p = new Phone();
        // 将交通工具与 GPS 工具传入运输货物方法
        task.send(t,p);
        System.out.println("======================");
        // 调用运输后操作方法
        task.sendAfter(t);
        t.upKeep();
    }
}
```

习题四

一、选择题

1. 父类中的方法被以下哪个关键字修饰后不能被重写？（　　）
   A. public
   B. static
   C. final
   D. void
2. 在 Java 中，能实现多重继承效果的是（　　）。
   A. 内部类
   B. 适配器
   C. 同步
   D. 接口
3. 现有两个类 A、B，以下描述中表示 B 继承自 A 的是（　　）。
   A. class A extends B
   B. class B implements A
   C. class A implements B
   D. class B extends A
4. 下列选项中，关于接口的定义正确的是（　　）。
   A. abstract class Demo1{ abstract void speak(); abstract void eat(); }
   B. interface Demo2{ void speak(); void eat(); }
   C. interface Demo3{ void speak() }
   D. interface Demo4{ void speak(){ System.out.println("ITCAST"); } void eat(); }
5. Java 语言的类间的继承关系是（　　）。
   A. 多重的
   B. 单重的
   C. 线程的
   D. 不能继承
6. Outer 类中定义了一个成员内部类 Inner，需要在 main()方法中创建 Inner 类实例对象，以下 4 种方式哪一种是正确的？（　　）
   A. Inner in = new Inner()
   B. Inner in = new Outer.Inner();
   C. Outer.Inner in = new Outer.Inner();
   D. Outer.Inner in = new Outer().new Inner();
7. 下列关于对象的类型转换的描述，说法错误的是（　　）。
   A. 对象的类型转换可通过自动转换或强制转换进行
   B. 无继承关系的两个类的对象之间试图转换会出现编译错误
   C. 由 new 语句创建的父类对象可以强制转换为子类的对象
   D. 子类的对象转换为父类对象后，父类对象不能调用子类的特有方法
8. 在下面哪种情况下，可以使用方法重写？（　　）
   A. 父类方法中的形参不适用于子类时
   B. 父类中的方法在子类中没有时

C．父类的功能无法满足子类的需求时
D．父类方法中的返回值类型不适合子类使用时

9．下面哪个修饰符不可以修饰接口中的成员变量？（　　）
A．public
B．static
C．final
D．private

10．编译并运行下面的代码，结果是什么？（　　）

```
public class A {
public static void main(String[] args) {
B b = new B();
b.test();
}
void test() {
System.out.print("A");
}
}
class B extends A {
void test() {
super.test();
System.out.print("B");
}
}
```

A．产生编译错误
B．代码可以编译并运行，并输出结果 AB
C．代码可以编译并运行，但没有输出
D．编译没有错误，但运行时会出现异常

二、填空题

1．如果子类想使用父类中的成员，可以通过关键字（　　　　　　）引用父类的成员。
2．在 Java 语言中，用（　　　　　　）修饰符定义的类为抽象类。
3．Java 中一个类最多可以继承（　　　　　　）个类。
4．在定义方法时不写方法体，这种不包含方法体的方法称为（　　　　　　）方法。
5．final 修饰的局部变量只能被赋值（　　　　　　）次。
6．在 Java 中一个接口可以继承多个接口，继承的接口之间使用（　　　　　　）隔开即可。
7．一个类如果要实现一个接口，可以通过关键字（　　　　　　）来实现这个接口。

三、编程题

1. 请阅读下面的代码片段，在横线处填写正确的代码，使 Son 类的 eat()方法重写 Father 的 eat()方法。

```
public class Father {
  public void eat(String name){
     System.out.println(name + "吃番薯");
  }
}
class Son ______________{
  @Override
```

```
    public void eat(String name){
        System.out.println(name + "吃米饭");
    }
}
```

2. 设计一个 Shape 接口和它的两个实现类 Square 和 Circle，要求如下。

（1）Shape 接口中有一个抽象方法 area()，该方法接收一个 double 类型的参数，返回一个 double 类型的结果。

（2）Square 和 Circle 中实现了 Shape 接口的 area()抽象方法，分别用于求正方形和圆形的面积并返回。在测试类中创建 Square 和 Circle 对象，计算边长为 2 的正方形的面积和半径为 3 的圆形的面积。

3. 定义一个 Demo 类， 使该类成为最终类，不能再被继承。

4. 请编码实现动物世界的继承关系。

- 动物（Animal）具有行为：吃（eat）、睡觉（sleep）。
- 动物包括：兔子（Rabbit）、老虎（Tiger）。
- 这些动物吃的行为各不相同（兔子吃草，老虎吃肉），但睡觉的行为是一致的。

请通过继承实现以上需求，并编写测试类 AnimalTest 进行测试。

输出结果如图 4-15 所示。

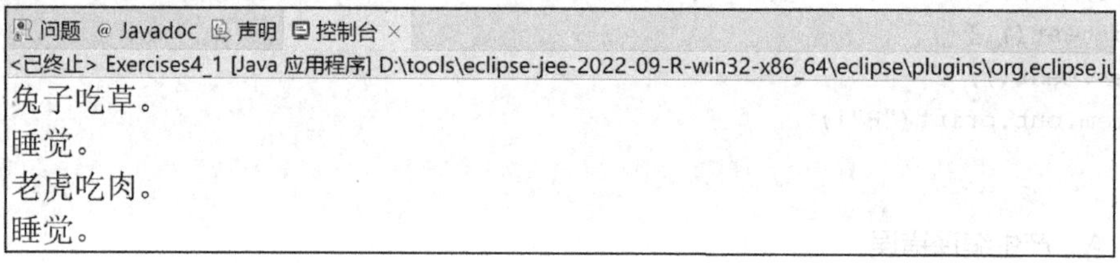
问题 @ Javadoc 声明 控制台
<已终止> Exercises4_1 [Java 应用程序] D:\tools\eclipse-jee-2022-09-R-win32-x86_64\eclipse\plugins\org.eclipse.ju
兔子吃草。
睡觉。
老虎吃肉。
睡觉。

图 4-15 输出结果

第5章 异常处理

05

【本章导读】

一个好的程序不仅要保证能实现所需要的功能，而且应该有很好的容错能力。在程序运行过程中如果有异常情况出现，程序本身应该能解决这些异常，而不是让计算机死机。Java的异常处理机制就是Java语言健壮性的一个重要体现。本章主要介绍异常的概念、Java中的异常及其分类、Java中异常抛出和处理的方式、Java中的自定义异常等。

【学习目标】

- 了解异常和异常分类。
- 理解Java异常处理机制和异常类。
- 掌握try…catch…finally语句处理异常的方式。
- 掌握两种抛出异常的方式。
- 了解自定义异常。

【素质拓展学习】

人谁无过，过而能改，善莫大焉。——左丘明《左传》

人都会犯错误，能力的不足、各种变化着的外部条件等都会影响人的选择，都会使人做出不符合实际情况的错误选择。但犯了错并不可怕，关键是看对待错误的态度。如果犯了错能够及时改正，并从中汲取教训，便能将坏事变成好事。如果犯了错不改正，故步自封，便是错上加错，就很危险了。

Java程序在运行过程中也会遇到各种异常情况。如果预先就估计到可能出现的异常，并且准备好了处理异常的措施，就能防微杜渐，降低突发性异常发生时造成的损失。

5.1 何为异常

Java 程序在运行过程中会遇到各种异常情况，例如文件读取失败、磁盘不足、网络连接断开、停电、数组越界等。

Java 语言提供了完善的异常处理机制。正确运用这套机制，有助于提高程序的健壮性。所谓程序的健壮性，就是指程序在多数情况下能够正常运行，返回预期的正确结果；如果偶尔遇到异常情况，程序也能采取恰当的解决措施。而不健壮的程序则没有充分预测到可能出现的异常，或者没有提供强有力的异常解决措施，导致程序在运行时经常莫名其妙地终止，或者返回错误的运行结果，而且开发者难以检测出出现异常的原因。

Java 的异常处理机制采用的是面向对象的方式，处理过程如下。

（1）抛出异常：在执行一个方法时，如果发生异常，则这个方法生成代表该异常的一个对象，停止当前执行路径，并把异常对象提交给 JRE。

（2）捕获异常：JRE 得到该异常对象后，寻找相应的代码来处理该异常。JRE 在方法的调用栈中查找，从生成异常的方法开始回溯，直到找到相应的异常处理代码为止。

5.2 异常类型

在 Java 中所有异常类都是内置类 java.lang.Throwable 类的子类，即 Throwable 位于异常类层次结构的顶层。Throwable 类下有两个异常分支 Exception 和 Error，如图 5-1 所示。

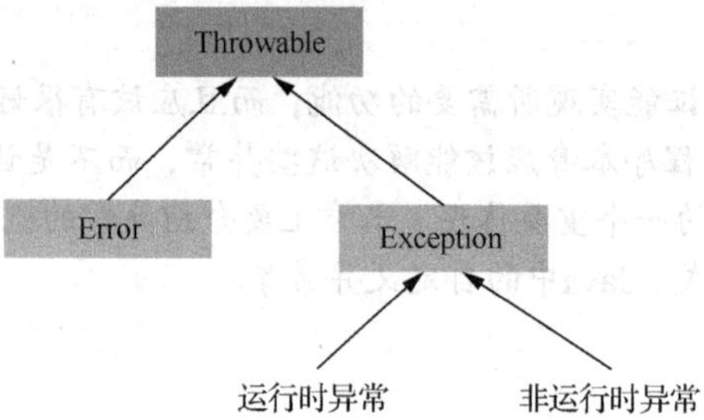

图 5-1　Java 异常类的层次结构

由图 5-1 可以知道，Throwable 类是所有异常和错误的父类，下面用 Error 和 Exception 两个子类分别表示错误和异常。

Error 类定义了在通常环境下不希望被程序捕获的错误。Error 类用于显示系统运行时的错误，堆栈溢出就属于这种错误。本章不讨论 Error 类错误的处理，因为它们通常是灾难性的致命错误，不是程序可以控制的。

Exception 类用于处理用户程序可能出现的异常情况，它也是自定义异常类的父类。Exception 类又分为运行时异常和非运行时异常，也称为不检查异常（Unchecked Exception）和检查异常（Checked Exception），这两种异常有很大的区别。

（1）运行时异常都是 RuntimeException 类及其子类异常，例如 NullPointerException、ArrayIndexOutOfBoundsException 等，这些异常是不检查异常，程序中可以选择捕获处理，也可以不处理。这些异常一般由程序逻辑错误引起，程序应该从逻辑角度尽可能避免这类异常的发生。

（2）非运行时异常是指 RuntimeException 以外的异常，类型上都属于 Exception 类及其子类。从程序语法角度讲，非运行时异常是必须进行处理的异常，如果不处理，程序就不能通过编译，例如 IOException 及用户自定义的 Exception 异常等，一般情况下不自定义检查异常。

表 5-1 列出了一些 Java 中常见的异常类型及它们的作用。

表 5-1　Java 中常见的异常类型

异常类型	说明
Exception	异常类层次结构的根类
RuntimeException	运行时异常
ArithmeticException	算术条件异常，例如整数除 0
ArrayIndexOutOfBoundsException	数组索引越界异常
NullPointerException	尝试访问 null 对象成员，空指针异常

续表

异常类型	说明
ClassNotFoundException	不能加载所需的类
NumberFormatException	数字转化格式异常，例如字符串到 float 型数字的转换无效
IOException	I/O 异常的根类
FileNotFoundException	找不到文件
EOFException	文件结束
InterruptedException	线程中断
IllegalArgumentException	方法接收到非法参数
ClassCastException	类型转换异常
SQLException	操作数据库异常

5.3 异常处理语句

Java 语言中的异常处理包括声明异常、抛出异常、捕获异常和处理异常 4 个环节，通过 5 个关键字 try、catch、throw、throws、finally 进行管理。

5.3.1 try...catch...finally 语句

Java 通过 try...catch...finally 语句可以实现捕获和处理异常，其一般语法格式如下。

```
try
{
   //这里是可能会产生异常的代码
}
catch(Exception e)
{
   //这里是处理异常的代码
}
finally
{
   //如果 try 部分的代码全部执行完或 catch 部分的代码执行完，则执行该部分的代码
}
```

对于 try...catch...finally 语句有以下一些说明。

（1）如果 try 中没有出现异常，try 语句块执行结束后，将跳过 catch 语句，执行 try...catch 后面的语句。

（2）如果 try 中产生了异常并被 catch 捕获，将跳过 try 中的其余语句，把异常对象赋给 catch 中的变量，然后执行 catch 中的语句，最后执行 try...catch 后面的语句。

（3）如果 try 中产生了异常但没有被 catch 捕获，将终止程序执行，由虚拟机捕获并处理异常。

（4）每个 try 块后可以伴随一个或多个 catch 块。当 try 中抛出异常后，按顺序检查 catch 中的异常类，当异常类与抛出的异常对象匹配时，就把异常对象赋给 catch 中的变量，并执行这个 catch 块中的语句。

（5）每次抛出异常后只有一个 catch 块中的语句能执行。

（6）父类的 catch 能捕获子类异常，父类 catch 语句必须放在子类 catch 语句的后面。

（7）finally 块中的语句是不管有没有出现异常都要执行的内容。

例 5-1 实现 try...catch...finally 语句，代码如下，运行结果如图 5-2 所示。

例 5-1

```
package chap05;
public class Example5_1 {
    public static void main(String[] args) {
        int a[] = new int[3];
        try
        {
            a[3] = 10;
            //a[3] = 2/0;
        }
        catch(ArithmeticException e)
        {
            System.out.println("产生了算术运算异常！");
        }
        catch(ArrayIndexOutOfBoundsException e)
        {
            System.out.println("产生了数组越界异常！");
        }
        catch(Throwable e)
        {
            System.out.println("产生了异常！");
        }
        finally
        {
            System.out.println("离开异常处理代码！");
        }
    }
}
```

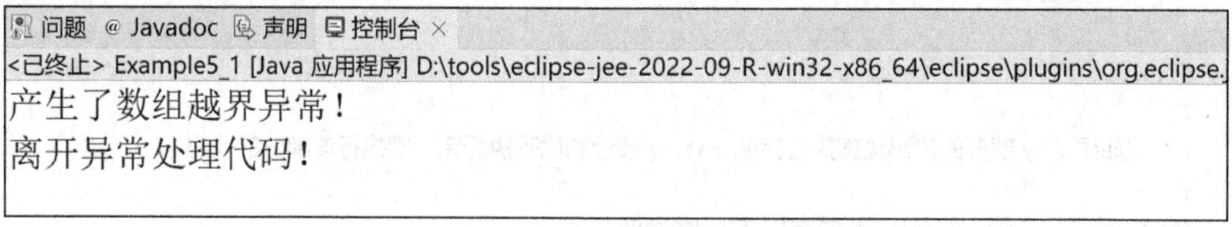

图 5-2 例 5-1 运行结果

5.3.2 throws 语句

若某个方法可能会发生异常，但不想在当前方法中处理这个异常，那么可以将该异常抛出，然后在调用该方法的代码中捕获该异常并进行处理。

将异常抛出可通过 throws 关键字来实现。throws 关键字通常被应用在声明方法时，用来指定方法可能抛出的异常，多个异常可用逗号分隔。

throws 语句的一般语法格式如下。

```
public void test() throws IOException
```

或

```
public void test() throws Exception1, Exception2, Exception3
```

对于 throws 语句有以下说明。

（1）一旦方法声明了抛出异常，throws 关键字后异常列表中的所有异常将会要求调用该方法的程序对这些异常进行处理（通过 try...catch...finally 等）。

（2）如果方法没有声明抛出异常，仍有可能会抛出异常，但这些异常不要求调用程序对其进行特别处理。

5.3.3 throw 语句

使用 throw 关键字也可抛出异常，与 throws 不同的是，throw 用于方法体内，并且只抛出一个异常，而 throws 用来在方法声明中指明方法可能抛出的多个异常。

通过 throw 抛出异常后，如果想由上一级代码来捕获并处理异常，则同样需要在抛出异常的方法中使用 throws 关键字，在方法的声明中指明要抛出的异常。如果想在当前的方法中捕获并处理 throw 抛出的异常，则必须使用 try...catch 语句。对于上述两种情况，若 throw 抛出的异常是 Error、RuntimeException 或它们的子类，则无须使用 throws 关键字或 try...catch 语句。throw 语句的一般语法格式如下。

```
throw new ThrowedException
```

或

```
ThrowedException e = new ThrowedException();
throw e
```

对于 throw 语句有以下说明。

（1）抛出异常只能抛出方法声明中 throws 关键字后的异常列表中的异常或者 Error、Runtime Exception 及其子类。

（2）通常情况下，通过 throw 抛出的异常为用户自己创建的异常类的实例。

例 5-2 代码如下，运行结果如图 5-3 所示。

```
package chap05;
public class Example5_2 {
    static void throwsDemo() throws IllegalAccessException{        //若在方法中发生
IllegalAccessException 异常，不在当前方法中处理，将该异常抛出
        System.out.println("执行声明了抛出异常的方法");
        throw new ArithmeticException(); //产生一个 ArithmeticException（）异常对象，
并抛出
        // throw new IllegalAccessException();
    }
    public static void main(String[] args) {
        // TODO Auto-generated method stub
        try{
            throwsDemo();  //调用 throwsDemo()的代码，捕获 throwsDemo()方法中产生的异
常并处理
        }
        catch(ArithmeticException e){
            System.out.println("捕获的异常为: " + e);
        }
        catch(IllegalAccessException e){
            System.out.println("捕获的异常为: " + e);
```

```
            }
        }
}
```

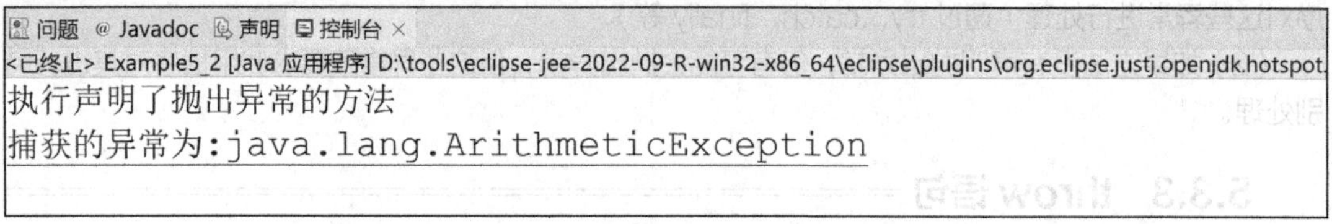
问题 @ Javadoc 声明 控制台 ×
<已终止> Example5_2 [Java 应用程序] D:\tools\eclipse-jee-2022-09-R-win32-x86_64\eclipse\plugins\org.eclipse.justj.openjdk.hotspot.
执行声明了抛出异常的方法
捕获的异常为:java.lang.ArithmeticException

图 5-3 例 5-2 运行结果

5.4 自定义异常

通常使用 Java 内置的异常类就可以描述在编写程序时出现的大部分异常情况，但根据需要，有时要创建自己的异常类，并将它们用于程序中来描述 Java 内置异常类所不能描述的一些特殊情况。

自定义异常类只需继承 Exception 类即可，使用自定义异常类处理异常大体可分为以下几个步骤。

（1）创建自定义异常类。

（2）在方法中通过 throw 抛出异常对象。

（3）若在当前抛出异常的方法中处理异常，可使用 try...catch 语句捕获并处理异常；否则，在方法的声明处通过 throws 指明要抛给方法调用者的异常，继续进行下一步操作。

（4）在出现异常的方法中调用代码捕获并处理异常。

如果自定义的异常类继承自 RuntimeException 类，在步骤（3）中可以不通过 throws 指明要抛出的异常。

例 5-3 自定义一个异常，代码如下，运行结果如图 5-4 所示。

例 5-3

```
package chap05;
public class Example5_3 {
    static void compute(int a) throws MyException{ //在方法中发生自定义异常，不在当前方法中处理，将该异常抛出
        System.out.println("调用 compute(" + a + ")");
        if(a > 10)
            throw new MyException(a);  //产生一个自定义异常对象
        System.out.println("正常退出");
    }
    public static void main(String args[]){
        try  {
            compute(1);  //调用 compute()的代码捕获 compute()方法中产生的自定义异常并处理
            compute(20);
        }
        catch (MyException e){
            System.out.println("捕获的异常为: " + e);
        }
    }
}
class MyException extends Exception{  //自定义一个异常类 MyException
    private int detail;
    MyException(int a){
```

```
        detail = a;
    }
    public String toString(){   //重写异常对象显示信息
        return "自定义的MyException[" + detail + "]";
    }
}
```

```
问题 @ Javadoc 声明 控制台 ×
<已终止> Example5_3 [Java 应用程序] D:\tools\eclipse-jee-2022-09-R-win32-x86_64\eclipse\plugins\org.eclipse.justj.openjdk.hots
调用compute(1)
正常退出
调用compute(20)
捕获的异常为：自定义的MyException[20]
```

图 5-4　例 5-3 运行结果

5.5　案例 5——实训设备故障处理系统

案例 5

5.5.1　案例介绍

老师在上 Java 课时，必须使用计算机来展示教学代码。在老师上课的过程中，计算机可能会出现各种各样的问题。本案例将编写一个程序，模拟上课过程中计算机出现故障时，实训设备故障处理系统给出各种问题对应的解决方式，确保课堂教学继续进行。本案例运行结果如图 5-5 所示。

```
问题 @ Javadoc 声明 控制台 ×
<已终止> ExceptionTeach [Java 应用程序] D:\tools\eclipse-jee-2022-09-R-win32-x86_64\eclipse\plugins\org.eclipse.justj.openjdk.ho
请输入计算机状态编号：1（计算机蓝屏）、2（计算机冒烟）、3（无故障）
1
计算机蓝屏了。
计算机重启。
尹老师上课中。
```

```
问题 @ Javadoc 声明 控制台 ×
<已终止> ExceptionTeach [Java 应用程序] D:\tools\eclipse-jee-2022-09-R-win32-x86_64\eclipse\plugins\org.eclipse.justj.openjdk.hots
请输入计算机状态编号：1（计算机蓝屏）、2（计算机冒烟）、3（无故障）
2
先做练习
chap05.NoclassException: 计算机冒烟了，无法继续上课
自习或者放假
```

```
问题 @ Javadoc 声明 控制台 ×
<已终止> ExceptionTeach [Java 应用程序] D:\tools\eclipse-jee-2022-09-R-win32-x86_64\eclipse\plugins\org.eclipse.justj.openjdk.hots
请输入计算机状态编号：1（计算机蓝屏）、2（计算机冒烟）、3（无故障）
3
计算机开机，运行中。
尹老师上课中。
```

图 5-5　案例 5 运行结果

5.5.2 案例思路

（1）老师上课首先需要有计算机，所以先定义一个计算机类。类中需要包含计算机的状态和一个重启方法，以根据传递的计算机状态做出不同的响应。

（2）老师上课会出现的问题包括计算机蓝屏、计算机冒烟、不能上课。针对出现的问题定义与蓝屏、冒烟、不能上课对应的3个自定义异常类，并封装成对象。

（3）定义一个老师类完成上课流程，该类包含老师的姓名和计算机对象。该类在上课过程中针对计算机蓝屏问题，提出解决方案——提示计算机重启，之后老师继续完成教学内容；针对计算机冒烟问题，提出解决方案——不能上课，可以先做练习；无故障，正常开机上课。

（4）编写主类，运行并查看结果。

5.5.3 案例实现

```
package chap05;
import java.util.Scanner;
class LanPingException extends Exception    //自定义蓝屏异常
{
    LanPingException(String message)
    {
        super(message);
    }
}
class MaoYanException extends Exception    //自定义冒烟异常
{
    MaoYanException(String message)
    {
        super(message);
    }
}
class NoclassException extends Exception    //自定义不能上课异常
{
    NoclassException(String message)
    {
        super(message);
    }
}
class Computer
{
    private int state;
    public Computer(int state) {
        super();
        this.state = state;
    }
    //问题是在运行时发生的，所以得定义在运行时
    public void run()throws LanPingException,MaoYanException//因为有可能出现错误，
所以必须先声明
```

```
        {
            if (state == 1)
            {
                throw new LanPingException("计算机蓝屏了。");//因为计算机不能自己处理，所以抛给了老师
            }
            if (state == 2)
            {
                throw new MaoYanException("计算机冒烟了。");
            }
            System.out.println("计算机开机，运行中。");
        }
        public void restart()
        {
            System.out.println("计算机重启。");
        }
    }
    class Teacher {
        private String name;
        private Computer comp;
        Teacher(String name,int num)
        {
            this.name = name;
            comp = new Computer(num);//初始化计算机时，发送计算机状态编号
        }
        public void test()
        {
            System.out.println("先做练习");
        }
        public void teach() throws NoclassException
        {
            try
            {
                comp.run();//讲课前要先开启计算机
            }
            catch (LanPingException e)//抛出了蓝屏异常
            {
                System.out.println(e.getMessage());
                comp.restart();
            }
            //抛出了冒烟异常，这个问题抛给老师的话依旧无法解决，应该抛出对应的问题，这里老师抛出的问题应该是不能上课了
            catch (MaoYanException e)
            {
                test();//不能上课，可以先布置练习，这条语句必须放在 throw 之前，因为 throw 之后的语句不会执行
                throw new NoclassException(e.getMessage() + "，无法继续上课");
```

```
            }
            System.out.println(name + ",上课中。");
        }

    }
    public class ExceptionTeach {
        public static void main(String[] args) {
            // TODO Auto-generated method stub
            System.out.println("请输入计算机状态编号：1（计算机蓝屏）、2（计算机冒烟）、3（无故障）");

            Scanner scan = new Scanner(System.in);
            int state = scan.nextInt();
            Teacher t = new Teacher("尹老师",state);//指定一名老师，发送计算机状态编号
            try {
                t.teach();//老师运行这个方法
            } catch (NoclassException e) {
                //抓住对应的抛出的问题
                System.out.println(e.toString());//输出问题原因
                System.out.println("自习或者放假");//处理办法
            }
        }
    }
```

习题五

一、选择题

1. 以下对于 try...catch 语句描述正确的是（　　）。
   A. try...catch 语句用于处理程序中的错误
   B. try...catch 语句用于处理程序中的 bug
   C. try...catch 语句用于处理程序中的异常
   D. 以上说法都不正确
2. 下面关于 throws 作用的描述中，正确的是（　　）。
   A. 一个方法只能抛出一个异常
   B. 在一个方法上使用 throws 声明一个异常说明这个方法运行时一定会抛出这个异常
   C. throws 可以用来在方法体中指定抛出的具体异常
   D. throws 出现在方法函数头
3. 下列关于自定义异常的说法中，错误的是（　　）。
   A. 自定义异常要继承 Exception 类
   B. 自定义异常继承 Exception 类后具有可抛性
   C. 自定义异常可以在构造方法中用 super 关键字传递异常信息给父类
   D. 自定义异常必须继承 Error 类
4. 在 Java 语言中，以下哪个关键字用于在方法中声明抛出异常？（　　）
   A. try
   B. catch

C. throws

D. throw

5. 自定义运行时异常，必须继承自（　　）类。

A. Error

B. Exception

C. RuntimeException

D. Throwable

二、编程题

1. 请阅读下面的代码片段，在空白处填写正确的代码，使程序可以通过编译。

```
class Demo{
public static void main(String[] args){
  try{
   System.out.println(getArea(6.1,4.1));
  }catch(Exception e){}
 }
public  static double getArea (double d1,doubl d2)throws Exception{
  if(d1 <0 || d2 < 0)
  ______ ______Exception();
  return d1 * d2;
  }
 }
```

2. 自定义一个异常类 NoThisSongException 和 Player 类，在 Player 的 play()方法中使用自定义异常，要求如下。

（1）NoThisSongException 继承 Exception 类，类中有一个无参和一个接收一个 String 型参数的构造方法，构造方法中都使用 super 关键字调用父类的构造方法。

（2）Player 类中定义一个 play(int index)方法，方法接收一个 int 型的参数，表示播放歌曲的索引，当 index>10 时，play ()方法用 throw 关键字抛出 NoThisSongException 异常。创建异常对象时，调用有参的构造方法，传入“您播放的歌曲不存在”。

（3）在测试类中创建 Player 对象，并调用 play()方法测试自定义的 NoThisSongException 异常，使用 try...catch 语句捕获异常，调用 NoThisSongException 的 getMessage()方法输出异常信息。

第6章 Java API

06

【本章导读】

Java中包含大量的类，其中Java API是应用程序的编程接口，是JDK内部自带的类库集合。在程序设计中，合理且充分地利用现有的类，可以方便地完成字符串处理、数学计算、日期设置等工作。本章主要介绍字符串相关类、基本数据类型包装类、Math类、日期和时间相关类、数字类型处理相关类等。

【学习目标】

- 掌握字符串相关类的使用方法。
- 掌握包装类、日期类和数字类型处理类的使用方法。
- 了解Math类、Random类和Scanner类的使用方法。

【素质拓展学习】

工欲善其事，必先利其器。——《论语》

我们在做任何事情之前都要做好充足的准备。只有准备好相关的基础知识和方法，才能厚积薄发地做好工作。在编程过程中可以直接使用Java API中提供的自带类库来开发应用，从而大幅减少程序员花费的时间和精力。

6.1 Java API入门

API（Application Programming Interface），即应用程序的编程接口，是 JDK 内部自带的类库集合，目的是提供给应用程序开发人员基于某软件或硬件访问一组例程的能力，同时开发人员无须访问源代码或理解内部工作机制的细节。Java API 就是指 JDK 提供的类库，常用的类库如下。

- 字符串相关类。
- 基本数据类型包装类。
- 日期和时间相关类。
- 数字类型处理相关类。
- Random 类。

6.2 字符串相关类

一个字符串就是一连串的字符，字符串的处理在许多程序中都用得到。Java 定义了 String 和 StringBuffer 两个类来封装对字符串的各种操作。它们包含在 java.lang 包中，需要时开发人员直接使用就可以，默认情况下不需用 import java.lang 导入该包。

6.2.1 String 类

String 类是不可变字符串类，因此用于存放字符串常量。String 对象一旦创建，其长度和内容就不能再被更改了。每一个 String 对象在创建的时候就需要指定字符串的内容。在 Java 中 String 类有如下特性。

（1）String 类是用 final 修饰的，不可被继承。

（2）String 类的本质是字符数组 char[ ]，并且其值不可改变。

（3）Java 运行时会维护一个 String 缓冲池，String 缓冲池用来存放运行时产生的各种字符串，并且缓冲池中的字符串的内容不重复。而一般对象并不存在于这个缓冲池，所创建的对象也仅仅存在于方法的堆栈区。

（4）String 对象创建的方式。

① String str = "123";

使用这种方式创建一个 String 对象 str 时，Java 运行时（运行中的 JVM）会拿着这个 str 在 String 缓冲池中找是否存在内容相同的 String 对象，如果不存在，则在缓冲池中创建一个 String 对象 str，否则，不在缓冲池中添加。

② String str = new String("123");//产生两个对象

使用包含变量的表达式来创建 String 对象，则不仅会检查和维护 String 缓冲池，而且会在堆栈区创建一个 String 对象。

（5）String 对象可以通过“+”串联。串联后会生成新的 String 对象。

例如，String str = "hello" + "world!";。

（6）String 的比较方式有两种：用“==”比较的是内存地址，用 equals()方法比较的是对象内容。

例 6-1 创建 String 类的对象，代码如下，运行结果如图 6-1 所示。

```
package chap06;
public class Example6_1 {
    public static void main(String[] args) {
        // TODO Auto-generated method stub
        String s1 = "hello"; //在 String 缓冲池中
        String s2 = "world";//在 String 缓冲池中
        String s3 = "hello";//在 String 缓冲池中找到内容相同的 String 对象 s1，不在缓冲池中添加。s1 和 s3 指向同一个对象
        System.out.println(s1 == s3); //s1 和 s3 指向同一个对象，两者内存地址相等，结果为 true
        s1 = new String("hello"); //不仅检查和维护 String 缓冲池，而且在堆栈区创建一个 s1 对象
        s2 = new String("hello");//不仅检查和维护 String 缓冲池，而且在堆栈区创建一个 s2 对象
        System.out.println(s1 == s2); //s1，s2 两者内存地址不相等，结果为 false
        System.out.println(s1.equals(s2)); //s1，s2 两者内容相同，结果为 true
        char c[] = {'s','u','n',' ','j','a','v','a','!'};
        String s4 = new String(c);
        String s5 = new String(c,4,5);//从字符数组 c 的索引 4 号位置开始寻找 5 个字符
        System.out.println(s4); //sun java!
        System.out.println(s5); //java!
    }
}
```

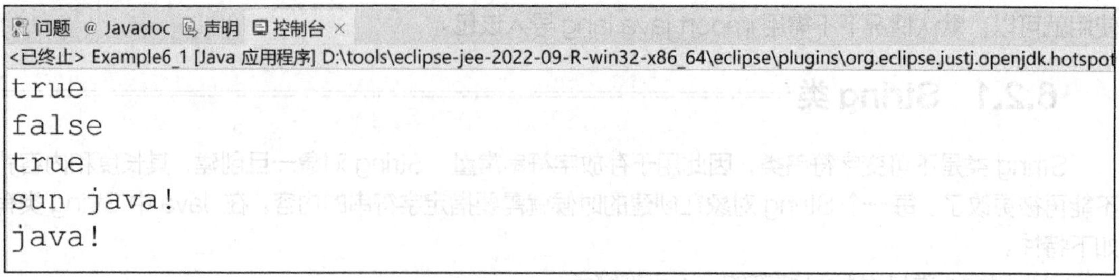

图 6-1　例 6-1 运行结果

（7）String 类有以下一些常用方法。

- public charAt(int index)：返回字符串中第 index 个字符。
- public int length()：返回字符串的长度。
- public int indexOf(String str)：返回字符串中出现 str 的第一个位置。
- public int indexOf(String str, int fromIndex)：返回字符串中从第 fromIndex 个字符开始出现 str 的第一个位置。
- public boolean equalsIgnoreCase(String another)：比较字符串与 another 是否一样（忽略大小写）。
- public String replace(char oldChar, char newChar)：在字符串中用 newChar 字符替换 oldChar 字符。

例 6-2　代码如下，运行结果如图 6-2 所示。

```
package chap06;
public class Example6_2 {
    public static void main(String[] args) {
        String s1 = "sun java", s2 = "Sun Java";
        System.out.println(s1.charAt(1)); //u
        System.out.println(s2.length()); //8
        System.out.println(s1.indexOf("java")); //4
        System.out.println(s1.indexOf("Java")); //-1
        System.out.println(s1.equals(s2)); //false
        System.out.println(s1.equalsIgnoreCase(s2)); //true
        String s = "我是程序员，我在学 Java";
        String sr = s.replace('我', '你');
        System.out.println(sr); //你是程序员，你在学 Java
    }
}
```

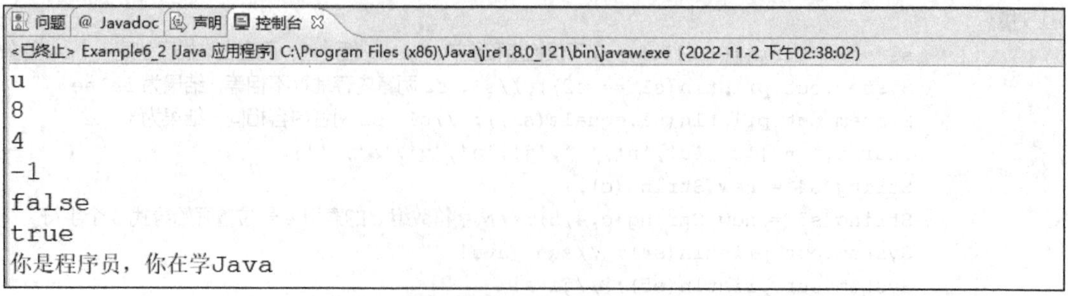

图 6-2　例 6-2 运行结果

- public boolean startsWith(String prefix)：判断字符串是否以 prefix 字符串开头。
- public boolean endsWith(String suffix)：判断字符串是否以 suffix 字符串结尾。
- public String toUpperCase()：返回一个字符串的大写形式。
- public String toLowerCase()：返回一个字符串的小写形式。
- public String substring(int beginIndex)：返回该字符串从第 beginIndex 个字符开始到结尾的子字符串。
- public String substring(int beginIndex, int endIndex)：返回该字符串从第 beginIndex 个字符开始到第 endIndex 个字符结尾的子字符串。
- public String trim()：返回将该字符串去掉开头和结尾空格后的字符串。

例 6-3 代码如下，运行结果如图 6-3 所示。

```
package chap06;
public class Example6_3 {
    public static void main(String[] args) {
        // TODO Auto-generated method stub
        String s = "Welcome to Java World!";
        String s1 = "  sun java   ";
        System.out.println(s.startsWith("Welcome")); //true
        System.out.println(s.endsWith("World")); //false
        String sL = s.toLowerCase();
        String sU = s.toUpperCase();
        System.out.println(sL); // welcome to java world!
        System.out.println(sU); // WELCOME TO JAVA WORLD!
        String subS = s.substring(11);
        System.out.println(subS); // Java World!
        String sp = s1.trim();
        System.out.println(sp); // sun java
    }
}
```

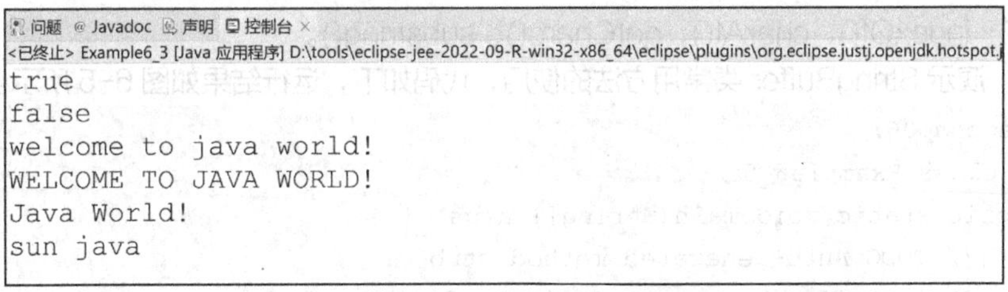

图 6-3 例 6-3 运行结果

- public static String valueOf(...)：可以将基本类型数据转换为字符串。
- public String[ ] split(String regex)：可以将一个字符串按照指定的分割符分割，返回分割后的字符串数组。

例 6-4 代码如下，运行结果如图 6-4 所示。

例 6-4

```
package chap06;
public class Example6_4 {
    public static void main(String[] args) {
        // TODO Auto-generated method stub
        int j = 1234567;
```

```
        String sNumber = String.valueOf(j);
        System.out.println("j是" + sNumber.length() + "位数。");
        String s = "Mary,F,1976";
        String[] sPlit = s.split(",");
        for (int i = 0; i < sPlit.length; i++) {
            System.out.println(sPlit[i]);
        }
    }
}
```

```
问题 @ Javadoc 声明 控制台 ×
<已终止> Example6_4 [Java 应用程序] D:\tools\eclipse-jee-2022-09-R-win32-x86_64\eclipse\plugins\org.eclipse.justj.openjdk.hotspot
j是7位数。
Mary
F
1976
```

图6-4 例6-4运行结果

6.2.2 StringBuffer类

StringBuffer类用于表示内容可以改变的字符串，可以将其他各种类型的数据插入字符串中，也可以转置字符串中原来的内容。一旦通过 StringBuffer 生成了最终想要的字符串，就应该使用StringBuffer.toString()方法将其转换成String类，随后，就可以使用String类的各种方法操纵这个字符串了。

StringBuffer类常用的方法如下。

- 增加：append()、insert()。
- 修改：reverse()、setCharAt()、replace()。
- 删除：delete()、deleteCharAt()。
- 查询：indexOf()、charAt()、getChars()、substring()。

例6-5 演示StringBuffer类常用方法的使用，代码如下，运行结果如图6-5所示。

```
package chap06;
public class Example6_5 {
    public static void main(String[] args) {
        // TODO Auto-generated method stub
        StringBuffer buf = new StringBuffer("Java");
        //追加
        buf.append(" Guide Ver1/");
        buf.append(3);
        //插入
        int index = 5;
        buf.insert(index, "student ");
        //设置
        index = 23;
        buf.setCharAt(index, '.');
        //替换
```

```
        int start = 24;
        int end = 25;
        buf.replace(start, end, "4");
        //转换为字符串
        String s = buf.toString();
        System.out.println(s);
    }
}
```

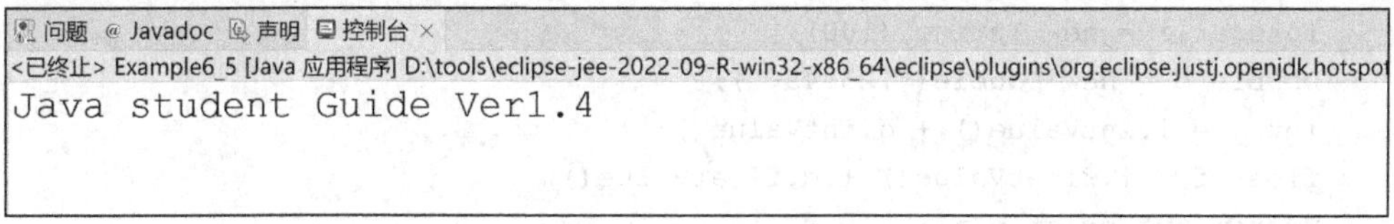

图 6-5　例 6-5 运行结果

6.3　基本数据类型包装类

Java 是一种面向对象的语言，Java 中的类将方法与数据连接在一起，并构成了自包含式的处理单元。但在 Java 中不能自定义基本数据类型对象，为了能将基本数据类型视为对象来处理，并能连接相关方法，Java 为每个基本数据类型提供了包装类。

6.3.1　8 种基本数据类型的包装类

常用包装类如表 6-1 所示。

表 6-1　常用包装类

原始数据类型	包装类
byte	Byte
short	Short
int	Integer
long	Long
float	Float
double	Double
char	Character
boolean	Boolean

6.3.2　包装类常用的方法与变量

数据类型的包装类都继承了抽象类 Number，并继承了 Number 定义的返回不同类型数据的方法。以下是以 Integer 包装类为例的常用方法与变量。

- public static final int MAX_VALUE：最大的 int 型值。
- public static final int MIN_VALUE：最小的 int 型值。
- public long longValue()：返回封装数据的 long 型值。
- public double doubleValue()：返回封装数据的 double 型值。

- public int intValue()：返回封装数据的 int 型值。
- public static int parseInt (String s) throws NumberFormatException：将字符串解析成 int 型数据，返回该数据。

例 6-6 演示包装类常用方法的使用，代码如下，运行结果如图 6-6 所示。

```
package chap06;
public class Example6_6 {
    public static void main(String[] args) {
    // TODO Auto-generated method stub
    Integer i = new Integer(100);
    Double d = new Double("123.456");
    int j = i.intValue() + d.intValue();
    float f = i.floatValue() + d.floatValue();
    System.out.println(j);
    System.out.println(f);
    double pi = Double.parseDouble("3.1415926");
    double r = Double.valueOf("2.0").doubleValue();
    double s = pi * r * r;
    System.out.println(s);
    try {
            int k = Integer.parseInt("1.25");
        } catch (NumberFormatException e) {
            System.out.println("数据格式不对！");
        }
        System.out.println(Integer.toBinaryString(123) + "B");
        System.out.println(Integer.toHexString(123) + "H");
        System.out.println(Integer.toOctalString(123) + "O");
    }
}
```

```
问题 @ Javadoc 声明 控制台 ×
<已终止> Example6_6 [Java 应用程序] D:\tools\eclipse-jee-2022-09-R-win32-x86_64\eclipse\plugins\org.eclipse.justj.openjdk.hotspot
223
223.456
12.5663704
数据格式不对！
1111011B
7bH
173O
```

图 6-6 例 6-6 运行结果

6.4 Math 类

Math 类提供了一系列方法用于科学计算，其方法的参数和返回值类型一般为 double 型。Math 类所有的成员都有 static 修饰符，因此可以用类名直接调用。Math 有两个域变量，一个表示自然对数的底数 E，另一个表示圆周率 PI。Math 类的常用方法如下。

- static double abs(double a)：返回绝对值，参数可以是 int、long、float 型值。
- static double sin(double a)：返回正弦值。

- static double asin(double a)：返回反正弦值。
- static double sqrt(double a)：返回平方根。
- static double pow(double a，double b)：返回 a 的 b 次幂。
- static double max(double a，double b)：返回最大值。
- static double min(double a，double b)：返回最小值。
- static double random()：返回 0.0～1.0 的随机数。
- static long round(double a)：double 型的数据 a 转换为 long 型（四舍五入）。

例 6-7 演示 Math 类常用方法的使用，代码如下，运行结果如图 6-7 所示。

```
package chap06;
public class Example6_7 {
    public static void main(String[] args) {
    // TODO Auto-generated method stub
    double a = Math.random();
    double b = Math.random();
    System.out.println(Math.sqrt(a * a + b * b));
    System.out.println(Math.pow(a, 8));
    System.out.println(Math.round(b));
    System.out.println(Math.log(Math.pow(Math.E, 15)));
    double d = 60.0, r = Math.PI / 4;
    System.out.println(Math.toRadians(d));
    System.out.println(Math.toDegrees(r));
    }
}
```

```
问题 @ Javadoc 声明 控制台 ×
<已终止> Example6_7 [Java 应用程序] D:\tools\eclipse-jee-2022-09-R-win32-x86_64\eclipse\plugins\org.eclipse.justj.openjdk.hotsp
0.0823421532881908
5.073635340793988E-10
0
15.0
1.0471975511965976
45.0
```

图 6-7 例 6-7 运行结果

6.5 日期和时间相关类

Java 的日期和时间相关类位于 java.util 包中。利用日期和时间相关类提供的方法，可以获取当前的日期和时间、创建日期和时间参数、计算和比较时间等。Java 语言提供了以下类来处理日期和时间。

（1）java.util.Date：包装了一个 long 型数据，表示与 GMT（Greenwich Mean Time，格林尼治标准时，1970 年 01 月 01 日 0 时 0 分 0 秒）所相距的毫秒数。

（2）java.text.DateFormat：对日期进行格式化。

（3）java.util.Calendar：可以灵活地设置或读取日期中的年、月、日、时、分和秒等信息。

6.5.1 Date 类

Date 类在 java.util 包中，使用 Date 类的无参构造方法创建的对象可以获取本地当前时间。Date 对象表示时间的默认顺序是：星期、月、日、小时、分、秒、年。例如，Sat Apr 28 21:59:38 CST 2001。

计算机时间的“公元”设置在1970年01月01日0时0分0秒（GMT），据此可以使用Date的有参构造方法：Date(long time)。例如：

```
Date date1=new Date(1000);
Date date2=new Date(-1000);
```

此时，date1的时间就是1970年01月01日08时00分01秒，date2的时间就是1970年01月01日07时59分59秒。

例6-8 演示Date类的使用，代码如下，运行结果如图6-8所示。

```
package chap06;
import java.util.Date;
public class Example6_8 {
    public static void main(String[] args) {
    // TODO Auto-generated method stub
    Date today=new Date();
    System.out.println("Today's date is" + today);
    String strDate,strTime="";
    System.out.println("今天的日期是：" + today);
    long time=today.getTime();
    System.out.println("自1970年01月01日0时0分0秒起" + "以毫秒为单位的时间（GMT）：
" + time);
    strDate = today.toString();//把日期对象设置成字符串类型
    strTime = strDate.substring(11, (strDate.length()-4));
    System.out.println(strTime);
    strTime = "时间：" + strTime.substring(0, 8);
    System.out.println(strTime);
    }
}
```

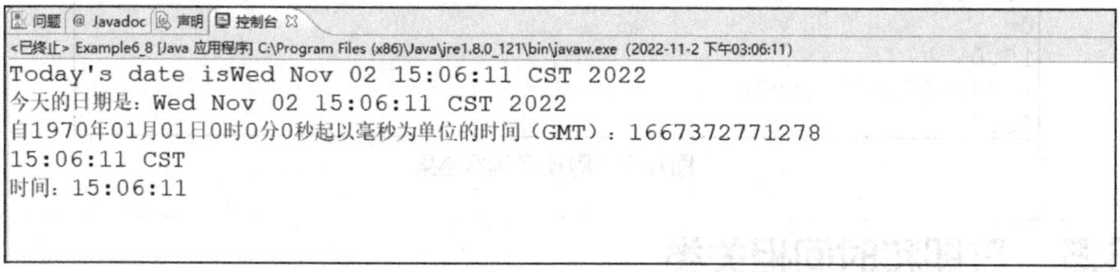
问题 @ Javadoc 声明 控制台
<已终止> Example6_8 [Java 应用程序] C:\Program Files (x86)\Java\jre1.8.0_121\bin\javaw.exe (2022-11-2 下午03:06:11)
Today's date isWed Nov 02 15:06:11 CST 2022
今天的日期是：Wed Nov 02 15:06:11 CST 2022
自1970年01月01日0时0分0秒起以毫秒为单位的时间（GMT）：1667372771278
15:06:11 CST
时间：15:06:11

图6-8 例6-8运行结果

6.5.2 SimpleDateFormat类

可以使用DateFormat的子类SimpleDateFormat来实现日期的格式化。SimpleDateFormat有一个常用构造方法public SimpleDateFormat(String pattern)，该构造方法可以用参数pattern指定的格式创建一个对象。

pattern中应当含有一些特殊字符，这些特殊的字符被称作元字符，具体如下。

- y或yy：表示用2位数字输出年份。yyyy表示用4位数字输出年份。
- M或MM：表示用2位数字或文本输出月份。如果想用汉字输出月份，pattern中应连续包含至少3个M，例如MMM。
- d或dd：表示用2位数字输出日。

- H 或 HH：表示用 2 位数字输出时。
- m 或 mm：表示用 2 位数字输出分。
- s 或 ss：表示用 2 位数字输出秒。
- E：表示用字符串输出星期。

例 6-9 演示 SimpleDateFormat 类的使用，代码如下，运行结果如图 6-9 所示。

```
package chap06;
import java.text.SimpleDateFormat;
import java.util.Date;
public class Example6_9 {
    public static void main(String[] args) {
    // TODO Auto-generated method stub
    Date nowtime = new Date();
    System.out.println(nowtime);
    SimpleDateFormat matter1=
    new SimpleDateFormat("'time': yyyy年MM月dd日");//用元字符设置
    System.out.println(matter1.format(nowtime));
    SimpleDateFormat matter2=
    new SimpleDateFormat("北京时间：yyyy年MM月dd日HH时mm分ss秒");
    System.out.println(matter2.format(nowtime));
    Date date1 = new Date(1000),date2 = new Date(-1000);
    System.out.println(matter2.format(date1));
    System.out.println(matter2.format(date2));
    }
}
```

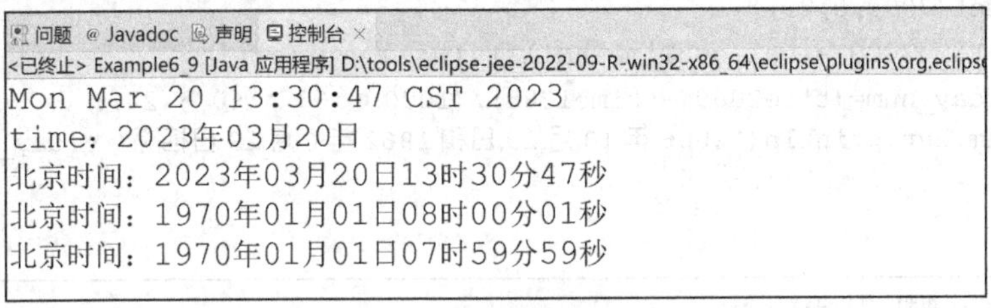

图 6-9 例 6-9 运行结果

6.5.3 Calendar 类

Calendar 类在 java.util 包中。使用 Calendar 类的静态方法 getInstance()可以初始化日历对象。例如：

```
Calendar  calendar= Calendar.getInstance();
```

Calendar 类的常用方法如下。

- set(int year, int month, int date)：设置 Calendar 对象中年、月、日三个字段的值。
- set(int year, int month, int date, int hour, int minute)：设置 Calendar 对象中年、月、日、时、分五个字段的值。
- set(int year, int month, int date, int hour, int minute, int second)：设置 Calendar 对象中年、月、日、时、分、秒六个字段的值，当参数 year 取负数时表示公元前。
- public int get(int field)：可以获取有关年、月、时、星期等信息，参数 field 的有效值由 Calendar

的常量指定，例如，calendar.get(Calendar.MONTH);会返回一个整数，如果该整数是 0 表示当前时间为 1 月，该整数是 1 表示当前时间为 2 月等。

- public long getTimeInMillis()：可以将时间表示为毫秒数。

例 6-10 演示 Calendar 类的使用，代码如下，运行结果如图 6-10 所示。

```
package chap06;
import java.util.Calendar;
import java.util.Date;
public class Example6_10 {
    public static void main(String[] args) {
    // TODO Auto-generated method stub
    Calendar cal = Calendar.getInstance();
    cal.setTime(new Date());
    String year = String.valueOf(cal.get(Calendar.YEAR)),
           month = String.valueOf(cal.get(Calendar.MONTH)+1),
           day = String.valueOf(cal.get(Calendar.DAY_OF_MONTH)),
           week = String.valueOf(cal.get(Calendar.DAY_OF_WEEK)-1);
    int hour = cal.get(Calendar.HOUR_OF_DAY),
        minute = cal.get(Calendar.MINUTE),
        second = cal.get(Calendar.SECOND);
    System.out.println("现在的时间是：");
    System.out.println("" + year + "年" + month + "月" + day + "日" + "星期" + week);
    System.out.println("" + hour + "时" + minute + "分" + second + "秒");
    cal.set(1985,5,29);                    //将日历翻到 1985 年 6 月 29 日
    long time1985 = cal.getTimeInMillis();
    cal.set(2009,9,29);
    long time2009 = cal.getTimeInMillis();
    long day_num=(time2009 - time1985)/(1000 * 60 * 60 * 24);
    System.out.println("2006 年 10 月 29 日和 1962 年 6 月 29 日相隔" + day_num + "天");
    }
}
```

```
问题 @ Javadoc 声明 控制台 ×
<已终止> Example6_10 [Java 应用程序] D:\tools\eclipse-jee-2022-09-R-win32-x86_64\eclipse\plugins\org.eclipse.justj.openjdk.hotspot
现在的时间是：
2023年3月20日星期1
15时13分8秒
2006年10月29日和1962年6月29日相隔8888天
```

图 6-10　例 6-10 运行结果

6.6 数字类型处理相关类

在日常开发过程中，会经常使用到数字类型的数据，同时，也会有许多数字处理的需求。为满足这个方面需求，Java 语言中提供数字处理类，专门用来处理数字类型。

（1）NumberFormat 类：对数字结果格式化。

（2）BigDecimal 类：用来处理大十进制数。

6.6.1 NumberFormat 类

NumberFormat 类有如下常用方法。

- public static final NumberFormat getInstance()：实例化一个 NumberFormat 对象。
- public final String format(double number)：格式化数字 number。
- public void setMaximumFractionDigits(int newValue)：设置某个数的小数部分中所允许的最大数字位数。
- public void setMinimumFractionDigits(int newValue)：设置某个数的小数部分中所允许的最小数字位数。
- public void setMaximumIntegerDigits(int newValue)：设置某个数的整数部分中所允许的最大数字位数。
- public void setMinimumIntegerDigits(int newValue)：设置某个数的整数部分中所允许的最小数字位数。

例 6-11 演示 NumberFormat 类的使用，代码如下，运行结果如图 6-11 所示。

```
package chap06;
import java.text.NumberFormat;
public class Example6_11 {
    public static void main(String[] args) {
        // TODO Auto-generated method stub
        NumberFormat nf = null ;                 // 声明一个 NumberFormat 对象
        nf = NumberFormat.getInstance() ;  // 得到默认的数字格式化显示
        nf.setMaximumFractionDigits(4);     //设置小数部分中所允许的最大数字位数为 4
        nf.setMinimumFractionDigits(2);     //设置小数部分中所允许的最小数字位数为 2
        System.out.println("格式化之后的数字：" + nf.format(10000000));
        System.out.println("格式化之后的数字：" + nf.format(1000.3456789));
    }
}
```

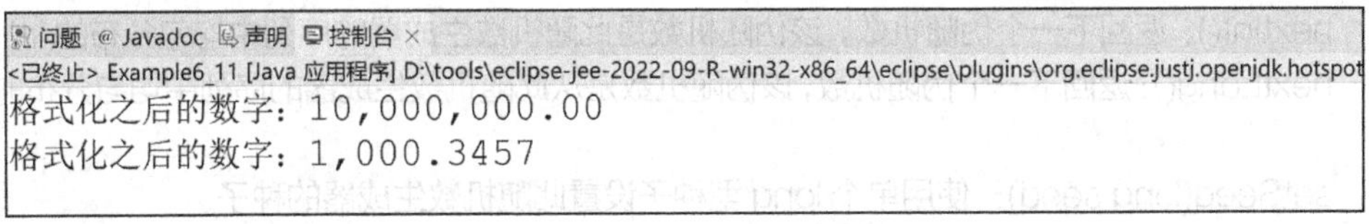

图 6-11 例 6-11 运行结果

6.6.2 BigDecimal 类

如果对计算结果的精确度有比较严格的要求，就不能直接用 float、double 型数据进行计算，要使用 BigDecimal 来计算。

例 6-12 演示 BigDecimal 类的使用，代码如下，运行结果如图 6-12 所示。

```
package chap06;
import java.math.BigDecimal;
public class Example6_12 {
    public static void main(String[] args) {
        // TODO Auto-generated method stub
```

```
        BigDecimal op1 = new BigDecimal("3.14159");
        BigDecimal op2 = new BigDecimal("3");
        System.out.println("和=" + op1.add(op2));
        System.out.println("差=" + op1.subtract(op2));
        System.out.println("积=" + op1.multiply(op1));
        System.out.println("商=" + op1.divide(op2, BigDecimal.ROUND_UP));
        System.out.println("负值=" + op1.negate());
        System.out.println("指定精度的商=" + op1.divide(op2, 15,BigDecimal.ROUND_UP));
    }
}
```

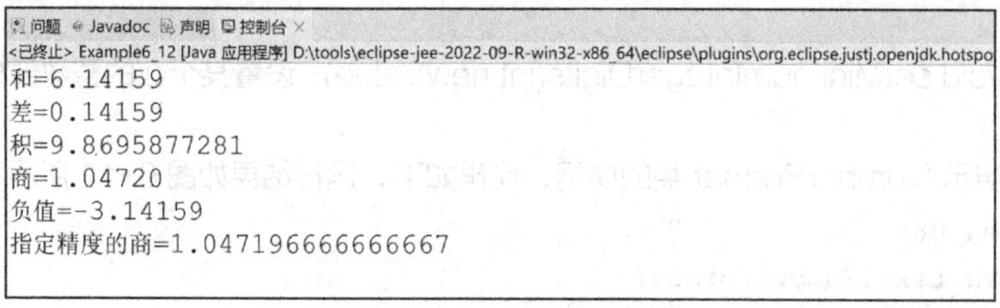
问题 @ Javadoc 声明 控制台
<已终止> Example6_12 [Java 应用程序] D:\tools\eclipse-jee-2022-09-R-win32-x86_64\eclipse\plugins\org.eclipse.justj.openjdk.hotspo
和=6.14159
差=0.14159
积=9.8695877281
商=1.04720
负值=-3.14159
指定精度的商=1.047196666666667

图6-12　例6-12运行结果

6.7 Random类

java.util.Random类提供了两种产生随机数的方法，第一种是使用Math类的random()，该方法虽然能产生随机数，但是它只能产生0.0～1.0的随机数；第二种是使用Random类，使用该类可以十分方便地产生自己需要的各种形式的随机数。

Random类常用方法如下。

- Random()：创建一个新的随机数生成器。
- next(int bits)：生成下一个伪随机数。
- nextInt()：返回下一个伪随机数，该伪随机数是此随机数生成器的序列中均匀分布的int型值。
- nextLong()：返回下一个伪随机数，该伪随机数是从此随机数生成器的序列中均匀分布的long型值。
- setSeed(long seed)：使用单个long型种子设置此随机数生成器的种子。

例6-13　演示Random类的使用，代码如下，运行结果如图6-13所示。

```
package chap06;
import java.util.Random;
public class Example6_13 {
    public static void main(String[] args) {
        // TODO Auto-generated method stub
        Random randomObj = new Random();
        int ctr = 0;
        int zheng = 0,fan = 0;
        while(ctr < 10){
            float val = randomObj.nextFloat();
            if(val < 0.5){
                zheng++;
```

例6-13

```
            }
            else{fan++;}
            ctr++;
        }
        System.out.println("正面" + zheng + "次");
        System.out.println("反面" + fan + "次");
    }
}
```

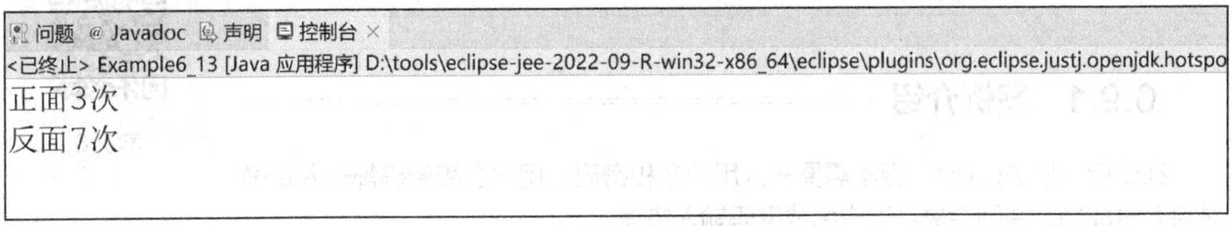

图 6-13　例 6-13 运行结果

6.8 Scanner 类

Java 语言中的 Scanner 类位于 java.util 包中，常用于扫描控制台的输入，当需要使用控制台输入时可调用这个类。

例如，以下代码使用户能够从 System.in 中读取一个数：

```
Scanner sc = new Scanner(System.in);
int i = sc.nextInt();
```

Scanner 类有以下常用方法。

- hasNextXxx()：判断是否还有下一个输入项，其中 Xxx 可以是 Int、Double 等。如果需要判断是否包含下一个字符串，则可以省略 Xxx。
- nextXxx()：获取下一个输入项。Xxx 的含义与上一个方法中的 Xxx 的相同。
- nextLine()：Scanner 执行当前行，并返回输入回车符之前的所有字符。

例 6-14　演示 Scanner 类的使用，代码如下，运行结果如图 6-14 所示。

```
package chap06;
import java.util.Scanner;
public class Example6_14 {
    public static void main(String[] args) {
    // TODO Auto-generated method stub
     Scanner sc = new Scanner(System.in);
       System.out.println("请输入 int 型数据：");
       //获取数据
       if(sc.hasNextInt()){
          int x = sc.nextInt();
          System.out.println("x=" + x);
       }else{
          System.out.println("你输入的数据有误");
       }
    }
}
```

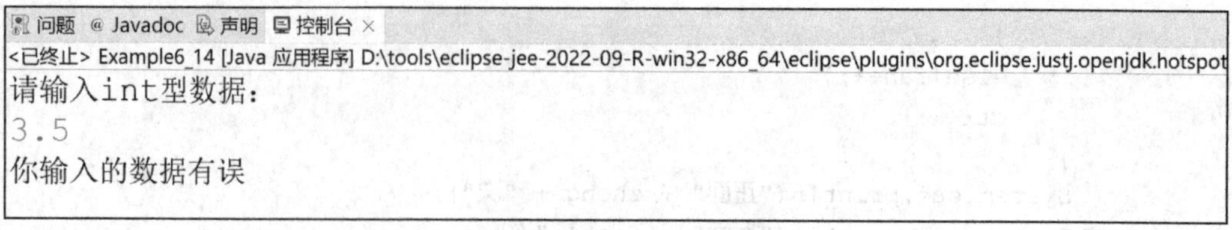
问题 @ Javadoc 声明 控制台
<已终止> Example6_14 [Java 应用程序] D:\tools\eclipse-jee-2022-09-R-win32-x86_64\eclipse\plugins\org.eclipse.justj.openjdk.hotspot
请输入int型数据:
3.5
你输入的数据有误

图 6-14　例 6-14 运行结果

6.9　案例 6——用户登录系统

案例 6

6.9.1　案例介绍

在使用一些 App 时，通常需要输入用户名和密码。用户名和密码都输入正确才会登录成功，否则会提示用户名或密码输入错误。

本案例模拟一个用户登录系统，总共有 3 次登录机会，在 3 次内（包含 3 次）输入正确的用户名和密码后给出登录成功的相应提示。超过 3 次用户名或密码输入有误，则提示登录失败，用户将无法继续登录。本案例使用 Scanner 类和 String 类的相关方法实现比较操作。本案例运行结果如图 6-15 所示。

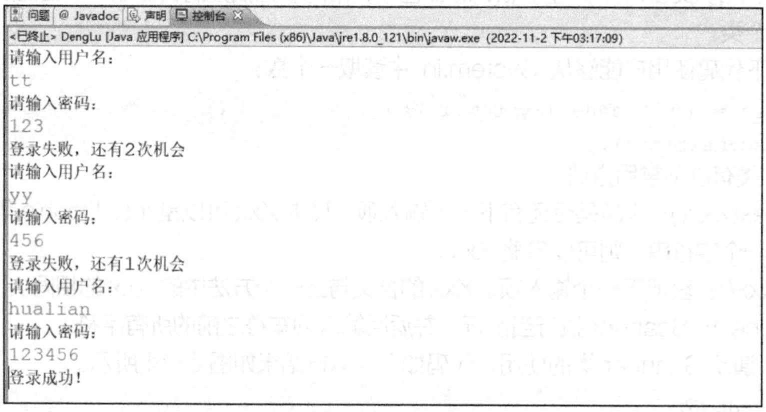
问题 @ Javadoc 声明 控制台
<已终止> DengLu [Java 应用程序] C:\Program Files (x86)\Java\jre1.8.0_121\bin\javaw.exe (2022-11-2 下午03:17:09)
请输入用户名:
tt
请输入密码:
123
登录失败，还有2次机会
请输入用户名:
yy
请输入密码:
456
登录失败，还有1次机会
请输入用户名:
hualian
请输入密码:
123456
登录成功!

图 6-15　案例 6 运行结果

6.9.2　案例思路

（1）分析案例介绍可知，已知用户名、密码，定义两个字符串来表示。

（2）用 Scanner 类实现通过键盘输入，获得要输入的用户名和密码。

（3）将通过键盘输入的用户名、密码与已知的用户名、密码进行比较，给出相应的提示，字符串内容比较用 equles()实现。

（4）循环实现多次输入。这里次数明确，用 for 循环实现，并在登录成功的时候，用 break 结束循环。

6.9.3　案例实现

```
package chap06;
import java.util.Scanner;
```

```
public class DengLu {
    public static void main(String[] args) {
    //已知用户名、密码，定义两个字符串表示即可
    String username = "hualian";
    String password = "123456";
    for (int i = 0; i < 3; i++) {
        //通过键盘输入用户名、密码，用Scanner实现
        Scanner sc = new Scanner(System.in);
        System.out.println("请输入用户名：");
        String uname = sc.nextLine();
        System.out.println("请输入密码：");
        String pwd = sc.nextLine();
        //将通过键盘输入的用户名、密码与已知的用户名、密码进行比较，给出相应的提示，字符串内
容比较用equals()实现
            if(uname.equals(username)&& pwd.equals(password)) {
                System.out.println("登录成功！");
                break;
            }else {
                if(2-i == 0) {
                    System.out.println("你的账户被锁定了，请联系管理员!! ");
                }else {
                    //2,1,0
                    System.out.println("登录失败，还有" + (2 - i) + "次机会");
                }
            }
        }
    }
}
```

习题六

一、选择题

1. 下列关于包装类的描述中，错误的是（　　）。

   A. 包装类的作用之一就是将基本数据类型包装成引用数据类型

   B. 包装类可以完成在基本数据类型与String类型之间的转换

   C. 包装类一共有8种，对应基本数据类型

   D. 可以通过继承包装类完成自定义包装类的设计

2. 下面关于 Math.random()方法生成的随机数，正确的是（　　）。

   A. 0.8652963898062596

   B. -0.2

   C. 3.0

   D. 1.2

3. Calendar.MONTH 用于表示月份，如果现在是4月，得到的 Calendar.MONTH 字段的值应该是（　　）。

   A. 4

B. 3

C. 5

D. 以上都不对

4. 下列选项中，可以正确实现 String 初始化的是（　　）。

A. String str = "abc";

B. String str = 'abc';

C. String str = abc;

D. String str = 0;

5. 下列选项中，哪个是 StringBuffer 类中 append()方法的返回值类型？（　　）

A. String

B. void

C. StringBuffer

D. StringBuilder

6. 下面的程序段执行后，输出的结果是以下哪个选项？（　　）。

```
StringBuffer buf = new StringBuffer("Beijing2008");
buf.insert(7,"@");
System.out.println(buf.toString());
```

A. Beijing@2008

B. @Beijing2008

C. Beijing2008@

D. Beijing#2008

二、填空题

1. 已知 sb 为 StringBuffer 的一个实例，且 sb.toString()的值为"abcde"，则执行 sb. reverse()后，sb.toString()的值为（　　　　　）。

2. 在 Java 中，int 型对应的包装类是（　　　　　）。

3. Java 中用于产生随机数的类是（　　　　　），它位于（　　　　　）包中。

4. 针对字符串的操作，Java 提供了两个字符串类，分别是 String 和（　　　　　）。

5. Math 类中用于计算所传递参数平方根的方法是（　　　　　）。

三、编程题

1. 请编写一个程序，求出 2008 年的 2 月有多少天。

2. 编写一个程序，将字符串"This is a man"倒着输出"nam a si sihT"，要求在程序中使用 StringBuffer 类。

3. 编写一个程序，每次随机生成 10 个 0（包括）到 100 的随机正整数。

第7章 集合框架

07

【本章导读】

集合框架是为表示和操作集合而规定的一种统一的、标准的体系结构，是Java中重要的内容之一。无论是最基本的Java SE应用程序开发，还是Java EE应用程序开发，集合框架都是开发过程中常用的部分。本章重点介绍集合框架的相关概念，包括Collection、Iterator、List、Set和Map等接口以及各接口的使用方法，重点讲解ArrayList、HashSet和HashMap等类的相关知识。

【学习目标】

- 理解集合框架的概念。
- 了解Collection接口、List接口和Set接口常用方法。
- 掌握Iterator接口常用方法及其应用。
- 掌握ArrayList类和LinkedList类及其应用。
- 掌握HashSet和TreeSet类及其应用。
- 掌握HashMap和TreeMap类及其应用。

【素质拓展学习】

人之知识，若登梯然。进一级，则所见愈广。——陆九渊《删定官轮对札子》

人学知识，就像登梯子一样，每上一个台阶，眼界就会开阔一些。顺着次序逐步深入或提高，是正确的学习方法。通过Java集合框架，可以提高代码质量，降低代码维护成本，增加程序的复用性和可操作性。

7.1 集合框架入门

7.1.1 集合简介

集合用来存储和管理其他对象的对象，即对象的容器。集合常被用来与数组做比较，它们的区别如下。

（1）集合可以扩容，长度可变，可以存储多种类型的数据。数组长度不可变，只能存储单一类型的元素。

（2）集合是特殊的数组，数组只可以修改元素和查询元素，无法增加元素和删除元素，而集合可以进行增、删、改、查的操作。

7.1.2 集合分类

Java 中的集合可以划分为两个不同的概念，具体如下。

（1）Collection：表示一组对立的元素，通常这些元素都服从某种规则，包括 List 和 Set，List 必须保持元素特定的顺序，而 Set 不能有重复元素。

（2）Map：表示一个映射，它将唯一的键映射为一个值，键用来查找值的对象。因此，给定一个键及其对应的值，就可以把键存放在 Map 对象中，并且可以通过键来检索值。

Collection 和 Map 的区别在于容器中每个位置保存的元素个数。对于 Collection，容器中每个位置只能保存一个元素（对象）。例如 List，它以特定的顺序保存一组元素；Set 则不能有重复的元素。Map 保存的是键值对，就像一个小型数据库，我们可以通过键找到对应的值。

图 7-1 所示为集合的框架结构。

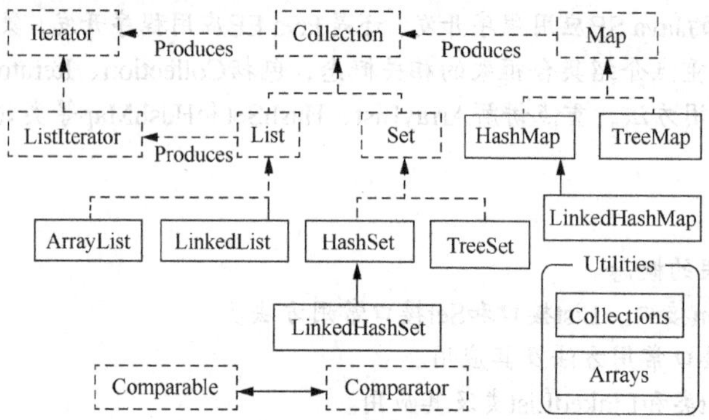

图 7-1 集合的框架结构

图 7-1 中有 8 个集合接口（用短虚线框表示），表示不同集合类型，是集合框架的基础。8 个实现类（用实线框表示），是对集合接口的具体实现。

7.2 Collection 接口

Collection 接口是 List 接口和 Set 接口的父接口，通常情况下不能直接使用，不过 Collection 接口定义了一些通用的方法，通过这些方法可以实现对集合的基本操作，因为 List 接口和 Set 接口实现了 Collection 接口，所以这些方法对 List 集合和 Set 集合是通用的。Collection 接口定义了以下一些常用方法。

- boolean add(E e)：添加一个元素。
- boolean addAll(Collection c)：添加一个集合中的所有元素。
- void clear()：清空、删除所有元素。
- boolean remove(Object o)：删除一个元素。
- boolean removeAll(Collection c)：删除同属于某一集合中的所有元素。
- boolean contains(Object o)：判断是否包含指定元素。
- boolean containsAll(Collection c)：判断是否同时包含另一集合中的所有元素。
- boolean isEmpty()：判断该集合是否为空。
- int size()：获取元素个数。
- boolean retainAll(Collection c)：取两个集合中的共有元素，即交集。
- Iterator<E> iterator()：获取迭代器。

- Object[] toArray() 或 T[] toArray(T a)：将集合变成数组。

例 7-1 演示 Collection 接口的使用，代码如下，运行结果如图 7-2 所示。

例 7-1

```
package chap07;
import java.util.*;
public class Example7_1 {
    public static void main(String[] args) {
        Collection collection1 = new ArrayList();//创建一个集合对象
        collection1.add("000");//添加对象到 Collection 集合中
        collection1.add("111");
        collection1.add("222");
        System.out.println("集合 collection1 的大小：" + collection1.size());
        System.out.println("集合 collection1 的内容：" + collection1);
        collection1.remove("000");//从集合 collection1 中移除 "000" 这个对象
        System.out.println("集合 collection1 移除 000 后的内容：" + collection1);
        System.out.println("集合 collection1 中是否包含 000:" + collection1.contains("000"));
        System.out.println("集合 collection1 中是否包含 111:" + collection1.contains("111"));
        Collection collection2 = new ArrayList();
        collection2.addAll(collection1);//将 collection1 集合中的元素全部都加到collection2 中
        System.out.println("集合 collection2 的内容：" + collection2);
        collection2.clear();//清空集合 collection2 中的元素
        System.out.println("集合 collection2 是否为空：" + collection2.isEmpty());
        //将集合 collection1 转化为数组
        Object s[]= collection1.toArray();
        for(int i = 0;i < s.length; i++){
            System.out.println(s[i]);
        }
    }
```

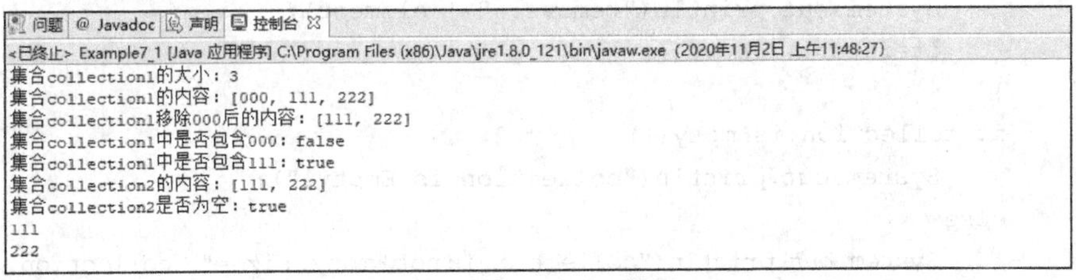
问题 @ Javadoc 声明 控制台
<已终止> Example7_1 [Java 应用程序] C:\Program Files (x86)\Java\jre1.8.0_121\bin\javaw.exe（2020年11月2日 上午11:48:27）
集合collection1的大小：3
集合collection1的内容：[000, 111, 222]
集合collection1移除000后的内容：[111, 222]
集合collection1中是否包含000：false
集合collection1中是否包含111：true
集合collection2的内容：[111, 222]
集合collection2是否为空：true
111
222

图 7-2 例 7-1 运行结果

> **注意** Collection 只是一个接口，真正使用的时候要创建该接口的一个实现类。作为集合的接口，它定义了所有属于集合的类所应该具有的一些方法。而 ArrayList（数组列表）类是 Collection 接口的一种实现方式。

7.3 Iterator 接口

迭代器（Iterator）是一个超级接口，它的工作就是遍历并选择集合序列中的对象，而客户端的程序员不必了解或关心该集合序列底层的结构。此外，迭代器通常被称为“轻量级”对象，即创建它的代价小。但是它也有一些限制，例如某些迭代器只能单向移动。通过调用 Collection. iterator()方法即可获得该集合的迭代器。Iterator 接口定义了以下一些常用方法。

- next()：获得集合序列中的下一个元素。
- hasNext()：检查序列中是否有元素。
- remove()：将迭代器新返回的元素删除。

例 7-2 演示 Iterator 接口的使用，代码如下，运行结果如图 7-3 所示。

例 7-2

```
package chap07;
import java.util.ArrayList;
import java.util.Collection;
import java.util.Iterator;
public class Example7_2 {
    public static void main(String[] args) {
        Collection collection = new ArrayList();
        collection.add("s1");
        collection.add("s2");
        collection.add("s3");
        Iterator iterator = collection.iterator();//得到一个迭代器
        while (iterator.hasNext()) {//遍历
            Object element = iterator.next();
            System.out.println("iterator = " + element);
        }
        if(collection.isEmpty())
            System.out.println("collection is Empty!");
        else
            System.out.println("collection is not Empty! size=" + collection. size());
        Iterator iterator2 = collection.iterator();
        while (iterator2.hasNext()) {//移除元素
            Object element = iterator2.next();
            System.out.println("remove: " + element);
            iterator2.remove();
        }
        if(collection.isEmpty())
            System.out.println("collection is Empty!");
        else
            System.out.println("collection is not Empty! size=" + collection. size());
    }
}
```

```
问题 @ Javadoc 声明 控制台 ×
<已终止> Example7_2 [Java 应用程序] D:\tools\eclipse-jee-2022-09-R-win32-x86_64\eclipse\plugins\org.eclipse.justj.openjdk.hotspot
iterator = s1
iterator = s2
iterator = s3
collection is not Empty! size=3
remove: s1
remove: s2
remove: s3
collection is Empty!
```

图 7-3 例 7-2 运行结果

7.4 List 接口

7.4.1 List 接口概述

List 就是列表的意思，它继承了 Collection 接口，用于定义允许有重复项的有序集合。该接口不但能够对列表的一部分进行处理，而且添加了面向位置的操作。List 是按对象的进入顺序保存对象的，不做排序或编辑操作。它除了拥有 Collection 接口的所有方法外还拥有一些其他方法。List 接口定义了以下一些常用方法。

- void add(int index, Object element)：在指定位置 index 上添加元素 element。
- boolean addAll(int index, Collection c)：将集合 c 的所有元素添加到指定位置 index。
- Object get(int index)：返回 List 中指定位置 index 的元素。
- int indexOf(Object o)：返回第一个出现元素 o 的位置，否则返回-1。
- int lastIndexOf(Object o)：返回最后一个出现元素 o 的位置，否则返回-1。
- Object remove(int index)：删除指定位置 index 上的元素。
- Object set(int index, Object element)：用元素 element 取代指定位置 index 上的元素，并且返回旧的元素。
- ListIterator listIterator()：返回一个列表迭代器，用来访问列表中的元素。
- ListIterator listIterator(int index)：返回一个列表迭代器，用来从指定位置 index 开始访问列表中的元素。
- List subList(int fromIndex, int toIndex)：返回从指定位置 fromIndex（包含）到 toIndex（不包含）范围中各个元素的列表视图。

实现 List 接口的类有 ArrayList 类和 LinkedList 类。下面对其进行详细介绍。

7.4.2 ArrayList 类

ArrayList 类是可以动态修改的数组，即 ArrayList 类可以动态增减大小。ArrayList 类以初始长度创建，当长度超过初始长度时，集合自动增大；当删除对象时，集合自动变小。ArrayList 类定义了以下一些常用方法。

- toArray()：从 ArrayList 中得到一个数组。
- public boolean add(Object o)：将指定的元素 o 追加到此数组列表的尾部。
- public Object remove(Object o)：从此数组列表中移除指定元素 o 的单个实例（如果存在），此操作是可选的。
- public Object get(int index)：返回此数组列表中指定位置 index 上的元素。
- public int size()：返回此数组列表中的元素个数。
- void ensureCapacity(int minCapacity)：将 ArrayList 对象容量增加 minCapacity。在向一个 ArrayList 对象添加大量元素的程序中，可使用 ensureCapacity()方法增加容量，这可以减少增加重分配的次数。
- void trimToSize()：调整 ArrayList 对象容量为数组列表当前大小。程序可使用这个操作缩小 ArrayList 对象占用的存储空间。

例 7-3 代码如下，运行结果如图 7-4 所示。

```
package chap07;
import java.util.ArrayList;
```

```
public class Example7_3 {
    public static void main(String[] args) {
        // 创建一个 ArrayList 对象
        ArrayList al = new ArrayList();
        System.out.println("a1 的初始化大小: " + al.size());
        // 向 ArrayList 对象中添加新内容
        al.add("C");       // 0 位置
        al.add("A");       // 1 位置
        al.add("E");       // 2 位置
        al.add("B");       // 3 位置
        al.add("D");       // 4 位置
        al.add("F");       // 5 位置
        // 把 A2 加在 ArrayList 对象的第 2 个位置
        al.add(1, "A2");  // 加入之后的内容: C A2 A E B D F
        System.out.println("a1 加入元素之后的大小: " + al.size());
        // 显示 Arraylist 数据
        System.out.println("a1 的内容: " + al);
        // 从 ArrayList 中移除数据
        al.remove("F");
        al.remove(2);     // C A2 E B D
        System.out.println("a1 删除元素之后的大小: " + al.size());
        System.out.println("a1 的内容: " + al);
    }
}
```

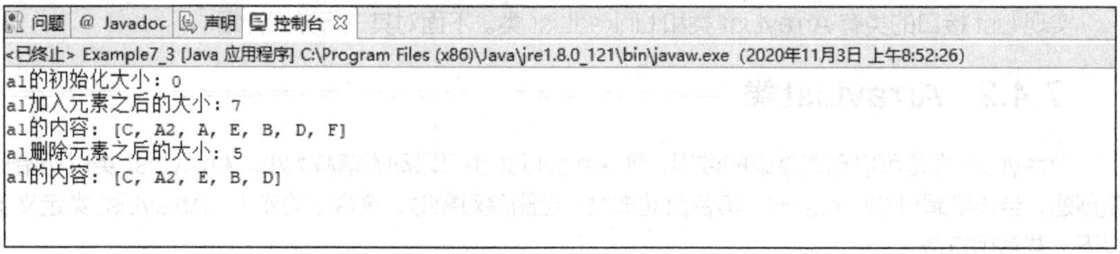
问题 @ Javadoc 声明 控制台
<已终止> Example7_3 [Java 应用程序] C:\Program Files (x86)\Java\jre1.8.0_121\bin\javaw.exe (2020年11月3日 上午8:52:26)
a1的初始化大小：0
a1加入元素之后的大小：7
a1的内容：[C, A2, A, E, B, D, F]
a1删除元素之后的大小：5
a1的内容：[C, A2, E, B, D]

图 7-4 例 7-3 运行结果

例 7-4 代码如下，运行结果如图 7-5 所示。

```
package chap07;
import java.util.ArrayList;
public class Example7_4 {
    public static void main(String[] args) {
        // TODO 自动生成的方法存根
        ArrayList al = new ArrayList();
        //向 ArrayList 对象中添加新内容
        al.add(new Integer(11));
        al.add(new Integer(12));
        al.add(new Integer(13));
        al.add(new String("hello"));
        // First print them out using a for loop.
        System.out.println("按索引检查:");
```

```
        for (int i = 0; i < al.size(); i++) {
            System.out.println("Element " + i + " = " + al.get(i));
        }
    }
}
```

```
问题 @ Javadoc 声明 控制台 ×
<已终止> Example7_4 [Java 应用程序] D:\tools\eclipse-jee-2022-09-R-win32-x86_64\eclipse\plugins\org.eclipse.justj.openjdk.hotspot.j
按索引检查:
Element 0 = 11
Element 1 = 12
Element 2 = 13
Element 3 = hello
```

图 7-5　例 7-4 运行结果

7.4.3　LinkedList 类

LinkedList 类是一个有序集合，将每个对象存放在独立的链接中，每个链接中还存放着序列中下一个链接的索引。在 Java 中，所有的链接列表实际上是双向的，即每个链接中还存放着前一个的链接的索引。

LinkedList 类适用于处理数据数目不定，且频繁进行插入和删除操作的数据序列。每当插入或删除一个元素时，只需要更新其他元素的索引即可，不必移动元素的位置，效率很高。

LinkedList 类添加了一些处理链接列表两端元素的方法。

- void addFirst(Object o)：将对象 o 添加到链接列表的开头。
- void addLast(Object o)：将对象 o 添加到链接列表的结尾。
- Object getFirst()：返回链接列表开头的元素。
- Object getLast()：返回链接列表结尾的元素。
- Object removeFirst()：删除并且返回链接列表开头的元素。
- Object removeLast()：删除并且返回链接列表结尾的元素。
- LinkedList()：构建一个空的链接列表。
- LinkedList(Collection c)：构建一个链接列表，并且为其添加集合 c 的所有元素。

例 7-5　演示 LinkedList 类的使用，代码如下，运行结果如图 7-6 所示。

```
package chap07;
import java.util.LinkedList;
public class Example7_5 {
    public static void main(String[] args) {
        // TODO 自动生成的方法存根
        // 创建 LinkedList 对象
                LinkedList ll = new LinkedList();
                // 加入元素到链接列表中
                ll.add("F");
                ll.add("B");
                ll.add("D");
                ll.add("E");
                ll.add("C");
                // 在链接列表最后一个元素的位置上加入数据
```

```
            ll.addLast("Z");
            // 在链接列表第一个元素的位置上加入数据
            ll.addFirst("A");
            // 在链接列表第二个元素的位置上加入数据
            ll.add(1, "A2");
            System.out.println("ll 当前的内容: " + ll);
            // 从 LinkedList 中移除元素
            ll.remove("F");
            ll.remove(2);
            System.out.println("从 ll 中移除元素之后的内容: " + ll);
            // 移除第一个和最后一个元素
            ll.removeFirst();
            ll.removeLast();
            System.out.println("从 ll 中移除第一个和最后一个元素之后的内容: " + ll);
            // 取得并设置值
            Object val = ll.get(2);
            ll.set(2, (String) val + " Changed");
            System.out.println("ll 被改变之后的内容: " + ll);
        }
    }
```

```
问题 @ Javadoc 声明 控制台 ×
<已终止> Example7_5 [Java 应用程序] D:\tools\eclipse-jee-2022-09-R-win32-x86_64\eclipse\plugins\org.eclipse.justj.openjdk.hotspot.j
ll当前的内容：[A, A2, F, B, D, E, C, Z]
从ll中移除部分元素之后的内容：[A, A2, D, E, C, Z]
从ll移除第一个和最后一个元素之后的内容：[A2, D, E, C]
ll被改变之后的内容：[A2, D, E Changed, C]
```

图7-6　例7-5运行结果

7.5 Set 接口

7.5.1 Set 接口概述

Java 中的 Set 和数学上的集（set）的概念是相同的。Set 可以用来过滤集合中存放的元素，从而得到一个没有重复元素的集合。

Set 接口继承 Collection 接口，其特点是不允许集合中存在重复项，并且容器中对象不按特定方式排序。Set 接口没有引入新方法，所以从某种意义上说，Set 就是 Collection，只不过其行为不同。Set 接口定义了以下一些常用方法。

- boolean add(Object o)：如果 Set 中尚未存在指定元素 o，则添加该元素。
- boolean contains(Object o)：判断 Set 容器中是否包含指定元素 o，包含则返回 true。
- boolean equals(Object o)：比较指定对象 o 是否与 Set 容器对象相等，相等则返回 true。
- boolean isEmpty()：判断 Set 容器是否为空，空则返回 true。
- boolean remove(Object o)：将 Set 容器中的指定元素 o 删除。
- void clear()：删除 Set 容器中的所有元素。
- int size()：返回 Set 容器中的元素个数。

Set 接口实现类有 HashSet 类和 TreeSet 类，下面对其进行详细介绍。

7.5.2 HashSet类

HashSet 类是一个实现 Set 接口的具体类，可以用来存储互不相同的元素，但不保证容器的迭代顺序，也不保证顺序永久不变，HashSet 类允许存储 null 元素。

HashSet 类底层是用 HashMap 实现的，使用 HashSet 类创建一个类集，该类集使用哈希表进行存储，而哈希表使用散列法的机制来存储信息。散列法可以使 HashSet 类的访问速度加快。所以，在不需要放入重复数据且不关心放入顺序以及元素不要求有序的情况下，选择使用 HashSet 类。

为了保证一个类的实例对象能在 HashSet 中正常存储，要求这个类的两个实例对象用 equals() 方法比较的结果相等时，它们的哈希码也必须相等，所以要为 HashSet 类中的各个对象重新定义 hashCode()方法和 equals()方法。

例 7-6 代码如下，运行结果如图 7-7 所示。

例 7-6

```
package chap07;
import java.util.HashSet;
import java.util.Iterator;
import java.util.Set;
public class Example7_6 {
    public static void main(String[] args) {
        Set set1 = new HashSet();
        if (set1.add("a")) {//添加成功
            System.out.println("1 add true");
        }
        if (set1.add("a")) {//添加失败
            System.out.println("2 add true");
        }
        set1.add("000");//添加对象到集合中
        set1.add("111");
        set1.add("222");
        System.out.println("集合 set1 的大小: " + set1.size());
        System.out.println("集合 set1 的内容: " + set1);
        set1.remove("000");//从集合 set1 中移除 000 这个对象
        System.out.println("集合 set1 移除 000 后的内容: " + set1);
        System.out.println("集合 set1 中是否包含 000: " + set1.contains("000"));
        System.out.println("集合 set1 中是否包含 111: " + set1.contains("111"));
        Set set2 = new HashSet();
        set2.add("111");
        set2.addAll(set1);//将集合 set1 中的元素全部添加到 set2 中
        System.out.println("集合 set2 的内容: " + set2);
        set2.clear();//清空集合 set2 中的元素
        System.out.println("集合 set2 是否为空: " + set2.isEmpty());
        Iterator iterator = set1.iterator();//得到一个迭代器
        while (iterator.hasNext()) {//遍历
            Object element = iterator.next();
            System.out.println("iterator = " + element);
        }
```

```
            //将集合 set1 转化为数组
            Object s[]= set1.toArray();
            for(int i=0;i<s.length;i++){
                System.out.println(s[i]);
            }
        }
    }
```

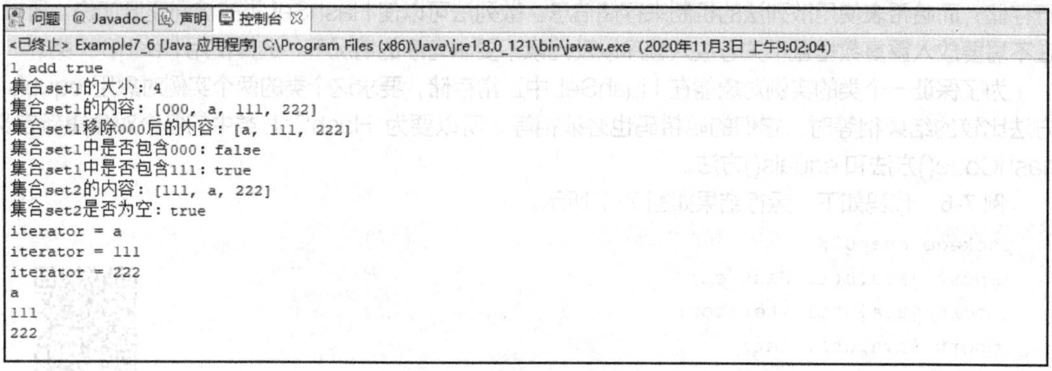
问题 @ Javadoc 声明 控制台
<已终止> Example7_6 [Java 应用程序] C:\Program Files (x86)\Java\jre1.8.0_121\bin\javaw.exe (2020年11月3日 上午9:02:04)
1 add true
集合set1的大小：4
集合set1的内容：[000, a, 111, 222]
集合set1移除000后的内容：[a, 111, 222]
集合set1中是否包含000：false
集合set1中是否包含111：true
集合set2的内容：[111, a, 222]
集合set2是否为空：true
iterator = a
iterator = 111
iterator = 222
a
111
222

图 7-7　例 7-6 运行结果

例 7-7　代码如下，运行结果如图 7-8 所示。

```
package chap07;
import java.util.HashSet;
import java.util.Iterator;
public class Example7_7 {
    public static void main(String[] args) {
        HashSet<Name> hs = new HashSet<Name>();
        hs.add(new Name("Wang", "wu"));  //集合中添加一个 Name 对象
        hs.add(new Name("Zhang", "san"));  //集合中添加一个 Name 对象
        hs.add(new Name("Wang", "san"));  //集合中添加一个 Name 对象
        hs.add(new Name("Zhang", "san")); //集合中添加一个 Name 对象，该对象的属性和前面 Name 对象的属性一样，集合不支持重复放入
        System.out.println(hs.size());
        Iterator<Name> it = hs.iterator();
        while(it.hasNext()) {
            System.out.println(it.next());
        }
    }
}
class Name {
    String first;
    String last;
    public Name(String first, String last) {
        this.first = first;
        this.last = last;
    }
    public int hashCode() {
```

```
        final int prime = 31;
        int result = 1;
        result = prime * result + ((first == null) ? 0 : first.hashCode());
        result = prime * result + ((last == null) ? 0 : last.hashCode());
        return result;
    }
    public boolean equals(Object obj) {  //当两个 Name 对象的 first 和 last 属性均相同
时，默认两者相等
        if (this == obj)
            return true;
        if (obj == null)
            return false;
        if (getClass() != obj.getClass())
            return false;
        Name other=(Name)obj;
        if (first == null) {
            if (other.first != null)
                return false;
        } else if (!first.equals(other.first))
            return false;
        if (last == null) {
            if (other.last != null)
                return false;
        } else if (!last.equals(other.last))
            return false;
        return true;
    }
    public String toString() {
        return "Name [first=" + first + ", last=" + last + "]";
    }
}
```

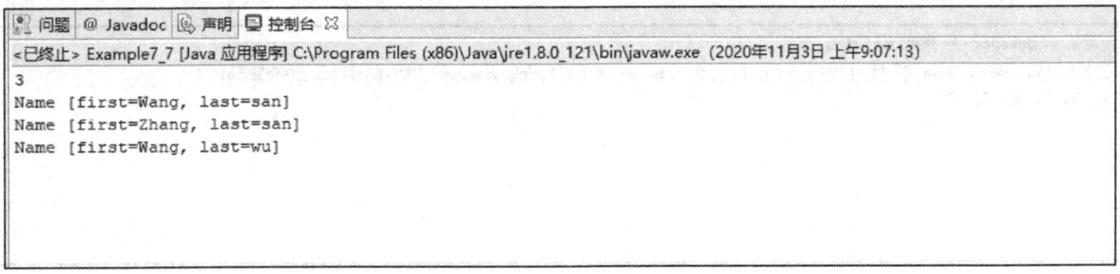
问题 @ Javadoc 声明 控制台
<已终止> Example7_7 [Java 应用程序] C:\Program Files (x86)\Java\jre1.8.0_121\bin\javaw.exe (2020年11月3日 上午9:07:13)
3
Name [first=Wang, last=san]
Name [first=Zhang, last=san]
Name [first=Wang, last=wu]

图 7-8 例 7-7 运行结果

7.5.3 TreeSet 类

TreeSet 类底层数据结构是二叉树，线程不同步，保存的数据是有序的。在存储了大量需要进行检索的排序信息的情况下，TreeSet 类是一个很好的选择。TreeSet 类不仅实现了 Set 接口，而且实现了 SortedSet 接口。TreeSet 类的常用构造方法如下所示。

- TreeSet()：构造一个新的、空的集合，该集合根据其元素的自然顺序对元素进行排序，插入该集合的所有元素都必须实现 Comparable 接口。另外，所有元素都必须是可互相比较的，即对于要添加至集合中的任意两个元素 e1 和 e2，需要先执行 e1.compareTo(e2)。如果用户试图将不可比较的元素添加到集合（例如，用户试图将字符串类型元素添加到元素为整数类型的集合中），则 add()方法在调用时将抛出 ClassCastException。

- TreeSet(Comparator<? super E> comparator)：构造一个空的集合，它根据指定比较器对元素进行排序。插入该集合中的所有元素都必须能够由指定比较器进行比较。其中，comparator 表示将用来对此集合进行排序的比较器。如果 comparator 为 null，则使用元素的自然排序。
- TreeSet(Collection<? extends E> c)：构造一个包含指定 Collection 中的元素的新的集合，按照其元素的自然顺序进行排序。插入该集合的所有元素都必须实现 Comparable 接口。另外，所有元素都必须是可互相比较的。其中，c 表示一个集合，其元素将组成新的集合。
- TreeSet(SortedSet<E> s)：构造一个与指定有序集合具有相同映射关系和相同排序的新集合。其中，s 表示一个有序集合，其元素将组成新的集合。

例 7-8 演示 TreeSet 类的使用，代码如下，运行结果如图 7-9 所示。

```
package chap07;
import java.util. *;
public class Example7_8 {
    public static void main(String args[])
    {
        // 创建一个 TreeSet 对象
        TreeSet ts = new TreeSet();
        // 加入元素到集合中
        ts.add("C");
        ts.add("A");
        ts.add("B");
        ts.add("E");
        ts.add("F");
        ts.add("D");
        System.out.println(ts);
    }
}
```

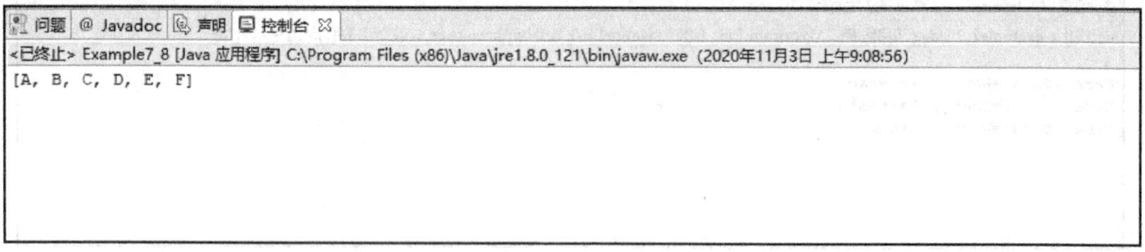

图 7-9 例 7-8 运行结果

TreeSet 类支持两种排序方式。

1. 自然排序

TreeSet 类会调用集合元素的 compareTo(Object obj)方法来比较两个元素的大小，然后将集合元素按升序排列，这种方式就是自然排序。

Java 提供了一个 Comparable 接口，该接口里定义了一个 compareTo(Object obj)方法，该方法返回一个整数值，实现该接口的类必须实现该方法，实现了该接口的类的对象可以比较大小。

例 7-9 代码如下，运行结果如图 7-10 所示。

例 7-9

```
package chap07;
import java.util. *;
class R implements Comparable
{
    int count;
    public R(int count)
    {
        this.count = count;
    }
    public String toString()
    {
        return "R(count 属性: " + count + ")";
    }

    public int compareTo(Object obj)  //定义排序的规则
    {
        R r = (R)obj;
        if (this.count > r.count)
        {
            return 1;
        }
        else if (this.count == r.count)
        {
            return 0;
        }
        else
        {
            return -1;
        }
    }
}
public class Example7_9 {
    public static void main(String[] args) {
        TreeSet ts = new TreeSet();
        ts.add(new R(5));
        ts.add(new R(-3));
        ts.add(new R(9));
        ts.add(new R(-2));
        //输出 TreeSet 集合，集合元素是有序排列的
        System.out.println(ts);
    }
}
```

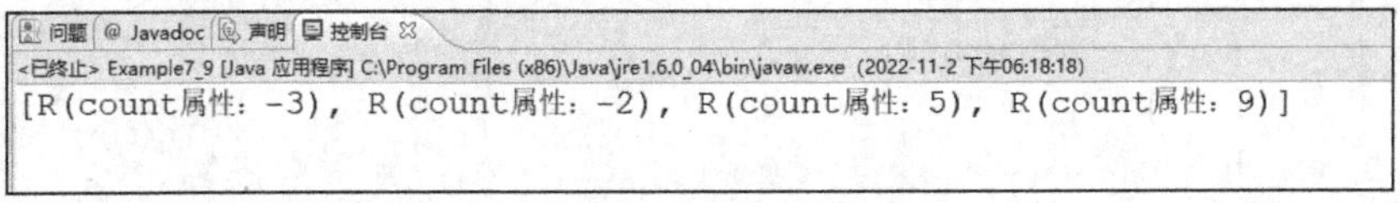

图 7-10 例 7-9 运行结果

注意 当需要把一个对象放入一个 TreeSet 类中并重写该对象对应类的 equals()方法时，应保证该方法与 compareTo(Object obj)方法有一致的结果，其规则是：如果两个对象通过 equals()方法比较后返回值为 true 时，这两个对象通过 compareTo(object obj)方法比较后应返回 0。

2. 定制排序

TreeSet 类的自然排序是根据集合元素的大小将它们以升序排列。如果需要实现定制排序，例如以降序排列，则可以使用 Comparator 接口。该接口里包含一个 int compare(T o1, T o2)方法，该方法用于比较 o1 和 o2 的大小：如果该方法返回正整数，则表明 o1 大于 o2；如果该方法返回 0，则表明 o1 等于 o2；如果该方法返回负整数，则表明 o1 小于 o2。

例 7-10 代码如下，运行结果如图 7-11 所示。

```
package chap07;
import java.util. *;
class M
{
    int age;
    public M(int age)
    {
        this.age = age;
    }
    public String toString(){
        return "M对象(age:" + age +")";
    }
}
public class Example7_10 {
    public static void main(String[] args) {
        TreeSet ts = new TreeSet(new Comparator()
        {
            public int compare(Object o1, Object o2)
            {
                M m1 = (M)o1;
                M m2 = (M)o2;
                if (m1.age > m2.age)
                {
                    return -1;
                }
                else if (m1.age == m2.age)
                {
                    return 0;
                }
                else
                {
                    return 1;
                }
            }
        });
```

```
        ts.add(new M(5));
        ts.add(new M(-3));
        ts.add(new M(9));
        System.out.println(ts);
    }
}
```

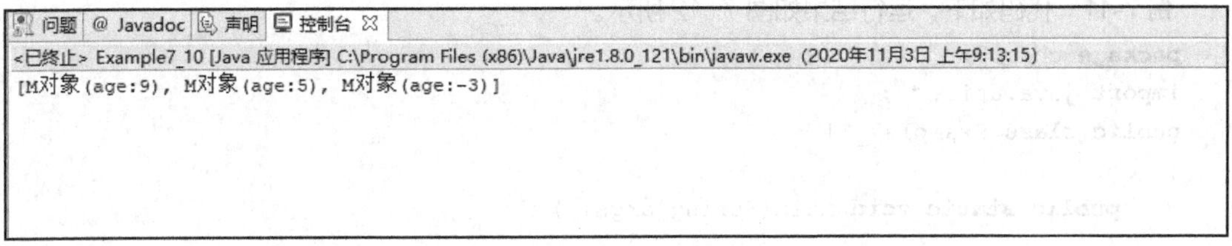

图 7-11　例 7-10 运行结果

7.6 Map 接口

7.6.1 Map 接口概述

数学中的映射关系在 Java 中是通过 Map 来实现的。这种映射关系表示 Map 里面存储的元素是成对的，我们通过一个对象可以在这 9 个映射关系中找到另外一个与这个对象相关的东西。

Map 接口不是对 Collection 接口的继承，而是从自身用于维护键-值关联的接口层次结构入手的。Map 接口中的元素都是以键与值的形式成对存储的，因而需保证键的唯一性。Map 接口定义了以下一些常用方法。

- Object put(Object key, Object value)：添加或替换一对元素，返回键对应的是旧值，若无旧值则返回 null（注意，不是返回新值）。当存储的键不存在时则添加，当键已存在时则替换，新值会替换旧值并且方法将返回旧值。
- void putAll(Map m)：将另一个 Map 中的元素存入当前 Map 中。
- void clear()：清空 Map。
- Object remove(Object key)：删除指定键，返回对应的值。
- boolean isEmpty()：判断是否为空。
- Object get(Object key)：根据键取得对应的值。
- boolean containsKey(Object key)：判断 Map 中是否存在某键。
- boolean containsValue(Object value)：判断 Map 中是否存在某值。
- int size()：返回 Map 中键值对的个数。
- boolean isEmpty()：判断当前 Map 是否为空。
- public Set keySet()：返回所有的键，并使用 Set 存放。
- public Collection values()：返回所有的值，并使用 Collection 存放。
- public Set entrySet()：返回一个实现 Map.Entry 接口的元素。

注意　**因为 Map 中的键必须是唯一的，所以使用 Set 来存放。因为映射中值的集合可能不唯一，所以使用 Collection 来存放。最后一个方法返回一个实现 Map.Entry 接口的元素 Set。Map.Entry 接口是 Map 接口中的一个内部接口，该内部接口的实现类存放的是键值对。**

Map 接口实现类主要有 HashMap 类和 TreeMap 类，下面对其进行详细介绍。

7.6.2 HashMap 类

HashMap 类底层是哈希表数据结构。键不能重复，如果重复的话，后加进来的记录会覆盖前面的记录（底层用 Set 保存）。键是无序的，值可以重复。键和值都可以为 null。

例 7-11 代码如下，运行结果如图 7-12 所示。

```
package chap07;
import java.util.* ;
public class Example7_11
{
    public static void main(String args[])
    {
        // 创建 HashMap 对象
        HashMap hm = new HashMap();
        // 加入元素到 HashMap 中
        hm.put("John", new Double(3434.34));
        hm.put("Tom", new Double(123.22));
        hm.put("Jane", new Double(1378.00));
        hm.put("Todd", new Double(99.22));
        hm.put("Ralph", new Double(-19.08));
        // 返回包含 HashMap 中项的集合
        Set set = hm.entrySet();
        // 用 Iterator 迭代器得到 HashMap 中的内容
        Iterator i = set.iterator();
        // 显示元素
        while (i.hasNext())
        {
            //Map.Entry 可以操作 HashMap 对象的输入
            Map.Entry me = (Map.Entry) i.next();
            System.out.print(me.getKey() + ": ");
            System.out.println(me.getValue());
        }
        System.out.println();
        // 获得 John 现有的资金值
        double balance = ((Double) hm.get("John Doe")).doubleValue();
        // 让 John 的资金值增加 1000
        hm.put("John Doe", new Double(balance + 1000));
        System.out.println("John 现在的资金: " + hm.get("John"));
    }
}
```

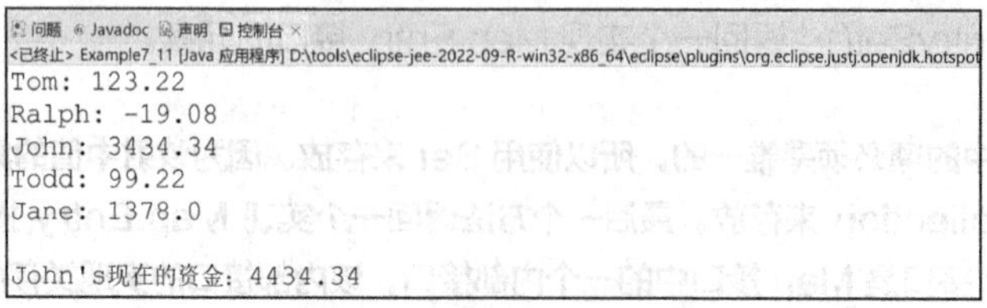
问题 Javadoc 声明 控制台
<已终止> Example7_11 [Java 应用程序] D:\tools\eclipse-jee-2022-09-R-win32-x86_64\eclipse\plugins\org.eclipse.justj.openjdk.hotspot
Tom: 123.22
Ralph: -19.08
John: 3434.34
Todd: 99.22
Jane: 1378.0

John's现在的资金：4434.34

图 7-12 例 7-11 运行结果

HashMap 是基于 HashCode 的，在所有对象的父类 Object 中有一个 hashCode()方法，但是它与 equals()方法一样，并不适用于所有的情况，这就需要程序员根据需要重写自己的 hashCode()方法。

例 7-12 代码如下，运行结果如图 7-13 所示。

```
package chap07;
import java.util. *;
//身份证类
class Code{
    final int id;//公民身份号码已经确认，不能改变
    Code(int i){
        id = i;
    }
    //公民身份号码相同，则身份证相同
    public boolean equals(Object anObject) {
        if (anObject instanceof Code){
            Code other = (Code) anObject;
            return this.id == other.id;
        }
        return false;
    }
    public String toString() {
        return "公民身份号码是" + id;
    }
    //覆写 hashCode()方法，并使用公民身份号码作为 hash 值
    public int hashCode(){
        return id;
    }
}
class Person
{
    String name;
    Code id;
    public Person(String name, Code id) {
        super();
        this.name = name;
        this.id = id;
    }
    public String getName() {
        return name;
    }
    public void setName(String name) {
        this.name = name;
    }
    public Code getId() {
        return id;
    }
    public void setId(Code id) {
        this.id = id;
```

```
    }
    public String toString() {
        return "姓名是" + this.getName();
    }
}
public class Example7_12 {
    public static void main(String[] args) {
        HashMap map=new HashMap();
        Person p1=new Person("张三", new Code(123));
        map.put(p1.id, p1);//用公民身份号码作为键，存放到 HashMap 中
        Person p2=new Person("李四", new Code(456));
        map.put(p2.id, p2);
        Person p3=new Person("王二", new Code(789));
        map.put(p3.id, p3);
        System.out.println("HashMap 中存放的人员信息：\n" + map);
        // 张三改名为张山，但是还是同一个人
        Person p4=new Person("张山", new Code(123));
        map.put(p4.id, p4);
        System.out.println("张三改名后 HashMap 中存放的人员信息：\n"+map);
        //查找公民身份号码为 123 的人员信息
        System.out.println("查找公民身份号码为 123 的人员信息：" + map.get(new Code(123)));
    }
}
```

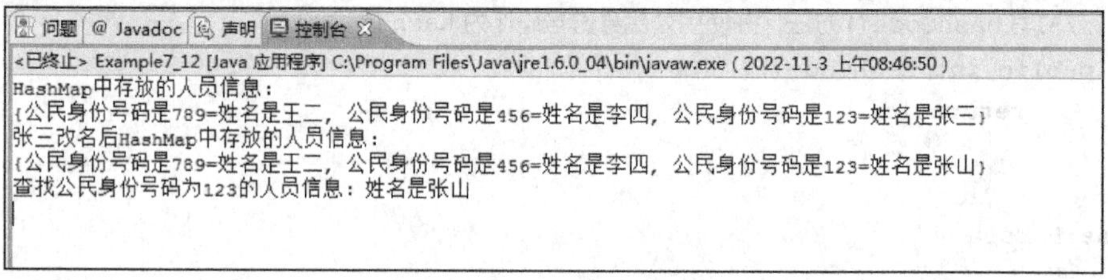
问题 @ Javadoc 声明 控制台
<已终止> Example7_12 [Java 应用程序] C:\Program Files\Java\jre1.6.0_04\bin\javaw.exe (2022-11-3 上午08:46:50)
HashMap中存放的人员信息：
{公民身份号码是789=姓名是王二，公民身份号码是456=姓名是李四，公民身份号码是123=姓名是张三}
张三改名后HashMap中存放的人员信息：
{公民身份号码是789=姓名是王二，公民身份号码是456=姓名是李四，公民身份号码是123=姓名是张山}
查找公民身份号码为123的人员信息：姓名是张山

图 7-13　例 7-12 运行结果

7.6.3　TreeMap 类

TreeMap 类不仅实现了 Map 接口，而且实现了 java.util.SortMap 接口，因此集合中的映射具有一定的顺序。但是在添加、删除和定位映射方面，TreeMap 类比 HashMap 类的性能差一些。TreeMap 类实现的 Map 集合中的映射是根据键值对按一定的顺序排列的。因此，不允许键是 null。

TreeMap 中是根据键进行排序的。如果要使用 TreeMap 来进行正常的排序，键中存放的对象必须实现 Comparable 接口。

例 7-13　演示 TreeMap 类的使用，代码如下，运行结果如图 7-14 所示。

```
package chap07;
import java.util.* ;
public class Example7_13
{
    public static void main(String args[])
    {
        // 创建 TreeMap 对象
```

```
        TreeMap tm = new TreeMap();
        // 加入元素到 TreeMap 中
        tm.put(new Integer(10000 - 2000), "张三");
        tm.put(new Integer(10000 - 1500), "李四");
        tm.put(new Integer(10000 - 2500), "王五");
        tm.put(new Integer(10000 - 5000), "赵六");
        Collection col = tm.values();
        Iterator i = col.iterator();
        System.out.println("按工资由高到低的顺序输出: ");
        while (i.hasNext())
        {
            System.out.println(i.next());
        }
    }
}
```

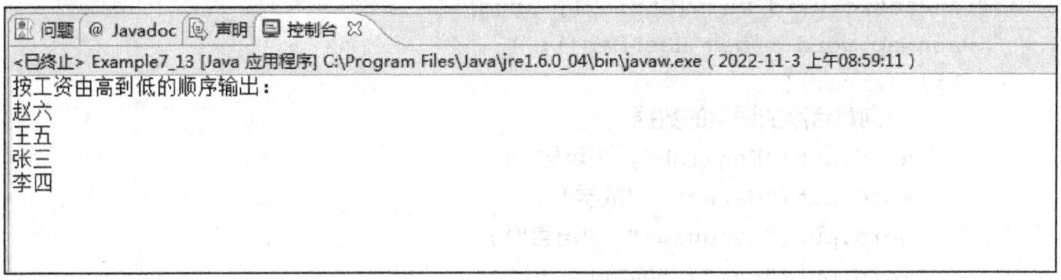
问题 @ Javadoc 声明 控制台
<已终止> Example7_13 [Java 应用程序] C:\Program Files\Java\jre1.6.0_04\bin\javaw.exe (2022-11-3 上午08:59:11)
按工资由高到低的顺序输出：
赵六
王五
张三
李四

图 7-14　例 7-13 运行结果

对于 Map 的使用和实现，需要注意存放键值对中的对象的 equals()方法和 hashCode()方法的覆写。Map 中的键是不能重复的，而对重复的判断是通过调用键的 equals()方法来实现的。如果需要排序，键对象必须要实现 Comparable 接口中的 compareTo()方法。

7.7 案例 7——英汉词典翻译器

案例 7

7.7.1 案例介绍

相信大家对英汉词典翻译器都不陌生，本案例要求编写一个程序模拟英汉词典翻译器。用户输入英文之后搜索程序中对应的中文，如果搜索到对应的中文就输出搜索结果，反之给出相关提示。本案例要求使用 Map 集合实现英文与中文的存储。本案例运行结果如图 7-15 所示。

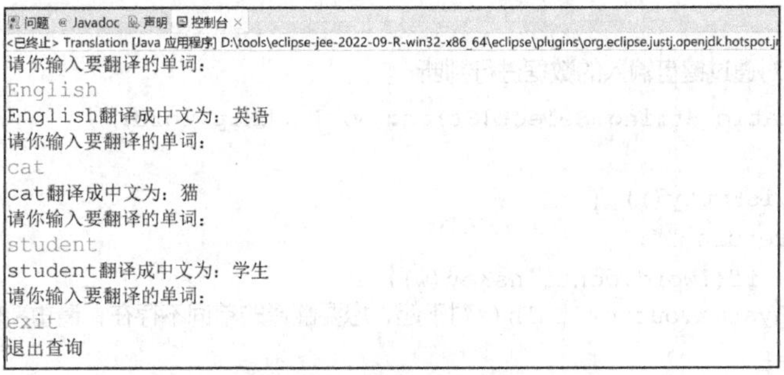
问题 Javadoc 声明 控制台
<已终止> Translation [Java 应用程序] D:\tools\eclipse-jee-2022-09-R-win32-x86_64\eclipse\plugins\org.eclipse.justj.openjdk.hotspot.j
请你输入要翻译的单词：
English
English翻译成中文为：英语
请你输入要翻译的单词：
cat
cat翻译成中文为：猫
请你输入要翻译的单词：
student
student翻译成中文为：学生
请你输入要翻译的单词：
exit
退出查询

图 7-15　案例 7 运行结果

7.7.2 案例思路

（1）英汉词典翻译器主要用于翻译单词，这是一种映射关系，符合 Map 集合的特色。因此可以用 Map 集合来实现。程序先定义一个 Map 集合来存储词典内的数据信息。

（2）用键盘输入功能获取我们想翻译的英文单词。

（3）定义一个方法，在该方法中实现对单词的查询操作，并且根据不同情况给出相关提示。

（4）调用查询的方法，实现翻译，并将结果输出到控制台。

7.7.3 案例实现

```
package chap07;
import java.util.HashMap;
import java.util.Scanner;
public class Translation {
    public static void main(String[] args) {
        HashMap word = new HashMap();
        while(true) {
            //向集合添加词典的数据
            word.put("English", "英语");
            word.put("Maths", "数学");
            word.put("language", "语言");
            word.put("cat", "猫");
            word.put("dog", "狗");
            word.put("student", "学生");
            word.put("teacher", "老师");
            //用键盘输入功能获取我们要翻译的单词
            Scanner sc = new Scanner(System.in);
            System.out.println("请你输入要翻译的单词: ");
            String w = sc.nextLine();
            if(w.equals("exit"))
            {
                System.out.println("退出查询");
                break;
            }
            //调用方法输出
            Select(w, word);
        }
    }
    //定义方法对通过键盘输入的数据进行判断
    public static String Select(String w, HashMap word)
    {
        if(w.isEmpty()) {
            return "";
        }else if(!word.containsKey(w)) {
            System.out.println("对不起，您要翻译的单词不存在，请重新输入: ");
        }else{
            String chinese = (String) word.get(w);
```

```
            System.out.println(w + "翻译成中文为: " + chinese);
        }
        return w;
    }
}
```

习题七

一、选择题

1. 下列方法中，不能用于删除 Collection 集合中元素的是（　　）。

   A. clear()　　B. isEmpty()　　C. remove()　　D. removeAll()

2. 阅读下列程序。

```
import java.util.*;
class Student {
String name;
String age;
public Student(String name, String age) {
this.name = name;
this.age = age;
}
public String toString() {
return name + ":" + age;
}
}
public class Example{
public static void main(String[] args) {
Set set = new HashSet();
set.add(new Student("Tom", "10"));
set.add(new Student("Jerry", "10"));
set.add(new Student("Tom", "10"));
}
}
```

下列选项中，Set 集合存放的元素个数是（　　）。

   A. 2　　B. 3　　C. 1　　D. 不固定个数

3. 下面关于 List 集合的描述中，哪一个是错误的？（　　）

   A. List 集合是有索引的　　B. List 集合可以存储重复的元素

   C. List 集合存和取的顺序一致　　D. List 集合没有索引

4. 下列选项中，不属于 Map 接口的方法的是（　　）。

   A. remove (Object key)　　B. isEmpty( )

   C. toArray( )　　D. size( )

5. 要想集合中保存的元素没有重复并且按照一定的顺序排列，可以使用以下哪个集合？（　　）

   A. LinkedList　　B. ArrayList　　C. hashSet　　D. TreeSet

6. 下面哪个对象不能直接通过获取 java.util.Iterator 进行迭代？（　　）

   A. java.util.HashSet　　B. java.util.ArrayList

   C. java.util.TreeSet　　D. java.util.HashTable

7. 下列选项中，不属于 HashMap 类的方法的是（　　）。
   A. get(Object key)　　B. keySet()
   C. comparator()　　D. entrySet()
8. 下列集合中，不属于 Collection 接口的子类的是（　　）。
   A. ArrayList　　B. LinkedList　　C. TreeSet　　D. Properties

二、填空题

1. 如果要对 TreeSet 中的对象进行排序，该对象必须实现（　　　　）接口。
2. java.util.HashMap 类中用于返回键所映射的值的方法是（　　　　）。
3. Map 集合中的元素都是成对出现的，并且都是以（　　　　）、（　　　　）的映射关系存在的。
4. 使用迭代器遍历集合时，首先需要调用（　　　　）方法判断是否存在下一个元素，若存在下一个元素，则调用（　　　　）方法取出该元素。
5. 向（　　　　）中添加对象时，首先会调用该对象的 hashCode()方法来确定元素的存储位置，然后调用对象的 equals()方法来确保该位置中没有重复元素。

三、编程题

1. 给出如下 Map，请使用迭代器迭代出里面每一个键和值。

```
Map<String,String > hashMap = new HashMap<String,String>();
hashMap.put("key1", "value1");
hashMap.put("key2", "value2");
hashMap.put("key3", "value3");
```

2. 请按照题目的要求编写程序并给出运行结果。

使用 ArrayList 集合，对其添加 10 个不同的元素，并使用迭代器遍历该集合。

提示如下。

（1）使用 add()方法将元素添加到 ArrayList 集合中。

（2）调用集合的 iterator()方法获得 Iterator 对象，并调用 Iterator 对象的 hasNext()和 next()方法，迭代出集合中的所有元素。

3. 在 HashSet 中添加 3 个 Person 对象，把 name 相同的 Person 对象当作同一个 Person 对象，禁止重复添加。

> **提示**　在 Person 类中定义 name 和 age 属性，重写 hashCode()方法和 equals()方法，对 Person 类的 name 属性进行比较，如果 name 相同，hashCode()方法的返回值相同，equals()方法返回 true。

第8章
GUI编程

【本章导读】

Java提供了十分完善的图形用户界面（Graphical User Interface，GUI）功能，可帮助软件开发人员轻松地开发出功能强大、界面友好、安全可靠的应用程序。本章主要介绍GUI编程的基本概念、容器和组件、布局管理器、GUI事件处理等相关知识。

【学习目标】

- 了解GUI的基本概念。
- 掌握GUI中常用容器的使用场合和使用方法。
- 掌握GUI组件的特点和使用方法。
- 能应用布局管理器优化界面设计。
- 能实现GUI事件处理。

【素质拓展学习】

百尺竿头须进步，十方世界是全身。——景岑禅师《湖南长沙景岑招贤禅师偈》

人们在学习、生活、工作中，不要满足于已取得的成绩，要再接再厉，争取达到更高的境界。

Java中的GUI是一种结合计算机科学、美学、心理学、行为学及各商业领域需求分析的人机系统工程，强调将人、机、环境三者作为一个系统进行总体设计。这种面向用户的系统工程设计旨在优化产品的性能，使操作更人性化，减轻使用者的认知负担，使其更适合用户的操作需求，从而可有效提升产品的市场竞争力。

8.1 GUI概述

早期，计算机向用户提供的是单调、枯燥、纯字符状态的命令行界面（Command Line Interface，CLI）”。后来，Apple 公司率先在计算机的操作系统中实现了 GUI。在 GUI“风行于世”的今天，一个应用软件如果没有良好的 GUI 是无法让用户接受的。而 Java 语言也“深知”这一点的重要性，它提供了一套可以轻松构建 GUI 的工具。

GUI 是指采用图形方式显示的计算机操作用户界面，例如我们单击 QQ 图标，就会弹出一个 QQ 登录界面的对话框。这个 QQ 图标就可被称作图形化的用户界面。

Java 将构建 GUI 的工具封装为对象，放在 java.awt 包和 javax.swing 两个包中。

- java.awt 包：抽象窗口工具包（Abstract Window Toolkit，AWT），依赖于本地操作系统的 GUI，缺乏平台独立性，属于重量级组件。该包中主要包括界面组件、布局管理器、事件处理模型以及图形和图像工具等。

- javax.swing 包：在 AWT 的基础上建立的一套图形界面系统，提供了更多的组件，完全由 Java 实现，增强了移植性，属于轻量级组件。Swing 中的类是从 AWT 继承的，有些 Swing 中的类直接扩展自 AWT 中对应的类。例如 JFrame（窗口）、JPanel（面板）和 JButton（按钮）等。

> **注意** **Swing 与 AWT 之间最明显的区别是界面组件的外观，AWT 在不同平台上运行相同的程序时，界面的外观和风格可能会有一些差异，而基于 Swing 的应用程序在任何平台上都有相同的界面外观和风格。**

8.2 GUI 编程步骤

GUI 编程主要包括以下几个步骤。

（1）创建容器

要创建一个 GUI 应用程序，首先需要创建一个用于容纳所有 GUI 组件元素的载体，在 Java 中称之为容器。只有先创建了容器，GUI 组件元素才有地方放。

（2）添加组件

为了实现 GUI 应用程序的功能以及与用户交互，需要在容器上添加各种组件，同时需要根据具体的功能要求来决定用什么组件。

（3）安排组件

与传统的 Windows 环境下的 GUI 软件开发工具不同，为了更好地实现跨平台，Java 程序中各组件的位置、大小一般不是以绝对量来衡量的，而是以相对量来衡量的。因此，在组织界面时，除了要考虑所需的组件种类外，还需要考虑如何安排这些组件的位置与大小，一般是通过设置布局管理器（Layout Manager）及其相关属性来实现的。

（4）处理事件

为了完成一个 GUI 应用程序所应具备的功能，除了适当地安排各种组件来实现美观的界面外，还需要处理各种界面元素事件，以便真正实现与用户的交互，完成程序的功能。在 Java 程序中一般是通过实现事件监听器接口来完成的。

8.3 容器

Java 容器（Container）实际上是 Component 的子类，因此容器类对象本身也是一个组件，具有组件的所有性质，同时还具有容纳其他组件和容器的功能。Java 组件容器包含顶层容器和中间容器两类。

顶层容器有 3 种，分别是 JFrame（框架窗口，即通常的窗口）、JDialog（对话框）、JApplet（用于设计嵌入在网页中的 Java 小程序）。顶层容器是容纳其他组件的基础，即设计图形化程序必须要有顶层容器。

中间容器是可以包含其他相应组件的容器，但是中间容器与组件一样，不能单独存在，必须依附于顶层容器。常见的中间容器如下。

- JPanel：最灵活、最常用的中间容器之一。
- JScrollPane：与 JPanel 类似，但还可以在大的组件或可扩展组件周围提供滚动条。
- JTabbedPane：包含多个组件，但一次只显示一个组件，用户可在组件之间方便地切换。
- JToolBar：按行或列排列一组组件（通常是按钮）。

8.3.1 JFrame

JFrame 用来设计类似于 Windows 系统中窗口形式的界面。JFrame 是 Swing 中的组件的顶层容器，该类继承了 AWT 中的 Frame 类，支持 Swing 体系结构的高级 GUI 属性。

JFrame 常用的构造方法如下。

- JFrame()：构造一个初始时不可见的新窗口。
- JFrame(String title)：创建一个具有指定标题的不可见新窗口。

JFrame 常用的方法如下。

- getContentPane()：返回此窗口的 contentPane 对象。
- getDefaultCloseOperation()：返回用户在此窗口上单击关闭按钮时执行的操作。
- setContentPane(Container contentPane)：设置 contentPane 属性。
- setDefaultCloseOperation(int operation)：设置用户在此窗口上单击关闭按钮时默认执行的操作。
- setIconImage(Image image)：设置要作为此窗口图标显示的图像。
- setJMenuBar(JMenuBar menubar)：设置此窗口的菜单栏。
- setLayout(LayoutManager manager)：设置 LayoutManager 属性。

例 8-1 实现一个简单的窗口，代码如下，运行结果如图 8-1 所示。

例 8-1

```
package chap08;
import javax.swing.JFrame;
public class Example8_1 {
 public static void main(String[] args) {
      // TODO Auto-generated method stub
      JFrame f = new JFrame("一个简单的窗口");
     //设置窗口左上角与显示屏左上角的坐标，离显示屏上边缘 300px，离显示屏左边缘 300px
     f.setLocation(300, 300);
     //f.setLocationRelativeTo(null);//本语句实现使窗口居于屏幕中央
     f.setSize(500, 300);//设置窗口的大小为 500px×300px 大小
     f.setResizable(false);//设置窗口不可以调整大小
     f.setVisible(true); //设置窗口可见，此语句必须有，没有该语句，窗口将不可见
     f.setDefaultCloseOperation(f.EXIT_ON_CLOSE);//用户单击窗口的关闭按钮时程序执行
的操作
  }
 }
```

图 8-1　例 8-1 运行结果

8.3.2 JPanel

JPanel 是一种中间容器，它能容纳组件并将组件组合在一起，但它本身必须添加到其他容器中。JPanel 常用的构造方法如下。

- JPanel()：使用默认的布局管理器创建新面板，默认的布局管理器为 FlowLayout。
- JPanel(LayoutManagerLayout layout)：创建指定布局管理器的 JPanel 对象。

JPanel 常用的方法如下。

- void remove(Component comp)：从容器中移除指定的组件。
- void setFont(Font f)：设置容器的字体。
- void setBackground(Color c)：设置组件的背景颜色。

例 8-2　演示 JPanel 类的使用，代码如下，运行结果如图 8-2 所示。

```
package chap08;
import java.awt.*;
import javax.swing.*;
public class Example8_2 {
 public static void main(String[] args) {
     // TODO Auto-generated method stub
     JFrame frame = new JFrame("Frame With Panel");
     Container contentPane = frame.getContentPane();
     contentPane.setBackground(Color.CYAN); // 将 JFrame 实例背景颜色设置为蓝绿色
     JPanel panel = new JPanel(); // 创建一个 JPanel 的实例
     panel.setBackground(Color.yellow); // 将 JPanel 的实例背景颜色设置为黄色
     JButton button = new JButton("Press me");
     panel.add(button); // 将 JButton 实例添加到 JPanel 中
     contentPane.add(panel, BorderLayout.SOUTH); // 将 JPanel 实例添加到 JFrame 的南侧
     frame.setSize(300, 200);
     frame.setVisible(true);
   //用户单击窗口的关闭按钮时程序执行的操作
     frame.setDefaultCloseOperation(frame.EXIT_ON_CLOSE);
 }
}
```

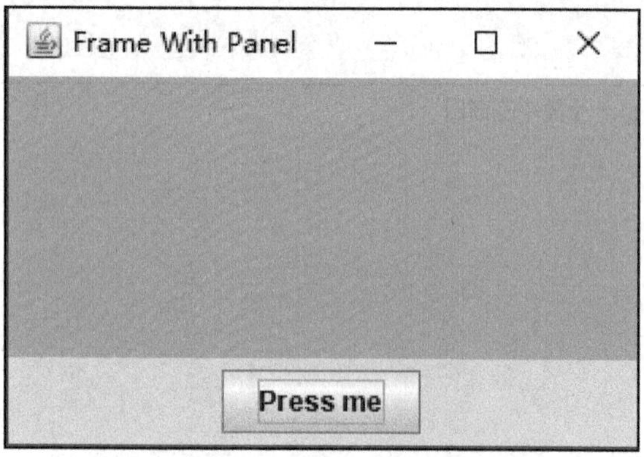

图 8-2　例 8-2 运行结果

JFrame 与 JPanel 的区别如下。

（1）JFrame 可以独立存在，可被移动，可被最大化和最小化，有标题栏、边框，可添加菜单栏，默认布局管理器是 BorderLayout。JPanel 不能独立运行，必须包含在另一个容器里。JPanel 没有标题和边框，不可添加菜单栏，默认布局管理器是 FlowLayout。

（2）一个 JFrame 可以包含多个 JPanel，一个 JPanel 可以包含另一个 JPanel，但是 JPanel 不能包含 JFrame。

8.4 组件

JavaGUI 的基本组成部分是组件，组件是一个可以以图形化的方式显示在屏幕上并能与用户进行交互的对象，例如一个按钮、一个标签等。组件不能独立地显示出来，必须将组件放在一定的容器中才可以显示出来。Java 中的基本组件如表 8-1 所示。

表 8-1　Java 中的基本组件

序号	组件	描述
1	JLabel	标签
2	JButton	按钮
3	JRadioButton	单选按钮
4	JCheckBox	复选框
5	JToggleButton	开关按钮
6	JTextField	文本框
7	JPasswordField	密码框
8	JTextArea	文本域
9	JComboBox	下拉列表框
10	JList	列表
11	JProgressBar	进度条
12	JSlider	滑块
13	JMenuBar、JMenu、JMenuItem	菜单

下面对部分常用组件进行说明。

8.4.1 标签组件

JLabel 组件是用来显示单行文本信息的组件，一般用来显示固定的提示信息。

JLabel 常用的构造方法如下。

- JLabel()：创建无图像并且标题为空字符串的 JLabel。
- JLabel(Icon image)：创建具有指定图像的 JLabel。
- JLabel(String text)：创建具有指定文本的 JLabel。

- JLabel(String text, Icon image,int horizontalAlignment)：创建具有指定文本、图像和水平对齐方式的 JLabel，horizontalAlignment 的取值有 3 个，即 JLabel.LEFT、JLabel.RIGHT 和 JLabel.CENTER。

JLabel 常用的方法如下。

- void setText(Stxing text)：定义 JLabel 将要显示的单行文本。
- void setIcon(Icon image)：定义 JLabel 将要显示的图标。
- int getText()：返回 JLabel 所显示的文本字符串。
- Icon getIcon()：返回 JLabel 所显示的图像。

例 8-3 演示标签组件的使用，代码如下，运行结果如图 8-3 所示。

```
package chap08;
import javax.swing.*;
public class Example8_3 {
 public static void main(String[] args) {
     // TODO Auto-generated method stub
       JFrame frame = new JFrame("Java 标签组件示例");    //创建窗口
       JPanel jp = new JPanel();    //创建面板
       JLabel label1 = new JLabel("普通标签");    //创建带文本的标签
       JLabel label2 = new JLabel();//创建标签
       label2.setText("调用 setText()方法");//定义 label2 将要显示的单行文本
       ImageIcon img=new ImageIcon("./images/java.jpg");    //创建一个图标
       //创建既含有文本又含有图标的标签
       JLabel label3=new JLabel("有文本有图标",img,JLabel.CENTER);
       jp.add(label1);    //添加标签到面板
       jp.add(label2);
       jp.add(label3);
       frame.add(jp);
       frame.setBounds(300, 200, 400, 100);
       frame.setVisible(true);
       frame.setDefaultCloseOperation(JFrame.EXIT_ON_CLOSE);
 }
}
```

图 8-3　例 8-3 运行结果

8.4.2 按钮组件

JButton 组件是最简单的按钮组件，只在按下和释放两个状态之间进行切换，可以通过捕获按下或释放的动作执行一些操作，从而完成与用户的交互。

JButton 常用的构造方法如下。

- JButton()：创建一个无标签文本、无图标的按钮。
- JButton(Icon icon)：创建一个无标签文本、有图标的按钮。
- JButton(String text)：创建一个有标签文本、无图标的按钮。
- JButton(String text,Icon icon)：创建一个有标签文本、有图标的按钮。

JButton 常用的方法如下。

- void setText(String text)：设置按钮的标签文本。
- void setMargin(Insets m)：设置按钮边框和标签文本之间的空白。
- void setVerticalAlignment(int alig)：设置图标和标签文本的垂直对齐方式。
- void setHorizontalAlignment(int alig)：设置图标和标签文本的水平对齐方式。
- void setEnable(boolean flag)：启用或禁用按钮。

例 8-4 演示按钮组件的使用，代码如下，运行结果如图 8-4 所示。

```
package chap08;
import java.awt.*;
import javax.swing.*;
public class Example8_4 {
 public static void main(String[] args) {
     JFrame frame=new JFrame("Java 按钮组件示例");    //创建窗口
     frame.setSize(400, 200);
     JPanel jp=new JPanel();    //创建面板
     JButton btn1=new JButton("我是普通按钮");    //创建按钮
     JButton btn2=new JButton("我是带背景颜色按钮");
     JButton btn3=new JButton("我是不可用按钮");
     JButton btn4=new JButton("我是底部对齐按钮");
     jp.add(btn1);
     btn2.setBackground(Color.YELLOW);    //设置按钮背景颜色
     jp.add(btn2);
     btn3.setEnabled(false);    //设置按钮不可用
     jp.add(btn3);
     Dimension preferredSize=new Dimension(160, 60);    //设置尺寸
     btn4.setPreferredSize(preferredSize);    //设置按钮大小
     btn4.setVerticalAlignment(SwingConstants.BOTTOM);    //设置按钮垂直对齐方式
     jp.add(btn4);
     frame.add(jp);
     frame.setBounds(300, 200, 600, 300);
     frame.setVisible(true);
     frame.setDefaultCloseOperation(JFrame.EXIT_ON_CLOSE);
 }
}
```

例 8-4

图8-4 例8-4运行结果

8.4.3 文本组件

文本组件常用于数据的输入，主要有 JTextField 和 JTextArea。这 2 个类的很多方法是从 JTextComponent 继承的。

1. JTextField

JTextField 是一个轻量级组件，用来接收用户输入的单行文本信息。

JTextField 常用的构造方法如下。

- JTextField()：创建一个默认的文本框。
- JTextField(String text)：创建一个指定初始化文本信息的文本框。
- JTextField(int columns)：创建一个指定列数的文本框。
- JTextField(String text, int columns)：创建一个既指定初始化文本信息，又指定列数的文本框。

JTextField 常用的方法如下。

- void setColumns(int columns)：设置文本框最多可显示内容的列数。
- void setFont(Font f)：设置文本框内容的字体。
- void setHorizontalAlignment(int alignment)：设置文本框内容的水平对齐方式。

例 8-5 演示文本组件（JTextField）的使用，代码如下，运行结果如图 8-5 所示。

```
package chap08;
import java.awt.Font;
import javax.swing.*;
public class Example8_5 {
 public static void main(String[] args) {
     // TODO Auto-generated method stub
        JFrame frame = new JFrame("Java文本框组件示例");      //创建窗口
        JPanel jp = new JPanel();     //创建面板
        JTextField txtfield1 = new JTextField();     //创建文本框
        txtfield1.setText("普通文本框");     //设置文本框的内容
        JTextField txtfield2 = new JTextField(28);
        txtfield2.setFont(new Font("楷体", Font.BOLD, 16));     //修改字体样式
        txtfield2.setText("指定长度和字体的文本框");
        JTextField txtfield3 = new JTextField(30);
        txtfield3.setText("居中对齐");
        txtfield3.setHorizontalAlignment(JTextField.CENTER);     //居中对齐
```

```
        jp.add(txtfield1);
        jp.add(txtfield2);
        jp.add(txtfield3);
        frame.add(jp);
        frame.setBounds(300, 200, 400, 100);
        frame.setVisible(true);
        frame.setDefaultCloseOperation(JFrame.EXIT_ON_CLOSE);
 }
}
```

图 8-5　例 8-5 运行结果

2. JTextArea

JTextArea 组件用于实现文本域，文本域可以接收用户输入的多行文本信息。

JTextArea 常用的构造方法如下。

- JTextArea()：创建一个默认的文本域。
- JTextArea(int rows, int columns)：创建一个具有指定行数和列数的文本域。
- JTextArea(String text)：创建一个包含指定文本的文本域。
- JTextArea(String text, int rows, int columns)：创建一个既包含指定文本，又包含指定行数和列数的多行文本域。

JTextArea 常用的方法如下。

- void append(String str)：将字符串 str 添加到文本域的最后位置。
- void setColumns(int columns)：设置文本域的行数。
- void setRows(int rows)：设置文本域的列数。
- int getColumns()：获取文本域的行数。
- void setLineWrap(boolean wrap)：设置文本域的换行策略。
- int getRows()：获取文本域的列数。

例 8-6　演示文本组件（JTextArea）的使用，代码如下，运行结果如图 8-6 所示。

```
package chap08;
import java.awt.*;
import javax.swing.*;
public class Example8_6 {
 public static void main(String[] args) {
     // TODO Auto-generated method stub
     JFrame frame = new JFrame("Java 文本域组件示例");     //创建窗口
     JPanel jp = new JPanel();    //创建面板
     JTextArea jta = new JTextArea("请输入内容", 7, 30);
     jta.setLineWrap(true);    //设置文本域中的文本为自动换行
     jta.setForeground(Color.BLACK);    //设置前景颜色
     jta.setFont(new Font("楷体", Font.BOLD, 16));    //修改字体样式
     jta.setBackground(Color.YELLOW);    //设置背景颜色
```

```
        JScrollPane jsp = new JScrollPane(jta);    //将文本域放入滚动窗口
        Dimension size = jta.getPreferredSize();    //获得文本域的首选大小
        jsp.setBounds(110, 90, size.width, size.height);
        jp.add(jsp);    //将 JScrollPane 容器添加到 JPanel 容器中
        frame.add(jp);    //将 JPanel 容器添加到 JFrame 容器中
        frame.setBackground(Color.LIGHT_GRAY);
        frame.setSize(400, 200);    //设置 JFrame 容器的大小
        frame.setVisible(true);
    }
}
```

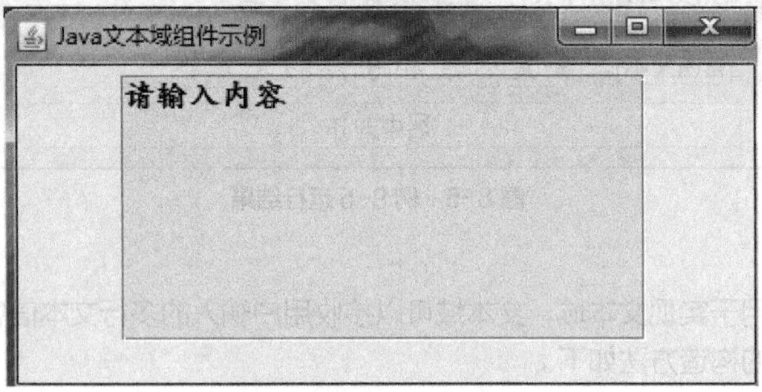

图 8-6　例 8-6 运行结果

8.4.4　菜单组件

菜单组件是一种为软件系统提供分类和管理软件命令的形式和手段。菜单由菜单栏（JMenuBar）、下拉菜单（JMenu）和菜单项（JMenuItem）组成。

1. 菜单栏

要想添加菜单，首先需要创建一个菜单栏对象，之后创建下拉菜单对象并将其放入菜单栏中，然后向菜单中增加菜单项。

2. 下拉菜单

JMenu 类用来实现下拉菜单，并可用来整合管理菜单项（JMenu Item）。下拉菜单可以是单一层次的结构，也可以是多层次的结构。

3. 菜单项

JMenuItem 用来实现菜单项。菜单项本质上是位于菜单中的按钮，当用户选择按钮时，将执行与菜单项关联的操作。

例 8-7　演示菜单组件的使用，代码如下，运行结果如图 8-7 所示。

```
package chap08;
import java.awt.event.KeyEvent;
import javax.swing.*;
public class Example8_7 {
 public static void main(String[] args) {
      // TODO Auto-generated method stub
      JFrame frame = new JFrame("测试 Menu");
      //菜单栏
      JMenuBar menuBar = new JMenuBar();
      //将菜单加入菜单栏
```

```
        JMenu fileMenu = new JMenu("文件");
        JMenu editMenu = new JMenu("编辑");
        JMenu helpMenu = new JMenu("帮助");
        menuBar.add(fileMenu);
        menuBar.add(editMenu);
        menuBar.add(helpMenu);
        //将菜单项加入菜单
        JMenuItem newItem = new JMenuItem("新建(N)", KeyEvent.VK_N);
        JMenuItem openItem = new JMenuItem("打开(O)", KeyEvent.VK_O);
        JMenuItem exitItem = new JMenuItem("退出(E)", KeyEvent.VK_E);
        fileMenu.add(newItem);
        fileMenu.add(openItem);
        fileMenu.addSeparator();//添加分隔符
        fileMenu.add(exitItem);
        JMenuItem copyItem = new JMenuItem("复制(C)", KeyEvent.VK_C);
        JMenuItem cutItem = new JMenuItem("剪切");
        JMenuItem pasteItem = new JMenuItem("粘贴");
        editMenu.add(copyItem);
        editMenu.add(cutItem);
        editMenu.add(pasteItem);
        JMenuItem helpItem = new JMenuItem("打开帮助文档");
        helpMenu.add(helpItem);
        frame.setJMenuBar(menuBar);
        frame.setDefaultCloseOperation(JFrame.EXIT_ON_CLOSE);
        frame.setBounds(250, 200, 400, 300);
        frame.setVisible(true);
    }
}
```

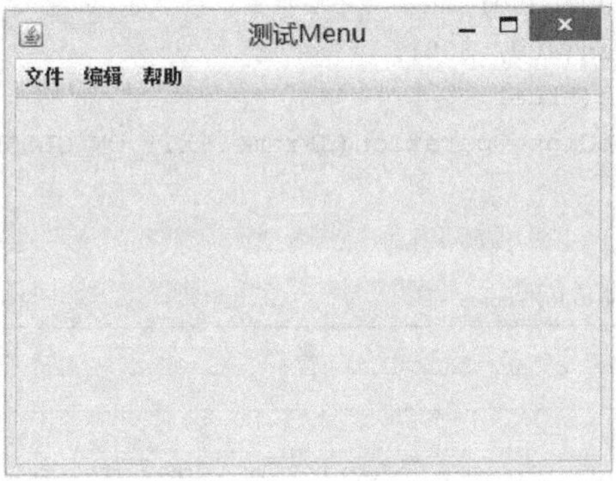

图 8-7　例 8-7 运行结果

8.5 布局管理器

在使用 Swing 向容器添加组件时，需要考虑组件的位置和大小。如果不使用布局管理器，则需要先在纸上画好各个组件的位置并计算组件间的距离，之后再向容器中添加组件。这样虽然能够灵活控制组件的位置，但是实现起来却非常麻烦。

为了加快开发速度，Java 提供了一些布局管理器，它们可以对组件进行统一管理，这样开发人员就不需要考虑组件是否会重叠等问题。

8.5.1 边框布局管理器

BorderLayout（边框布局管理器）是 Window、JFrame 和 JDialog 等容器的默认布局管理器。BorderLayout 容器分为 5 个区域：North、South、East、West 和 Center。其中，North 表示北，占据容器的上方；South 表示南，占据容器的下方；East 表示东，占据容器的右侧；West 表示西，占据容器的左侧；中间区域 Center 是 North、South、East、West 区域都填满后剩下的区域。

BorderLayout 的构造方法如下。

- BorderLayout()：创建一个 BorderLayout，组件之间没有间隙。
- BorderLayout(int hgap,int vgap)：创建一个 BorderLayout，其中 hgap 表示组件之间的横向间隔，单位是 px；vgap 表示组件之间的纵向间隔，单位是 px。

例 8-8　演示边框布局管理器的使用，代码如下，运行结果如图 8-8 所示。

```
package chap08;
import java.awt.BorderLayout;
import javax.swing.*;
public class Example8_8 {
 public static void main(String[] args) {
     // TODO Auto-generated method stub
     JFrame frame = new JFrame("Welcome to Joy's home");
     frame.setLayout(new BorderLayout(20, 20));//为窗口设置布局管理器为 BorderLayout
     frame.add(new JButton("东"), BorderLayout.EAST);
     frame.add(new JButton("西"), BorderLayout.WEST);
     frame.add(new JButton("南"), BorderLayout.SOUTH);
     frame.add(new JButton("北"), BorderLayout.NORTH);
     frame.add(new JButton("中"), BorderLayout.CENTER);
     frame.setSize(500, 300);
     frame.setLocation(400, 300);
     frame.setVisible(true);
     frame.setDefaultCloseOperation(JFrame.EXIT_ON_CLOSE);
 }
}
```

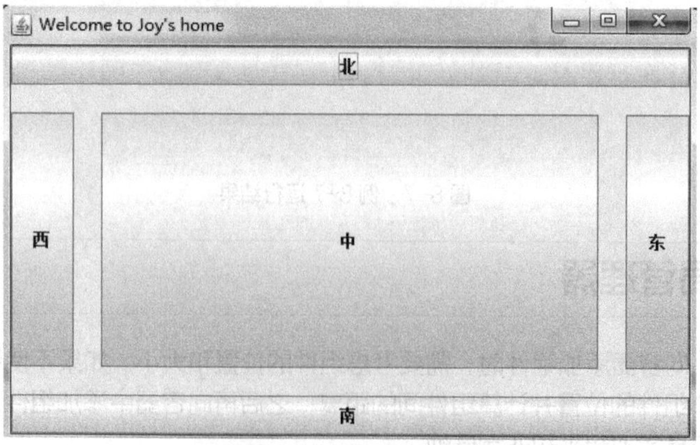

图 8-8　例 8-8 运行结果

BorderLayout 的特点是，组件会随设置固定在某一区域，即使拉伸窗口也不会改变位置，但是大小会随窗口的拉伸发生改变。

> **注意** **BorderLayout 并不要求所有区域都必须有组件，如果四周的区域（North、South、East 和 West 区域）没有组件，则由 Center 区域去补充。如果单个区域中添加了不止一个组件，那么后来添加的组件将覆盖原来的组件，所以，区域中只显示最后添加的一个组件。**

8.5.2 流式布局管理器

FlowLayout（流式布局管理器）是 JPanel 和 JApplet 的默认布局管理器。FlowLayout 会将组件按照从上到下、从左到右的放置规律逐行进行定位。与其他布局管理器不同的是，FlowLayout 并不限制所管理组件的大小，而是允许它们有自己的最佳大小。

FlowLayout 的构造方法如下。

- FlowLayout()：创建一个 FlowLayout，使用默认的居中对齐方式和默认 5px 的水平和垂直间隔。
- FlowLayout(int align)：创建一个 FlowLayout，使用默认 5px 的水平和垂直间隔。其中，align 表示组件的对齐方式，align 的值必须是 FlowLayout.LEFT、FlowLayout.RIGHT 和 FlowLayout.CENTER，分别用于指定组件在这一行的位置是居左对齐、居右对齐或居中对齐。
- FlowLayout(int align, int hgap, int vgap)：创建一个 FlowLayout，其中 align 表示组件的对齐方式；hgap 表示组件之间的横向间隔，单位是 px；vgap 表示组件之间的纵向间隔，单位是 px。

例 8-9 演示流式布局管理器的使用，代码如下，运行结果如图 8-9 所示。

```
package chap08;
import java.awt.FlowLayout;
import javax.swing.*;
public class Example8_9 {
 public static void main(String[] args) {
     JFrame frame = new JFrame("Welcome to Joy's home");
     frame.setLayout(new FlowLayout(FlowLayout.CENTER, 20, 20));
     JButton button = null;
     for(int i = 0; i < 9; i ++){
          button = new JButton("按钮: " + i);
          frame.add(button);
     }
     frame.setSize(800, 500);
     frame.setLocation(400, 300);
     frame.setVisible(true);
     frame.setDefaultCloseOperation(JFrame.EXIT_ON_CLOSE);
 }
}
```

例 8-9

FlowLayout 的特点是组件会根据窗口的大小，按照行列顺序排列。如图 8-9 所示，第一行排列 3 个按钮后，当窗口宽度不足以排列第四个按钮时，第四个按钮会进入下一行排列。

FlowLayout 的缺点是，组件的位置会因为用户对窗口的拉伸动作而发生改变，效果如图 8-10 所示。

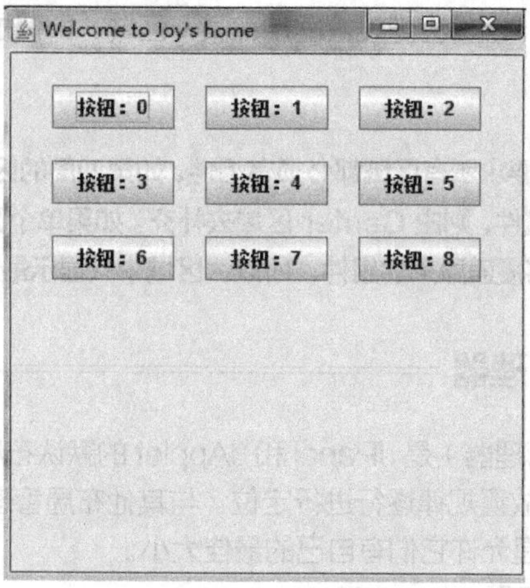

图 8-9　例 8-9 运行结果

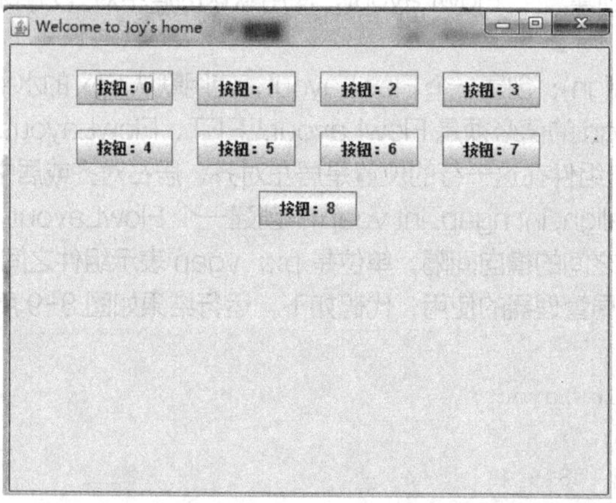

图 8-10　例 8-9 运行结果（拉伸窗口后）

8.5.3　网格布局管理器

GridLayout（网格布局管理器）为组件的布局提供了更大的灵活性。它将区域分割成指定行数（rows）和列数（columns）的网格状，组件按照由左至右、由上而下的次序填充到各个单元格中。

GridLayout 的构造方法如下。

- GridLayout(int rows, int cols)：创建一个指定行（rows）和列（cols）的 GridLayout，其中所有组件的大小一样，组件之间没有间隔。
- GridLayout(int rows, int cols, int hgap, int vgap)：创建一个指定行（rows）和列（cols）的 GridLayout，并且可以指定组件之间横向（hgap）和纵向（vgap）的间隔，单位是 px。

> **提示**　**GridLayout 总是忽略组件的最佳大小，而仅根据提供的行数和列数进行平分。该布局管理器管理的所有单元格的宽度和高度都是一样的。**

例 8-10　演示网格布局管理器的使用，代码如下，运行结果如图 8-11 所示。

```
package chap08;
import java.awt.GridLayout;
```

```
import javax.swing.*;
public class Example8_10 {
 public static void main(String[] args) {
     // TODO Auto-generated method stub
     JFrame frame = new JFrame("Welcome to Joy's home");
     frame.setLayout(new GridLayout(3, 5, 3, 3));
     JButton button = null;
     for(int i = 0; i < 13; i ++){
          button = new JButton("按钮: " + i);
          frame.add(button);
     }
     frame.setSize(500, 300);
     frame.setLocation(400, 300);
     frame.setVisible(true);
     frame.setDefaultCloseOperation(JFrame.EXIT_ON_CLOSE);
 }
}
```

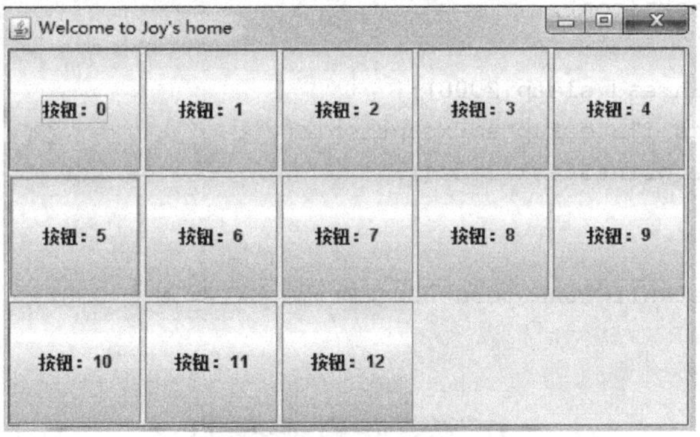

图 8-11　例 8-10 运行结果

GridLayout 的特点是组件会按照事先设定的行列数量来决定组件位置，并且组件位置不会随窗口的拉伸发生位移，但是组件大小却会随之改变。

8.5.4　卡片布局管理器

CardLayout（卡片布局管理器）能够帮助用户实现多个成员共享一个显示空间，并且一次只显示一个容器组件的内容。

CardLayout 将容器分成许多层，每层的显示空间占据整个容器的大小，但是每层只允许放置一个组件。

CardLayout 的构造方法如下。

- CardLayout()：构造一个 CardLayout，组件间默认的水平和垂直间隔为 0px。
- CardLayout(int hgap, int vgap)：创建 CardLayout，并指定组件间的水平间隔（hgap）和垂直间隔（vgap）。

例 8-11　演示卡片布局管理器的使用，代码如下，运行结果如图 8-12 所示。

```
package chap08;
import java.awt.CardLayout;
import java.awt.Container;
```

```
import javax.swing.*;
public class Example8_11{
 public static void main(String[] args) {
      // TODO Auto-generated method stub
      JFrame frame = new JFrame("Welcome to Joy's home");
      CardLayout card = new CardLayout();
      frame.setLayout(card);
      Container con = frame.getContentPane();
      con.add(new JLabel("标签: A", JLabel.CENTER), "first");
      con.add(new JLabel("标签: B", JLabel.CENTER), "second");
      con.add(new JLabel("标签: C", JLabel.CENTER), "third");
      con.add(new JLabel("标签: D", JLabel.CENTER), "fourth");
      con.add(new JLabel("标签: E", JLabel.CENTER), "fifth");
      frame.pack();
      frame.setVisible(true);
      card.show(con, "third");
      for (int i = 0; i < 5; i++) {
            card.next(con);
            try {
                  Thread.sleep(2000);
            } catch (InterruptedException e) {
                  e.printStackTrace();
            }
      }
      frame.setDefaultCloseOperation(JFrame.EXIT_ON_CLOSE);
 }
}
```

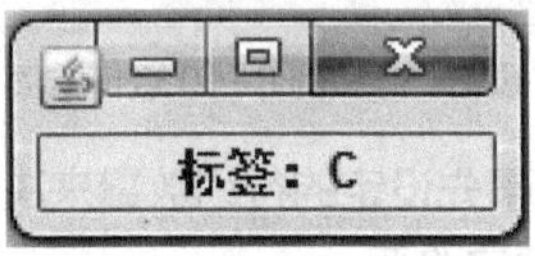

图8-12　例8-11运行结果

CardLayout 的特点是其对组件的布局就像一堆卡片，需要一张一张地翻开，每一张卡片相当于一个界面。它适合于有多个显示界面的情况，可以结合其他轻量级容器来实现。

8.5.5 绝对定位

以上布局都是依靠专门的布局管理器完成的，在 Java 中也可以通过绝对定位的方式进行布局。运用绝对定位方式时需要注意以下几点。

（1）JFrame 的布局方式要设置为 null。

```
frame.setLayout(null);
```

（2）需要设置组件的横坐标、纵坐标、宽度、高度，其语法格式如下。

```
组件.setBounds(x, y, w, h);
```

例 8-12　使用绝对定位方式实现布局，代码如下，运行结果如图 8-13 所示。

```
package chap08;
import javax.swing.*;
```

```
public class Example8_12 {
  public static void main(String[] args) {
      // TODO Auto-generated method stub
      JFrame frame = new JFrame("Welcome to Joy's home");
      frame.setLayout(null);
      JLabel title = new JLabel("www.baidu.com");
      JButton enter = new JButton("进入");
      JButton help = new JButton("帮助");
      frame.setSize(500, 400);
      frame.setLocation(300, 200);
      title.setBounds(45, 5, 150, 20);
      enter.setBounds(280, 30, 100, 80);
      help.setBounds(100, 50, 200, 100);
      frame.add(title);
      frame.add(enter);
      frame.add(help);
      frame.setVisible(true);
      frame.setDefaultCloseOperation(JFrame.EXIT_ON_CLOSE);
  }
}
```

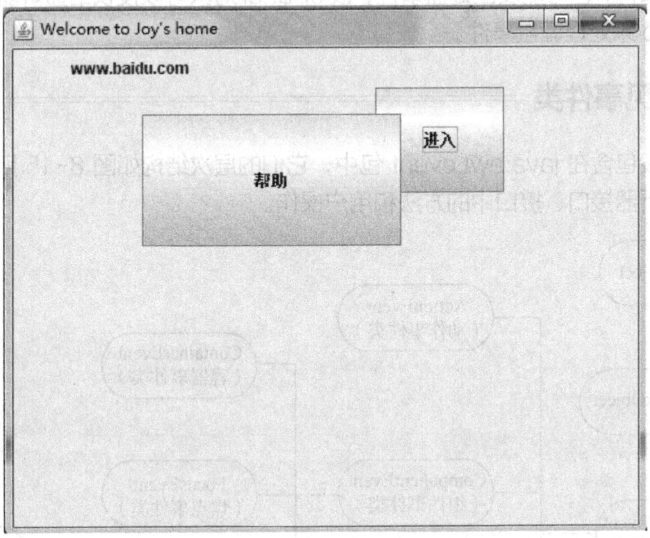

图 8-13　例 8-12 运行结果

8.6 GUI 事件处理

8.6.1 事件的概念

前面已讲解了如何放置各种组件以使图形界面更加丰富多彩，但是此时的图形界面还不能响应用户的任何操作。要想使图形界面能够响应用户的操作，必须给各个组件加上事件处理机制。在事件处理的过程中，主要涉及 3 类对象。

- Event（事件）：用户对组件的一次操作称为一个事件，以类的形式出现。例如，键盘操作对应的事件类是 KeyEvent。
- Event Source（事件源）：事件发生的场所称为事件源，通常就是各个组件，例如按钮。
- Event Handler（监听器）：时刻监听事件源上所有发生的事件，一旦该事件的类型与自己所负责处理的事件类型一致，就马上进行处理。

如果单击了按钮，则该按钮对应的 JButton 组件就是事件源，而 Java 运行时系统会生成 ActionEvent 类的对象，该对象中描述了单击事件发生时的一些信息。之后，监听器对象将接收由 Java 运行时系统传递过来的事件类（ActionEvent）的对象，并进行相应的处理。事件处理流程如图 8-14 所示。

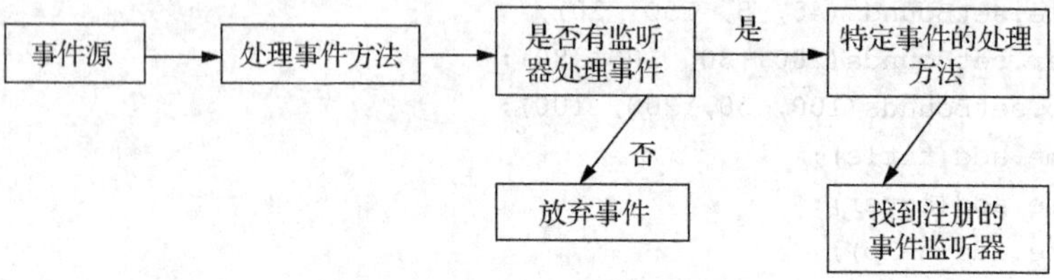

图 8-14 事件处理流程

由于同一个事件源上可能发生多种事件，因此，Java 采取了授权模型（Delegation Model），事件源可以把在其自身上所有可能发生的事件分别授权给不同的监听器来处理。例如，在 JPanel 对象上既可能发生鼠标事件，也可能发生键盘事件，该 JPanel 对象可以授权给监听器 a 来处理鼠标事件，同时授权给监听器 b 来处理键盘事件。

8.6.2 常见事件类

常见事件类一般包含在 java.awt.event 包中，它们的层次结构如图 8-15 所示。表 8-2 中列出了事件类、事件监听器接口、接口中的方法和用户操作。

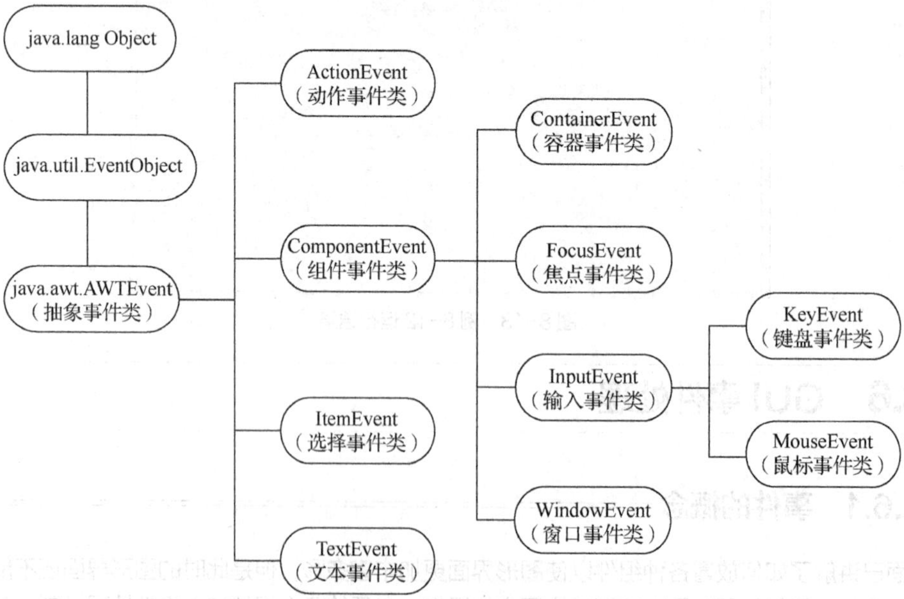

图 8-15 Java 事件类层次结构

表 8-2　事件类、事件监听器接口、接口中的方法和用户操作

事件类	事件监听器接口	接口中的方法	用户操作
ComponentEvent	ComponentListener（组件事件监听器接口）	componentMoved(ComponentEvent e)	移动组件
		componentHidden(ComponentEvent e)	隐藏组件
		componentResized(ComponentEvent e)	改变组件大小
		componentShown(ComponentEvent e)	显示组件
ContainerEvent	ContainerListener（容器事件监听器接口）	componentAdded(ContainerEvent e)	添加组件
		componentRemoved(ContainerEvent e)	移除组件
WindowEvent	WindowListener（窗口事件监听器接口）	windowOpened(WindowEvent e)	打开窗口
		windowActivated(WindowEvent e)	激活窗口
		windowDeactivated(WindowEvent e)	停用窗口
		windowClosing(WindowEvent e)	关闭窗口时
		windowClosed(WindowEvent e)	关闭窗口后
		windowIconified(WindowEvent e)	最小化窗口
		windowDeiconified(WindowEvent e)	还原窗口
ActionEvent	ActionListener（动作事件监听器接口）	actionPerformed(ActionEvent e)	单击并执行
TextEvent	TextListener（文本事件监听器接口）	textValueChanged(TextEvent e)	修改文本区域中内容
ItemEvent	ItemListener（选择事件监听器接口）	itemStateChanged(ItemEvent e)	改变选项的状态
MouseEvent	MouseMotionListener（鼠标移动事件监听器接口）	mouseDragged(MouseEvent e)	拖曳鼠标
		mouseMoved(MouseEvent e)	移动鼠标
	MouseListener（鼠标事件监听器接口）	mouseClicked(MouseEvent e)	单击鼠标
		mouseEntered(MouseEvent e)	鼠标指针进入
		mouseExited(MouseEvent e)	鼠标指针离开
		mousePressed(MouseEvent e)	按下鼠标左键
		mouseReleased(MouseEvent e)	松开鼠标左键
KeyEvent	KeyListener（键盘事件监听器接口）	keyPressed(KeyEvent e)	按下键盘
		keyReleased(KeyEvent e)	松开键盘
		keyTyped(KeyEvent e)	输入字符
FocusEvent	FocusListener（焦点事件监听器接口）	focusGained(FocusEvent e)	获取焦点
		focusLost(FoucesEvent e)	失去焦点
AdjustmentEvent	AdjustmentListener（调整事件监听器接口）	adjustmentValueChanged(AdjustmentEvent e)	调整滚动条的值

8.6.3 常见事件监听器

1. 动作事件监听器

动作事件监听器是 Swing 中比较常用的事件监听器，很多组件的动作事件都会用它来监听，例如单击按钮等。

与动作事件监听器有关的信息如下。

- 事件名称：ActionEvent。
- 事件监听接口: ActionListener。
- 事件相关方法：addActionListener()添加监听器，removeActionListener()删除监听器。
- 涉及事件源：JButton、JList、JTextField 等。

例 8-13 演示动作事件监听器的使用，代码如下，运行结果如图 8-16 所示。

例 8-13

```
package chap08;
import java.awt.BorderLayout;
import java.awt.Font;
import java.awt.event.ActionEvent;
import java.awt.event.ActionListener;
import javax.swing.*;
public class Example8_13 extends JFrame implements ActionListener{
 JLabel label;
 JButton button1;
 int clicks=0;
 public Example8_13(){
     setTitle("动作事件监听器示例");
     label=new JLabel(" ");
     label.setFont(new Font("楷体", Font.BOLD, 16));     //修改字体样式
     add(label, BorderLayout.SOUTH);
     button1=new JButton("我是普通按钮");     //创建按钮
     button1.setFont(new Font("黑体", Font.BOLD, 16));     //修改字体样式
     button1.addActionListener(this);
     add(button1);
     setDefaultCloseOperation(JFrame.EXIT_ON_CLOSE);
     setBounds(100, 100, 400, 200);
     setVisible(true);
 }
 public void actionPerformed(ActionEvent e) {
     label.setText("按钮被单击了 " + (++clicks) + " 次");

 }
 public static void main(String[] args) {
     new Example8_13();
 }
}
```

2. 焦点事件监听器

焦点事件监听器在实际项目中的应用也比较广泛，例如在鼠标指针离开文本框时弹出对话框，或者将焦点返回给文本框等。

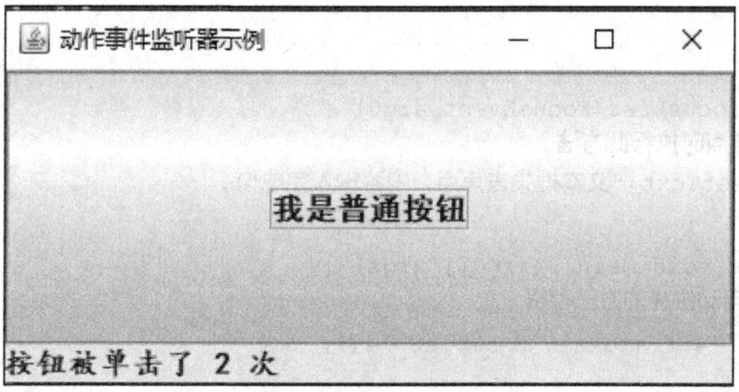

图 8-16　例 8-13 运行结果

与焦点事件监听器有关的信息如下。

- 事件名称：FocusEvent。
- 事件监听接口： FocusListener。
- 事件相关方法：addFocusListener()添加监听，removeFocusListener()删除监听。
- 涉及事件源：Component 及其派生类。

例 8-14　演示焦点事件监听器的使用，代码如下，运行结果如图 8-17 所示。

```
import java.awt.*;
import java.awt.event.FocusEvent;
import java.awt.event.FocusListener;
import javax.swing.*;
import javax.swing.border.EmptyBorder;
public class Example8_14 extends JFrame implements  FocusListener{
 JLabel label;
 JButton button1;
 JTextField txtfield1;
 Example8_14()
 {
     setTitle("焦点事件监听器示例");
     label=new JLabel(" ");
     label.setFont(new Font("楷体", Font.BOLD, 16));    //修改字体样式
     this.add(label, BorderLayout.SOUTH);
     txtfield1=new JTextField(15);    //创建文本框
     txtfield1.setFont(new Font("黑体", Font.BOLD, 16));    //修改字体样式
     txtfield1.addFocusListener(this);
     this.add(txtfield1,BorderLayout.CENTER);
     button1=new JButton("单击");
     this.add(button1,BorderLayout.EAST);
     setVisible(true);
     setDefaultCloseOperation(JFrame.EXIT_ON_CLOSE);
     setBounds(100, 100, 400, 200);
 }
 @Override
 public void focusGained(FocusEvent arg0) {
     // 获取焦点时执行此方法
       label.setText("文本框获得焦点，正在输入内容");
```

```
    }
    @Override
    public void focusLost(FocusEvent arg0) {
         // 失去焦点时执行此方法
          label.setText("文本框失去焦点，内容输入完成");
    }
    public static void main(String[] args) {
         // TODO 自动生成的方法存根
         Example8_14 frame=new Example8_14();
    }
}
```

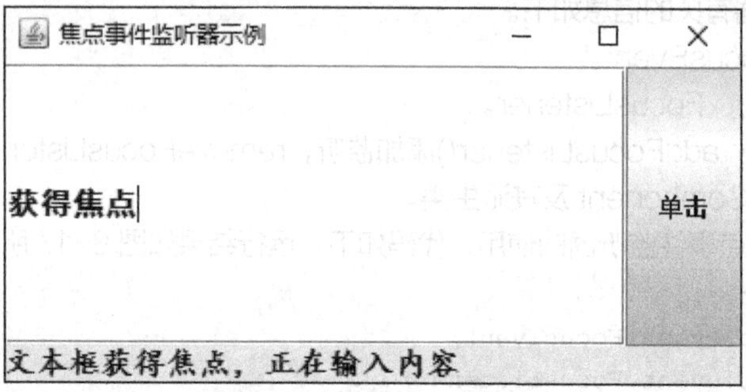

图 8-17　例 8-14 运行结果

3．选择事件监听器

选择事件由 ItemEvent 类定义，常用于当勾选复选框、组合框选项或鼠标单击单选按钮引起选择状态发生变化时触发选择事件，可以通过实现选择事件监听器处理相应的动作事件。

与选择事件监听器有关的信息如下。

- 事件名称：ItemEvent。
- 事件监听接口：ItemListener。
- 事件相关方法：addItemListener()添加监听，removeItemListener()删除监听。
- 涉及事件源：JRadioButton 等。

例 8-15　演示选择事件监听器的使用，代码如下，运行结果如图 8-18 所示。

```
package chap08;
import java.awt.FlowLayout;
import java.awt.event.ItemEvent;
import java.awt.event.ItemListener;
import javax.swing.ButtonGroup;
import javax.swing.JFrame;
import javax.swing.JRadioButton;
public class Example8_15 extends JFrame implements ItemListener{
 JRadioButton radio1,radio2;
 ButtonGroup bg;
 public  Example8_15(){
      radio1= new JRadioButton("是");
      radio2 = new JRadioButton("不是");
      bg = new ButtonGroup();
```

```
        bg.add(radio1);
        bg.add(radio2);
        this.setLayout(new FlowLayout());
        add(radio1);
        add(radio2);
        radio1.addItemListener(this);
        radio2.addItemListener(this);
        setLocation(300, 400);
        pack();
        setVisible(true);
        this.setDefaultCloseOperation(JFrame.EXIT_ON_CLOSE);
    }
    public void itemStateChanged(ItemEvent e) {
        Object obj = e.getSource();
        if(obj instanceof JRadioButton){
            JRadioButton radio = (JRadioButton)obj;
            if(radio.isSelected())
                System.out.println(radio.getText() + "被选择");
        }
    }
    public static void main(String[] args) {
        new Example8_15();
    }
}
```

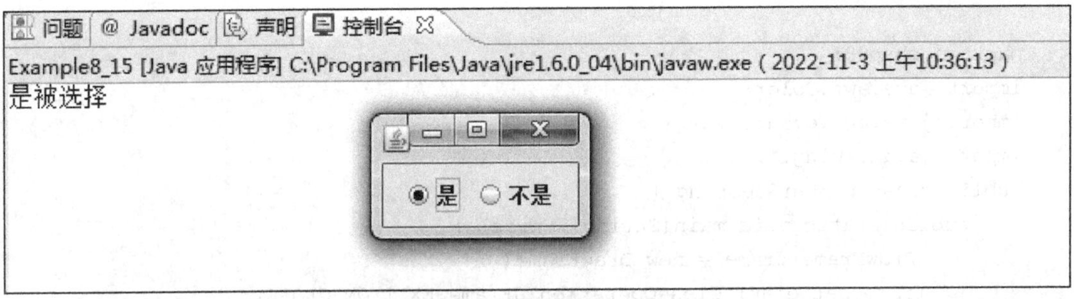

图 8-18　例 8-15 运行结果

8.7 案例 8——猜数游戏

案例 8

8.7.1 案例介绍

猜数游戏是现实生活中常玩的一款小游戏，本案例利用 Java GUI 组件开发一个猜数游戏，程序会随机在 1～1000 中选择一个供用户猜测的整数。游戏界面上提供一个文本框来接收用户输入的猜测的数，如果用户猜得太大，则背景颜色变为红色；如果猜得太小，背景颜色变为蓝色；用户猜对后，文本框变为不可编辑，同时提示用户猜对了。界面上提供一个“重新开始”按钮，使用户可以重新开始这个游戏。在界面上还可以显示用户猜测的次数。本案例运行结果如图 8-19 所示。

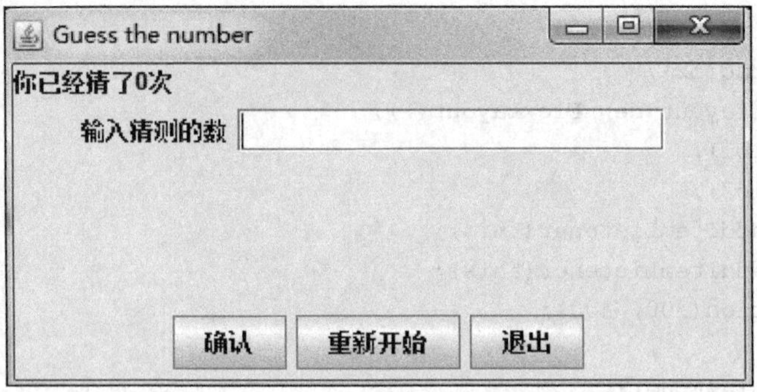

图 8-19　案例 8 运行结果

8.7.2　案例思路

一个简单的猜数游戏的程序，由界面组件、组件的事件监听器和具体的事件处理逻辑组成。实现程序需要以下几个步骤。

（1）GUI 组件创建和初始化：包括窗口的创建，以及显示猜测次数的标签、用于输入数字的文本框、显示猜测结果的标签、“确认”按钮、“重新开始”按钮、“退出”按钮等的初始化。

（2）在窗口中添加 GUI 组件，使用布局管理器设置布局。

（3）布局结束之后，编写事件处理程序。

（4）猜数逻辑的实现，对系统随机产生的数字和用户输入的数字做判断，根据不同结果设置不同的背景颜色。

8.7.3　案例实现

```
package chap08;
import java.awt.Color;
import java.awt.event.*;
import javax.swing.*;
public class numberGuessing {
    public static void main(String[] args) {
        DrawFrame frame = new DrawFrame();
        frame.setDefaultCloseOperation(JFrame.EXIT_ON_CLOSE);
        frame.setVisible(true);
    }
}
class DrawFrame extends JFrame
{
    private static int count = 0;//猜测次数
    private int rightNumber;//随机产生的供用户猜测的数字
    private JTextField text;//用于输入数字的文本框
    private JLabel tip;//显示猜测次数的标签
    private JPanel panel;//中心文本框部分的面板
    private JLabel result;//显示猜测结果的标签
    private JButton button1=new JButton("确认");
    private JButton button2=new JButton("重新开始");
```

```
    private JButton button3=new JButton("退出");

    public DrawFrame()
    {
        setSize(400, 200);
        setTitle("Guess the number");
        rightNumber=(int)(Math.random()*100);
        //添加顶部次数提示
        tip=new JLabel("你已经猜了" + count + "次", JLabel.LEFT);
        //添加中心文本框部分
        panel = new JPanel();
        JLabel input = new JLabel("输入猜测的数");
        panel.add(input);
        text=new JTextField(20);
        panel.add(text);
        result = new JLabel();//显示猜测结果
        panel.add(result);
        //添加底部按钮
        JPanel buttons = new JPanel();
        //按钮的监听器有两个类,"确认"按钮用一个类,"重新开始"按钮和"退出"按钮用一个类
        ActionListener listener1 = new ComfirmListener();
        button1.addActionListener(listener1);
        ActionListener listener2 = new OtherListener();
        button2.addActionListener(listener2);
        button3.addActionListener(listener2);
        //将按钮添加到面板中
        buttons.add(button1);
        buttons.add(button2);
        buttons.add(button3);
        //将各部分添加到窗口中,用默认的 BorderLayout
        add(tip, "North");
        add(panel, "Center");
        add(buttons, "South");
    }
    //"确认"按钮的监听器类
    class ComfirmListener implements ActionListener
    {
        public void actionPerformed(ActionEvent event)
        {
            //猜测正确
            if(Integer.parseInt(text.getText()) == rightNumber)
            {
                //设置文本框不可编辑
                text.setEditable(false);
                //提示猜测次数+1
                tip.setText("你已经猜了" + (++count) + "次");
                //调整背景颜色为默认颜色
```

```
                Color defaultColor = getBackground();
                panel.setBackground(defaultColor);
                //显示猜测结果
                result.setText("猜对啦");
            }
            //小于
            else if(Integer.parseInt(text.getText()) < rightNumber)
            {
                panel.setBackground(Color.blue);
                tip.setText("你已经猜了" + (++count) + "次");
                result.setText("太小");
            }
            else
            {
                panel.setBackground(Color.red);
                tip.setText("你已经猜了" + (++count) + "次");
                result.setText("太大");
            }
        }
    }

    // "重新开始" 按钮和 "退出" 按钮的监听器类
    class OtherListener implements ActionListener
    {
        public void actionPerformed(ActionEvent event)
        {
            //重新开始
            if(event.getSource() == button2)
            {
                //清除文本框内容
                text.setText("");
                text.setEditable(true);
                //重新产生一个供用户猜测的数字
                rightNumber = (int)(Math.random() * 100);
                //调整背景颜色为默认颜色
                Color defaultColor = getBackground();
                panel.setBackground(defaultColor);
                //猜测次数置 0
                count = 0;
                tip.setText("你已经猜了" + count + "次");
                //清除原猜测结果
                result.setText("");
            }
            //退出则关闭窗口
            else
            {
                setVisible(false);
```

```
            }
        }
    }
}
```

习题八

一、选择题

1. 以下哪个布局管理器可以使容器中各个组件呈网格布局，平均占据容器空间？（　　）
   A. FlowLayout
   B. BorderLayout
   C. GridLayout
   D. CardLayout
2. 事件处理机制能够让图形界面响应用户的操作，主要包括（　　）。
   A. 事件
   B. 事件处理
   C. 事件源
   D. 以上都是
3. JFrame 的默认布局管理器是（　　）。
   A. 流式布局管理器
   B. 网格布局管理器
   C. 卡片布局管理器
   D. 边框布局管理器
4. 下列组件中，不属于 Container 类的子类的是（　　）。
   A. Panel
   B. Button
   C. Window
   D. Dialog
5. 下列是事件监听机制的 4 个步骤，请对下列步骤进行排序，使事件源实现事件的监听机制（　　）。
   ① 定义一个类实现事件监听器的接口
   ② 为事件源注册事件监听器对象
   ③ 事件监听器调用相应的方法来处理相应的事件
   ④ 创建一个事件源
   A. ①④②③
   B. ①③④②
   C. ④①②③
   D. ④②①③
6. ActionEvent 的对象会被传递给以下哪个事件处理器方法？（　　）
   A. addChangeListener()
   B. addActionListener()
   C. stateChanged()
   D. actionPerformed()

7. 下列选项中，关于流式布局管理器的说法错误的是（　　）。
   A. 在流式布局管理器中，当组件超过容器的边界时，会自动将组件放到下一行的开始位置
   B. 流式布局管理器的特点就是可以将所有组件像流水一样依次排列
   C. 流式布局管理器是最简单的布局管理器之一
   D. 流式布局管理器将容器划分为5个区域
8. 在Java中，有关菜单的叙述错误的是（　　）。
   A. 下拉菜单通过出现在菜单栏上的名字来可视化表示
   B. 菜单栏通常出现在JFrame的顶部
   C. 菜单中的菜单项不能再是一个菜单
   D. 每个菜单可以有许多菜单项
9. 在Java中，设置字体应使用图形的（　　）方法。
   A. setfont(Font font)
   B. setFont(Font font)
   C. Font(String fontname, int style, int size)
   D. font(String fontname, int style, int size)
10. 下列哪种Java组件可作为容器组件？（　　）。
   A. List　　B. Choice
   C. Panel　　D. MenuItem

二、填空题

1. GridLayout的构造方法GridLayout(int rows, int cols, int hgap, int vgap)中，参数rows代表（　　　　），cols代表（　　　　），hgap和vgap规定（　　　　）和（　　　　）方向的间隙。
2. 创建菜单需要（　　　　）、（　　　　）和JMenuItem这3个组件。
3. 在程序中可以通过调用容器对象的（　　　　）方法设置布局管理器。
4. 在Java中，图形用户界面简称（　　　　）。
5. 在Java中，GUI组件包含在（　　　　）和（　　　　）这两个包中。

三、简答题

什么是AWT、Swing，两者有什么区别？

四、编程题

编写的程序，使其运行出图8-20所示的结果，使用JLabel、JTextField、JButton这3种界面组件，该程序可以完成类似“2 + 3 = ?”的加法题。

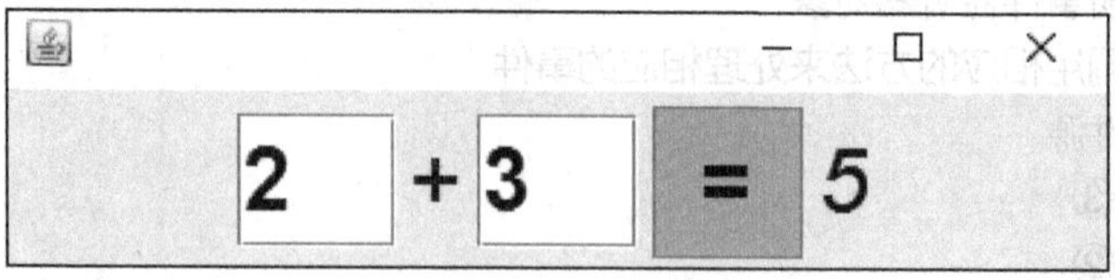

图8-20　运行结果

第9章 I/O流与文件

【本章导读】

与外部设备和其他计算机进行“交流”的输入输出操作，以及对磁盘文件进行的操作，是计算机程序的重要功能。任何计算机语言都必须为输入输出提供支持，Java也不例外。本章主要介绍Java输入输出操作的基本概念和应用，包括输入输出流的基本概念、利用File类对文件和目录进行的操作、应用字节流实现输入输出、应用字符流实现输入输出、应用RandomAccessFile类实现随机文件的读写操作等。

【学习目标】

- 了解Java输入输出的基本概念。
- 掌握File类的应用方法。
- 掌握字节流、字符流类的应用方法。
- 了解对象序列化的概念及使用。
- 能应用输入输出流实现文件读写操作。
- 掌握RandomAccessFile类的应用方法。

【素质拓展学习】

只要功夫深，铁杵磨成针。——祝穆《方舆胜览·眉州·磨针溪》

要想使自己的学问功底深，必须具有将铁杵磨成针的勤奋刻苦精神。认真学习Java中输入输出流的概念及应用，可以更方便、更直观地进行各类数据操作。

9.1 I/O 流入门

9.1.1 I/O 流的概念

输入输出（Input/Output，I/O）处理是程序设计中非常重要的环节，例如从键盘输入数据、从文件中读取数据或向文件中写数据等。Java 把所有的 I/O 以流的形式进行处理，这里的流是连续的、单向的数据传输的一种抽象，即由源到目的地的、沿通信路径传输的一串字节。发送数据流的过程称为写，接收数据流的过程称为读。当程序需要读取数据的时候，就会开启一个通向源的流。当程序需要写入数据的时候，就会开启一个通向目的地的流。

Java 中定义了字节流和字符流以及其他的流类来实现 I/O 处理。

1. 字节流

从 InputStream 和 OutputStream 类派生出来的一系列类称为字节流类，这类流以字节（Byte）为基本处理单位。

2. 字符流

从 Reader 和 Writer 类派生出的一系列类称为字符流类，这类流以 16 位的 Unicode 编码表示的字符为基本处理单位。

9.1.2 I/O 流类的层次结构

（1）字节输入流层次结构如图 9-1 所示。

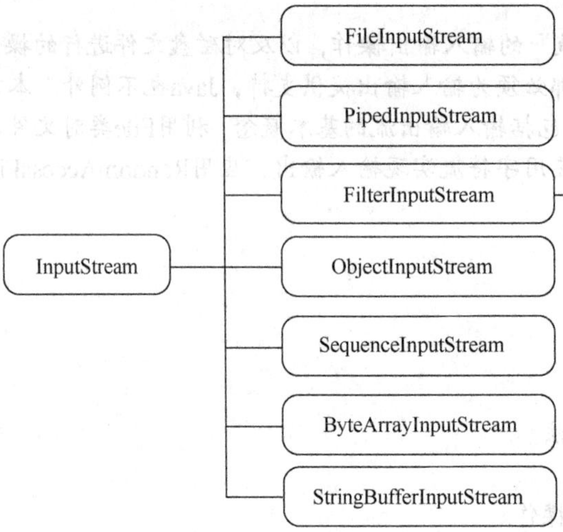

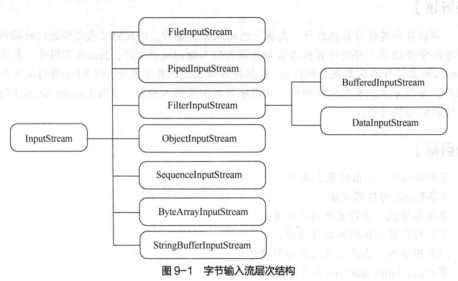

图 9-1 字节输入流层次结构

（2）字节输出流层次结构如图 9-2 所示。

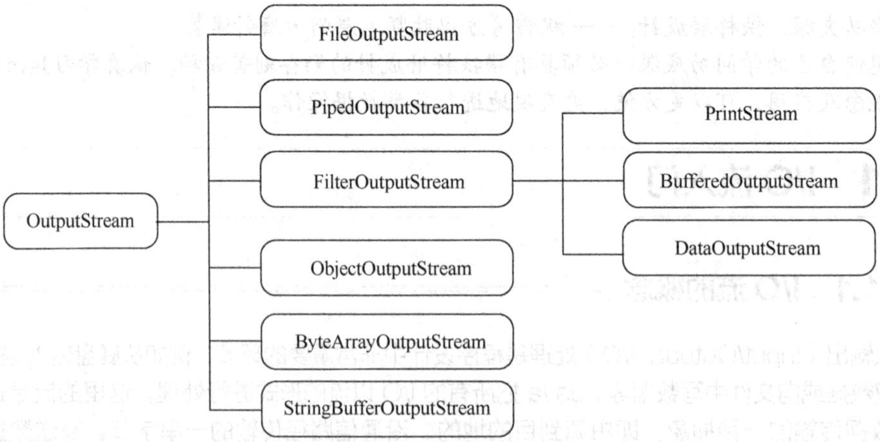

图 9-2 字节输出流层次结构

（3）字符输入流层次结构如图 9-3 所示。

（4）字符输出流层次结构如图 9-4 所示。

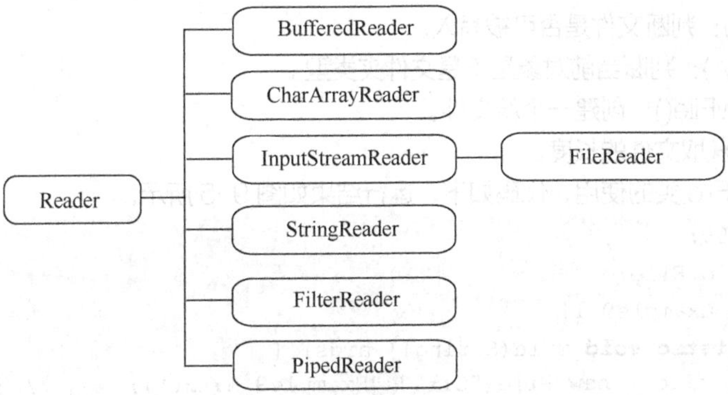

图 9-3　字符输入流层次结构

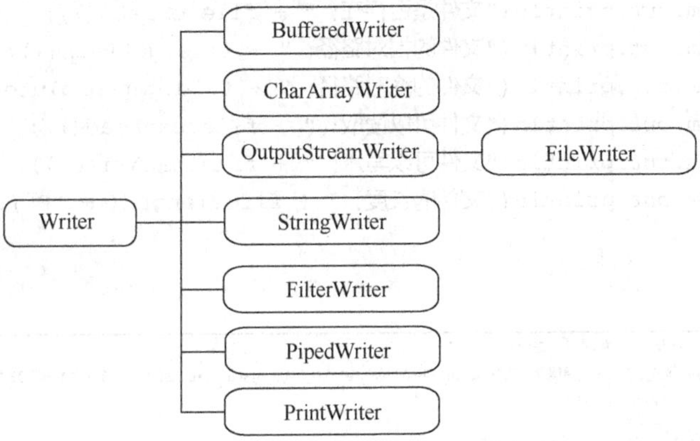

图 9-4　字符输出流层次结构

9.2　File 类

File 类是一个与流无关的类。File 类提供了一种与机器无关的方式来描述一个文件对象的属性，每个 File 类对象表示一个文件或目录，其对象属性包含文件或目录的相关信息，例如名称、大小和个数等，调用 File 类的方法可以完成对文件或目录的管理操作（如创建和删除等）。File 类仅描述文件本身的属性，不具有从文件读取信息或向文件存储信息的能力。

创建 File 对象的常用构造方法有 3 个。

- File(File parent, String child)：根据 parent 抽象路径名和 child 路径名字符串创建一个新 File 实例。
- File(String pathname)：通过将给定路径名字符串 pathname 转换为抽象路径名来创建一个新 File 实例。
- File(String parent, String child)：根据 parent 路径名字符串和 child 路径名字符串创建一个新 File 实例。

File 类包含文件和目录的多种属性和操作方法，常用的方法如下。

- getName()：获取文件的名字。
- getPath()：获取文件的相对路径字符串。
- exists()：判断文件或目录是否存在。
- canRead()：判断文件是否可读。
- isFile()：判断文件是否是文件，而不是目录。

- canWrite()：判断文件是否可被写入。
- isDirectory()：判断当前对象是不是文件夹类型。
- createNewFile()：创建一个新文件。
- length()：获取文件的长度。

例 9-1　演示 File 类的使用，代码如下，运行结果如图 9-5 所示。

```
package chap09;
import java.io.File;
public class Example9_1{
    public static void main(String[] args) {
        File file = new File("C:\\","Example9_1.txt");       // 创建文件对象
        System.out.println("文件名称：" + file.getName());    // 输出文件属性
        System.out.println("文件是否存在：" + file.exists());
        System.out.println("文件的相对路径：" + file.getPath());
        System.out.println("文件的绝对路径：" + file.getAbsolutePath());
        System.out.println("文件可以读取：" + file.canRead());
        System.out.println("文件可以写入：" + file.canWrite());
        System.out.println("文件的长度：" + file.length()+ "B");
    }
}
```

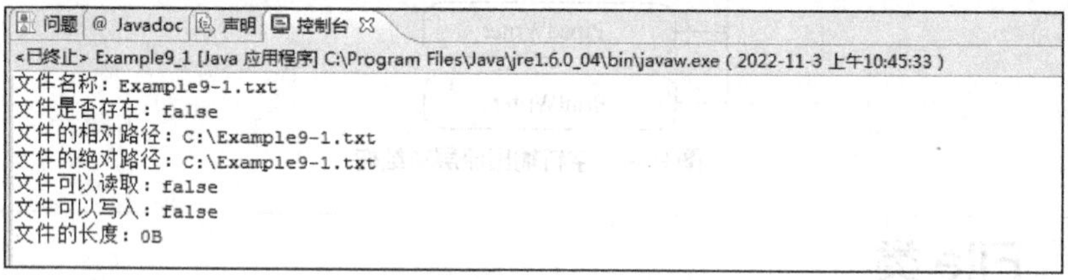
问题
@ Javadoc
声明
控制台
<已终止> Example9_1 [Java 应用程序] C:\Program Files\Java\jre1.6.0_04\bin\javaw.exe (2022-11-3 上午10:45:33)
文件名称：Example9-1.txt
文件是否存在：false
文件的相对路径：C:\Example9-1.txt
文件的绝对路径：C:\Example9-1.txt
文件可以读取：false
文件可以写入：false
文件的长度：0B

图 9-5　例 9-1 运行结果

9.3　字节流

9.3.1　InputStream 类

InputStream 类是字节输入流的抽象类，它是所有字节输入流类的父类，其各种子类实现了不同数据的字节输入流。

InputStream 类定义了操作字节输入流的各种方法，常用方法如下。

- available()：返回当前字节输入流的数据读取方法可以读取的有效字节数量。
- read(byte[ ] bytes)：从字节输入流中读取字节数据并存入数组 bytes 中。
- read(byte[ ] bytes，int off，int len)：从字节输入流读取长度为 len 的数据，从数组 bytes 中下标为 off 的位置开始放置读入的数据，读完返回读取的字节数。
- read()：从当前字节输入流中读取一个字节的数据。若已到达流结尾，则返回-1。
- reset()：将当前字节输入流重新定位到最后一次调用 mark()方法时的位置。
- mark(int readlimit)：在字节输入流中加入标记。
- markSupported()：测试字节输入流中是否支持标记。
- close()：关闭当前字节输入流，并释放所有与之关联的系统资源。

9.3.2 OutputStream 类

OutputStream 类是字节输出流的抽象类，它是所有字节输出流类的父类，其子类实现了不同数据的字节输出流。

OutputStream 类定义了字节输出流的各种操作方法，常用的方法如下。

- close()：关闭此字节输出流并释放与此流有关的所有系统资源。
- flush()：刷新此字节输出流并强制写出所有缓冲的输出字节。
- write(byte[ ] b)：将 b.length 个字节的数据从指定的字节数组写入此字节输出流。
- write(byte[ ] b, int off, int len)：将指定字节数组中从偏移量 off 开始的 len 个字节的数据写入此字节输出流。
- write(int b)：将指定的字节写入此字节输出流。

9.3.3 FileInputStream 类与 FileOutputStream 类

FileInputStream 和 FileOutputStream 分别是抽象类 InputStream 和 OutputStream 类的子类。FileInputStream 兼容抽象类 InputStream 的所有成员方法，它实现了文件的读取，适用于比较简单的文件读取。FileOutputStream 兼容抽象类 OutputStream 的所有成员方法，它实现了文件的写入，能够以字节形式将数据写入文件中。

例 9-2 演示 FileInputStream 类的使用，代码如下，运行结果如图 9-6 所示。

例 9-2

```
package chap09;
import java.io.*;
public class Example9_2 {
 public static void main(String args[]){
     File f = new File("C:\\", "Example9_2.txt");
     try {
         byte bytes[] = new byte[512];
         FileInputStream fis = new FileInputStream(f); //创建文件字节输入流
         int rs = 0;
         System.out.println("The content of Example9_2.txt is:");
         rs = fis.read(bytes);
         String s = new String(bytes, 0, rs);
         System.out.println(s);
         fis.close();                                  //关闭输入流
     }catch (IOException e) {
          e.printStackTrace();
      }
 }
}
```

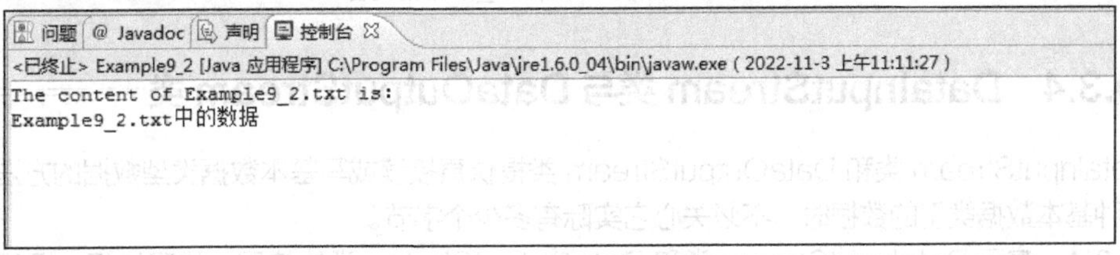

图 9-6 例 9-2 运行结果

例 9-3　演示 FileOutputStream 类的使用，代码如下，运行结果如图 9-7 和图 9-8 所示。

```
package chap09;
import java.io.*;
public class Example9_3 {
    public static void main(String args[]) {
        int b;
        File file=new File("C:\\","Example9_3.txt");
        byte bytes[]=new byte[512];
        System.out.println("请输入你想存入文本的内容: ");
        try {
            if (!file.exists())                          // 判断文件是否存在
                file.createNewFile();
            //把从键盘输入的字符存入 bytes 里
            b=System.in.read(bytes);
            //创建文件字节输出流
            FileOutputStream fos=new FileOutputStream(file,true);
            fos.write(bytes, 0, b);                      // 把 bytes 写入指定文件中
            fos.close();                                 // 关闭文件字节输出流
        } catch (IOException e) {
            e.printStackTrace();
        }
    }
}
```

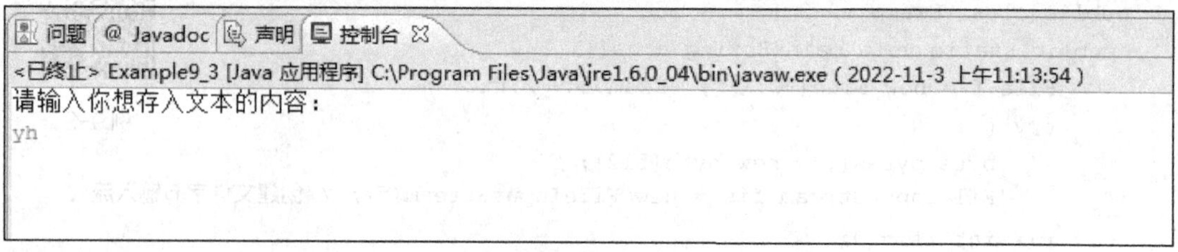

图 9-7　例 9-3 运行结果

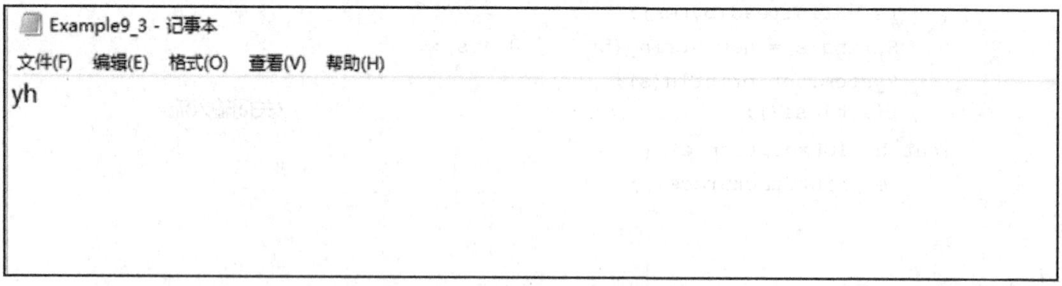

图 9-8　文件 Example9_3.txt 的内容

9.3.4　DataInputStream 类与 DataOutputStream 类

DataInputStream 类和 DataOutputStream 类提供直接读或写基本数据类型数据的方法，在读或写某种基本数据类型的数据时，不必关心它实际有多少个字节。

例 9-4　演示 DataInputStream 类和 DataOutputStream 类的使用，代码如下，运行结果如

图 9-9 和图 9-10 所示。

```
package chap09;
import java.io.FileInputStream;
import java.io.FileOutputStream;
import java.io.DataInputStream;
import java.io.DataOutputStream;
public class Example9_4{
    public Example9_4(){
        try{
            FileOutputStream fout = new FileOutputStream("C:\\Example9_4.txt");
            DataOutputStream dfout = new DataOutputStream(fout);
            for(int i = 0; i < 6; i++)
                dfout.writeInt(i);
            dfout.close( );
            FileInputStream fin = new FileInputStream("C:\\Example9_4.txt");
            DataInputStream dfin = new DataInputStream(fin);
            for (int i = 0; i < 6; i++)
                System.out.print(dfin.readInt() + ",");
            dfin.close( );
        }catch (Exception e){
            System.err.println(e);
            e.printStackTrace( );
        }
    }
    public static void main(String args[]){
        new Example9_4();
    }
}
```

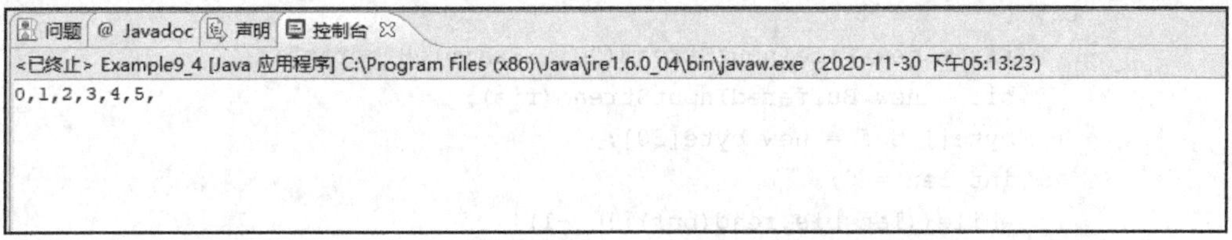

图 9-9　例 9-4 运行结果

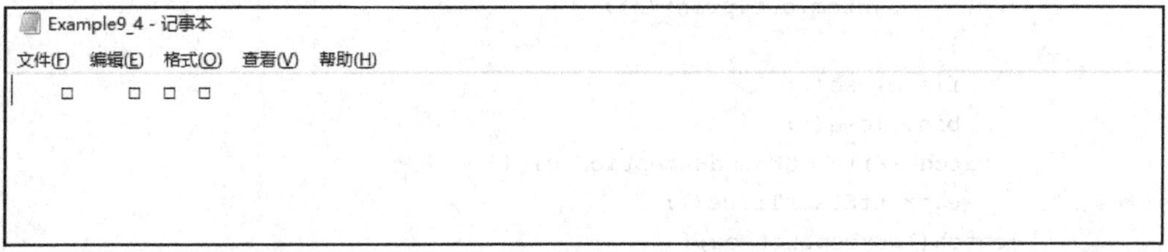

图 9-10　文件 Example9_4.txt 的内容

注意　DataOutputStream 类提供了输出 Java 各种类型数据的方法，但是其将各种数据类型以二进制形式输出后，用户无法方便地进行查看，所以记事本中出现乱码，如图 9-10 所示。

9.3.5 BufferedInputStream类与BufferedOutputStream类

BufferedInputStream类和BufferedOutputStream类实现的是带缓存的输入流和输出流。带缓存是指在实例化BufferedInputStream类和BufferedOutputStream类的对象时，会在内存中开辟一个字节数组来存放数据流中的数据。借助字节数组，在读取或者存储数据时可以以字节数组为单位把数据读入内存或以字节数组为单位把数据写入指定的文件，从而大幅提高数据的读/写效率。

BufferedInputStream是“套”在某个InputStream外的，起着缓存的作用，用来改善InputStream的性能，它自己不能脱离里面的InputStream单独存在。所以把BufferedInputStream套在FileInputStream外可以改善FileInputStream的性能。

FileInputStream与BufferedInputStream的区别为：FileInputStream读取的是字节输入流，BufferedInputStream读取的是字节缓冲输入流；使用BufferedInputStream读取资源的效率比使用FileInputStream读取资源的效率高；BufferedInputStream的read()方法能读取尽可能多的字节，而FileInputStream对象的read()方法会出现阻塞。

例9-5 演示BufferedInputStream类和BufferedOutputStream类的使用，代码如下，运行结果如图9-11所示。

```
package chap09;
import java.io.BufferedInputStream;
import java.io.BufferedOutputStream;
import java.io.FileInputStream;
import java.io.FileNotFoundException;
import java.io.FileOutputStream;
import java.io.IOException;
public class Example9_5 {
    public static void testBufferedInputStream(){
        FileInputStream fis = null;
        BufferedInputStream bis = null;
        try {
            fis = new FileInputStream("C:\\Example9_5.txt");
            bis = new BufferedInputStream(fis);
            byte[] buf = new byte[30];
            int len = 0;
            while((len=bis.read(buf))!= -1){
                String s = new String(buf,0,len);
                System.out.print(s);
            }
            fis.close();
            bis.close();
        } catch (FileNotFoundException e) {
            e.printStackTrace();
        }catch(IOException ex){
            ex.printStackTrace();
        }
    }
    public static void testBufferedOutputStream(){
        FileOutputStream fos = null;
```

```
        BufferedOutputStream bos = null;
        try {
            fos = new FileOutputStream("C:\\Example9_5.txt");
            bos = new BufferedOutputStream(fos);
            String s = "Java 是使用最广的开发语言";
            bos.write(s.getBytes());
            bos.flush();
            fos.close();
            bos.close();
        } catch (FileNotFoundException e) {
            e.printStackTrace();
        }catch(IOException ex){
            ex.printStackTrace();
        }
    }
    public static void main(String[] args) {
        testBufferedOutputStream();  //向磁盘中的文件写入内容
        testBufferedInputStream();   //从磁盘中的文件读取内容
    }
}
```

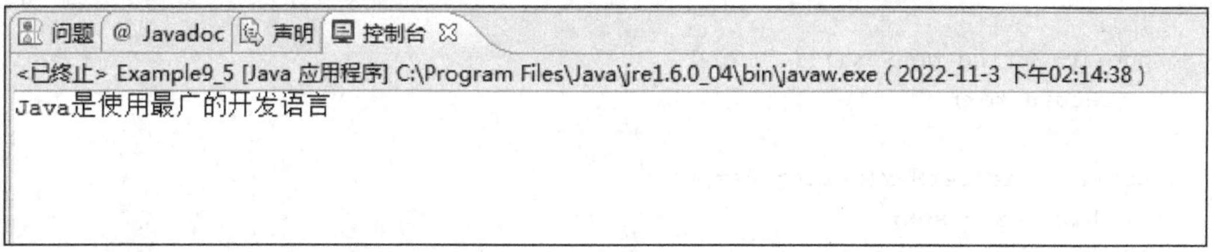

图 9-11　例 9-5 运行结果

9.3.6　ObjectInputStream 类与 ObjectOutputStream 类

通过前边学到的内容只能实现对基本数据类型和字符串类型的数据的读写，并不能读写对象（字符串除外），如果要对某个对象进行读写操作，需要使用对象流。对象流有 2 个类，即 ObjectInputStream 和 ObjectOutputStream。

ObjectInputStream/ObjectOutputStream 以对象为数据源，但是必须将传输的对象进行序列化与反序列化操作。序列化以后的对象可以保存到磁盘上，也可以在网络上传输，使不同的计算机可以共享对象。序列化需要满足以下条件。

- 要求保存的对象对应的类型必须实现 java.io.Serializable 接口。
- 保存的对象所有属性对应的类型都必须实现 java.io.Serializable 接口。
- 如果某些属性不想序列化到磁盘文件，那么这些属性就可以用 transient 修饰；用 transient 修饰的属性在反序列化时需要重新构造对象。
- 如果要保存的对象有集合属性，要求该集合属性存放的对象对应的类型也要实现 java.io.Serializable 接口。
- 如果父类没有实现 java.io.Serializable 接口，则不会把父类对象序列化到磁盘文件，反序列化的时候需要重新构造父类对象（要求父类一定要有一个无参的构造方法）。

例 9-6 演示 ObjectInputStream 类和 ObjectOutputStream 类的使用，代码如下，运行结果如图 9-12 和图 9-13 所示。

```
package chap09;
import java.io.FileInputStream;
import java.io.FileNotFoundException;
import java.io.FileOutputStream;
import java.io.IOException;
import java.io.ObjectInputStream;
import java.io.ObjectOutputStream;
import java.io.Serializable;
class User  implements Serializable{//对象流的对象必须序列化，其类型必须实现 Serializable
接口
  private String name;
  private String sex;
  private int age;
  public String getName() {
     return name;
  }
  public void setName(String name) {
     this.name = name;
  }
  public String getSex() {
     return sex;
  }
  public void setSex(String sex) {
     this.sex = sex;
  }
  public int getAge() {
     return age;
  }
  public void setAge(int age) {
     this.age = age;
  }
 }
public class Example9_6 {
public static void testObjectInputStream(){
     FileInputStream fis = null;
     ObjectInputStream ois = null;
     try {
          fis = new FileInputStream("C:\\Example9_6.txt ");
          ois = new ObjectInputStream(fis);
          User user1 = (User)ois.readObject();
          System.out.println("name:" + user1.getName() + "--sex:" + user1.getSex()
+ "--age:" + user1.getAge());
          User user2 = (User)ois.readObject();
          System.out.println("name:" + user2.getName() + "--sex:" + user2.getSex()
+ "--age:" + user2.getAge());
```

```
            fis.close();
            ois.close();
        } catch (FileNotFoundException e) {
            e.printStackTrace();
        }catch(IOException ex){
            ex.printStackTrace();
        }catch(ClassNotFoundException ex){
            ex.printStackTrace();
        }
    }
    public static void testObjectOutputStream(){
        FileOutputStream fos = null;
        ObjectOutputStream oos = null;
        try {
            fos = new FileOutputStream("C:\\Example9_6.txt");
            oos = new ObjectOutputStream(fos);
            User user = new User();
            user.setName("Simon");
            user.setSex("男");
            user.setAge(28);
            oos.writeObject(user);
            User user2 = new User();
            user2.setName("Conlin");
            user2.setSex("男");
            user2.setAge(26);
            oos.writeObject(user2);
            oos.flush();
            fos.close();
            oos.close();
        } catch (FileNotFoundException e) {
            e.printStackTrace();
        }catch(IOException ex){
            ex.printStackTrace();
        }
    }
    public static void main(String[] args) {
        testObjectInputStream();
        //testObjectOutputStream();
    }
}
```

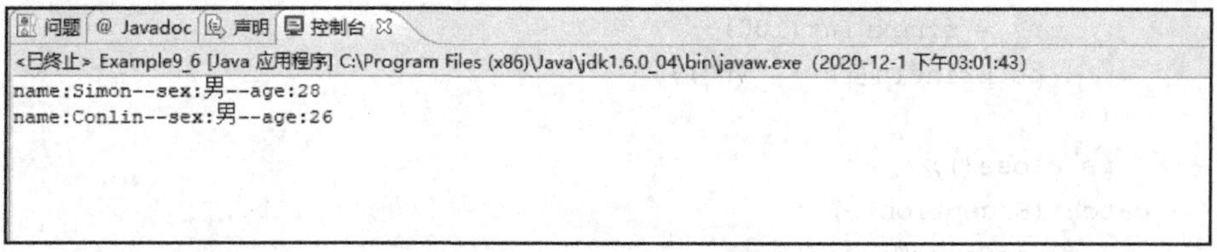

图 9-12　例 9-6 运行结果

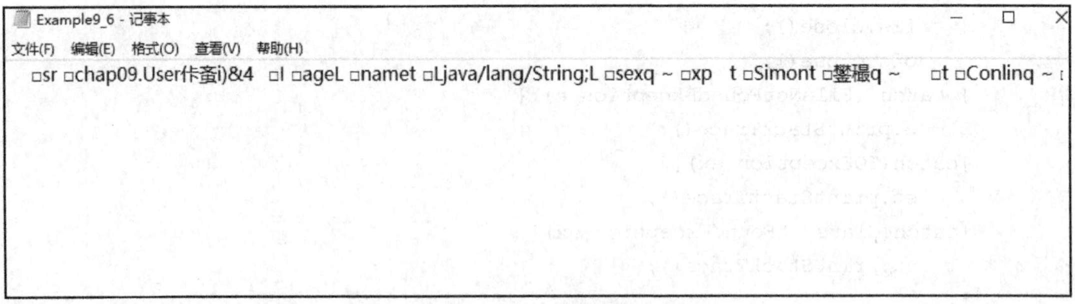

图9-13 文件Example9_6.txt的内容

> **注意** ObjectOutputStream类对Java对象进行序列化处理，处理后的数据不是文本数据，所以该数据保存到文件中后用文本编辑器打开时会呈现乱码，如图9-13所示。

9.3.7 PrintStream类

PrintStream类是OutputStream类的子类，它能够方便地打印各种数据类型的值，是一种便捷的输出方式。PrintStream类常用的方法如下。

- print(String str)：输出一个字符串。
- print(object obj)：输出一个对象。
- println(String str)：输出一个字符串并结束该行。
- println(object obj)：输出一个对象并结束该行。

例 9-7 演示PrintStream类的使用，代码如下，运行结果如图9-14所示。

```
package chap09;
import java.io.File;
import java.io.FileOutputStream;
import java.io.PrintStream;
import java.util.Random;
public class Example9_7 {
public static void main(String[] args) {
    PrintStream ps;
    try {
        File file=new File("C:\\","Example9_7.txt");
        if (!file.exists())                       // 如果文件不存在
            file.createNewFile();                 // 创建新文件
        ps = new PrintStream(new FileOutputStream(file));
        Random r = new Random();
        int rs;
        for(int i = 0; i < 5; i++){
            rs = r.nextInt(100);
            ps.println(rs + "\t");
        }
        ps.close();
    } catch (Exception e) {
        e.printStackTrace();
```

```
        }
    }
}
```

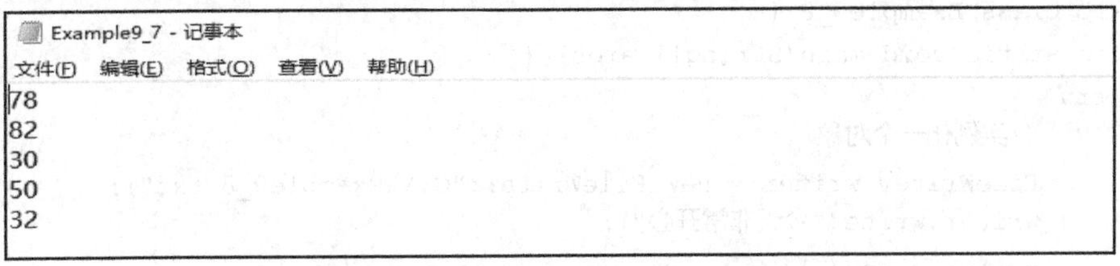

图 9-14 文件 Example9_7.txt 的内容

9.4 字符流

9.4.1 Reader 类

Reader 类是字符输入流的抽象类，所有对字符输入流的实现都是它的子类。它定义了操作字符输入流的各种方法，常用方法如下。

- read()：读入一个字符。若已读到流结尾，则返回-1。
- read(char[ ])：读取一些字符到 char[ ]数组内，并返回所读入的字符的数量。若已读到流结尾，则返回-1。
- reset()：将当前字符输入流重新定位到最后一次调用 mark()方法时的位置。
- skip(long n)：跳过参数 n 指定数量的字符，并返回所跳过的实际字符数。
- close()：关闭当前字符输入流并释放与之关联的所有资源。在关闭该流后，若再调用 read()、ready()、mark()、reset()或 skip()方法将抛出异常。

9.4.2 Writer 类

Writer 类是字符输出流的抽象类，所有字符输出流的实现都是它的子类。它定义了操作字符输出流的各种方法，常用方法如下。

- write(int c)：将字符 c 写入字符输出流。
- write(String str)：将字符串 str 写入字符输出流。
- write(char[ ] cbuf)：将字符数组 cbuf 的数据写入字符输出流。
- flush()：刷新当前字符输出流，并强制写入所有缓冲的字节数据。
- close()：向字符输出流写入缓冲区的数据，然后关闭当前字符输出流，并释放所有与当前字符输出流有关的系统资源。

9.4.3 FileReader 类与 FileWriter 类

FileReader 类和 FileWriter 类分别是抽象类 Reader 和 Writer 的子类。FileReader 类兼容抽象类 Reader 的所有成员方法，可以进行读取字符串和关闭流等操作。FileWriter 类兼容抽象类 Writer 的所有成员方法，可以进行输出单个或多个字符、强制输出和关闭流等操作。

例 9-8 演示 FileReader 类和 FileWriter 类的使用，代码如下，运行结果如图 9-15 所示。

```
package chap09;
```

```
import java.io.FileReader;
import java.io.FileWriter;
import java.io.IOException;
public class Example9_8 {
public static void main(String[] args) {
    try{
        //实例化一个对象
        FileWriter writer = new FileWriter("C:\\Example9_8.txt");
        writer.write("今天非常开心");
        writer.close( );
        //读取日记文件中的数据并输出
        FileReader reader = new FileReader("C:\\Example9_8.txt");
        for(int c = reader.read( ); c != -1; c = reader.read( ))
            System.out.print((char)c);
        reader.close( );
    }catch(IOException e){
        System.err.println("异常:" + e);
        e.printStackTrace( );
    }
}
}
```

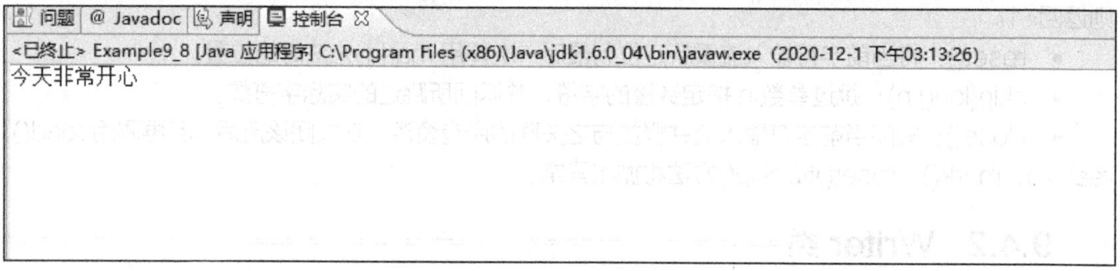

图9-15　例9-8运行结果

9.4.4　InputStreamReader 类与 OutputStreamWriter 类

InputStreamReader 是字节输入流“通向”字符输入流的“桥梁”。它可以根据指定的编码方式，将字节输入流转换为字符输入流。

OutputStreamWriter 是字节输出流“通向”字符输出流的“桥梁”。它可以根据指定的编码方式，将字节输出流转换为字符输出流。

例 9-9　代码如下，运行结果如图 9-16 所示。

```
import java.io.IOException;
import java.io.InputStreamReader;
public class Example9_9 {
public static void main(String[] args) {
    try {
        int rs;
        File file = new File("C:\\", "Example9_9.txt");
        FileInputStream fis = new FileInputStream(file);
```

```
            InputStreamReader isr = new InputStreamReader(fis);
            System.out.println("The content of Example9_9 is:");
            while ((rs = isr.read()) != -1) { // 顺序读取文件里的内容并赋值给 int 型变量 rs,直到文件结束为止
                System.out.print((char) rs);
            }
            isr.close();
        } catch (IOException e) {
            e.printStackTrace();
        }
    }
}
```

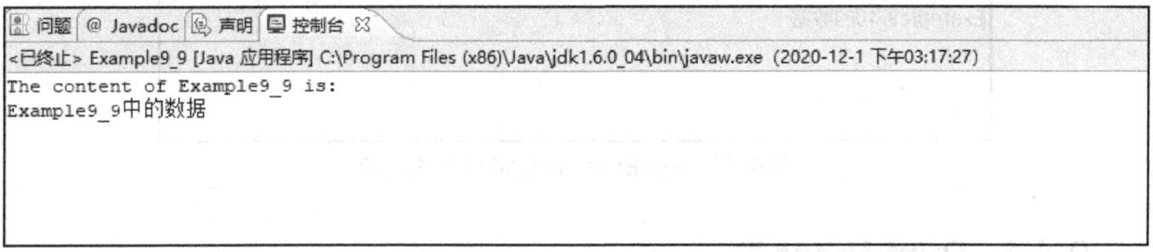

图 9-16 例 9-9 运行结果

9.4.5 BufferedReader 类与 BufferedWriter 类

BufferedReader 类是 Reader 类的子类，使用该类可以以行为单位读取数据。BufferedReader 类中提供了一个 ReaderLine()方法，Reader 类中没有该方法，该方法能够读取文本行。

BufferedWriter 类是 Writer 类的子类，该类可以以行为单位写入数据。BufferedWriter 类提供了一个 newLine()方法，Writer 类中没有该方法，该方法用于将下一行分隔为新行。

例 9-10 演示 BufferedReader 类和 BufferedWriter 类的使用，代码如下，运行结果如图 9-17 所示。

```
package chap09;
import java.io.BufferedReader;
import java.io.BufferedWriter;
import java.io.File;
import java.io.FileReader;
import java.io.FileWriter;
import java.io.IOException;
public class Example9_10 {
public static void main(String[] args) {
    try {
        FileReader fr;
        fr = new FileReader("C:\\Example9_10.txt");
        File file = new File("C:\\Example9_10_1.txt");
        FileWriter fos = new FileWriter(file);      // 创建 FileWriter 对象
        BufferedReader br = new BufferedReader(fr); // 创建 BufferedReader 对象
        BufferedWriter bw = new BufferedWriter(fos);// 创建 BufferedWriter 对象
        String str = null;
```

```
            while ((str = br.readLine()) != null) {
                bw.write(str + "\n");              // 为读取的文本行添加换行符
            }
            br.close();                            // 关闭输入流
            bw.close();                            // 关闭输出流
        } catch (IOException e) {
            e.printStackTrace();
        }
    }
}
```

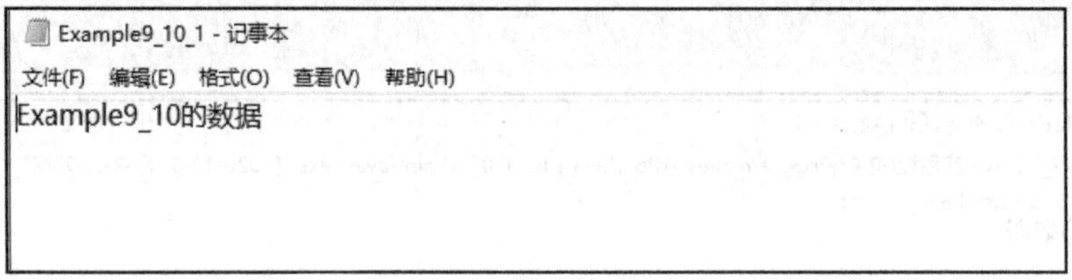

图 9-17　文件 Example9_10_1.txt 的内容

9.4.6 PrintWriter 类

PrintWriter 类是 Writer 类的子类，该类把 Java 语言中基本数据类型的数据以字符形式送到相应的字符输出流中，可以以文本的形式浏览。PrintWriter 类常用的方法如下。

- print(String str)：将字符串写至字符输出流。
- flush()：强制性地将缓冲区中的数据写至字符输出流。
- println(String str)：将字符串和换行符写至字符输出流。
- println()：将换行符写至输出流。

例 9-11　演示 PrintWriter 类的使用，代码如下，运行结果如图 9-18 所示。

```
package chap09;
import java.io.BufferedReader;
import java.io.File;
import java.io.FileReader;
import java.io.FileWriter;
import java.io.PrintWriter;
public class Example9_11 {
public static void main(String[] args) {
    File filein = new File("C:\\","Example9_11.txt");
    File fileout = new File("C:\\","Example9_11-1.txt");
    try {
        //创建一个 BufferedReader 对象
        BufferedReader br = new BufferedReader(new FileReader(filein));
        //创建一个 PrintWriter 对象
        PrintWriter pw = new PrintWriter(new FileWriter(fileout));
        int b;
        while((b = br.read()) != -1){
            pw.println(b);          //写入文件
        }
```

```
            br.close();                     //关闭流
            pw.close();                     //关闭流
        } catch (Exception e) {
            e.printStackTrace();
        }
    }
}
```

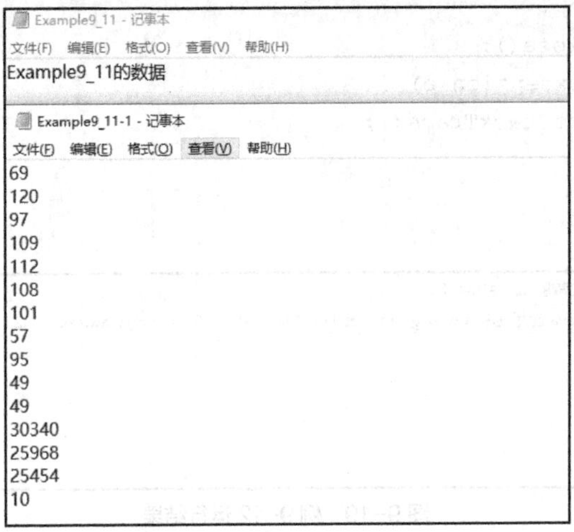

图 9-18　文件 Example9_11.txt 与 Example9_11-1.txt 的内容

9.5 RandomAccessFile 类

使用 RandomAccessFile 类可以读取任意位置的文件数据。RandomAccessFile 类既不是输入流类的子类，也不是输出流类的子类。RandomAccessFile 类常用的方法如下。

- length()：获取文件的长度。
- seek(long pos)：将文件记录指针定位到 pos 位置。
- readByte()：从文件中读取一个字节的数据。
- readChar()：从文件中读取一个字符的数据。
- readInt()：从文件中读取一个 int 型值。
- readLine()：从文件中读取一行文本。
- write(byte bytes[ ])：把 bytes.length 个字节数据写到文件。
- writeInt(int v)：向文件中写入一个 int 型值。
- writeChars(String str)：向文件中写入一个字符串。
- close()：关闭文件。

例 9-12　代码如下，运行结果如图 9-19 所示。

```
package chap09;
import java.io.RandomAccessFile;
public class Example9_12 {
public static void main(String[] args) {
    int bytes[] = {1,2,3,4,5};
        try {
        //创建 RandomAccessFile 类的对象
```

```
        RandomAccessFile raf = new RandomAccessFile("C:\\Example9_12.txt","rw");
                for(int i = 0; i < bytes.length; i++){
                    raf.writeInt(bytes[i]);
                }
                for(int i = bytes.length - 1; i >= 0; i--){
                    raf.seek(i * 4);                          //int 型数据占 4 个字节
                    System.out.println(raf.readInt());
                }
                raf.close();
            } catch (Exception e) {
                e.printStackTrace();
        }
    }
    }
```

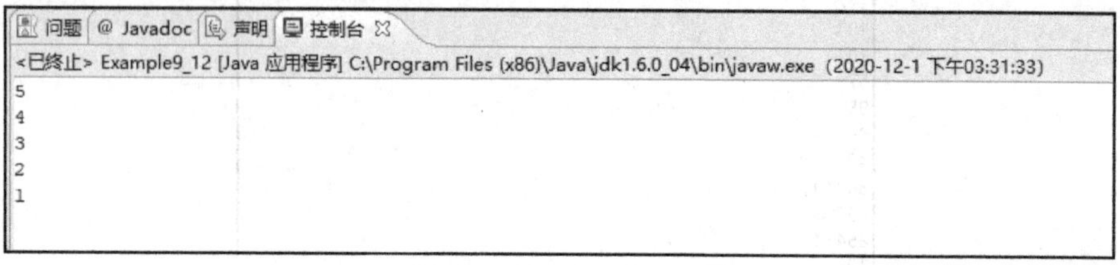
问题 @ Javadoc 声明 控制台
<已终止> Example9_12 [Java 应用程序] C:\Program Files (x86)\Java\jdk1.6.0_04\bin\javaw.exe（2020-12-1 下午03:31:33）
5
4
3
2
1

图 9-19　例 9-12 运行结果

9.6 案例 9——日记本

案例 9

9.6.1 案例介绍

编写一个具有日记本功能的程序，当用户输入特定的日记内容后，使用字节流把日记的具体信息保存至本地的.txt 文件中。需要输入的内容包括姓名、天气、标题、内容等。保存的时候需要判断本地是否存在.txt 文件，如果存在则追加内容，如果不存在则新建文件。文件命名格式为“Java 学习日记本”加上扩展名“.txt”，例如“Java 学习日记本.txt”。本案例运行结果如图 9-20 所示。

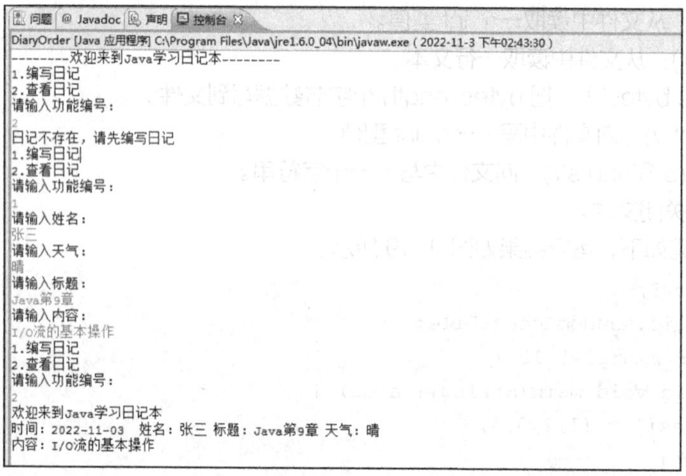
问题 @ Javadoc 声明 控制台
DiaryOrder [Java 应用程序] C:\Program Files\Java\jre1.6.0_04\bin\javaw.exe（2022-11-3 下午02:43:30）
--------欢迎来到Java学习日记本--------
1.编写日记
2.查看日记
请输入功能编号：
2
日记不存在，请先编写日记
1.编写日记
2.查看日记
请输入功能编号：
1
请输入姓名：
张三
请输入天气：
晴
请输入标题：
Java第9章
请输入内容：
I/O流的基本操作
1.编写日记
2.查看日记
请输入功能编号：
2
欢迎来到Java学习日记本
时间：2022-11-03 姓名：张三 标题：Java第9章 天气：晴
内容：I/O流的基本操作

图 9-20　案例 9 运行结果

案例 9 本地文件“Java 学习日记本.txt”的内容如图 9-21 所示。

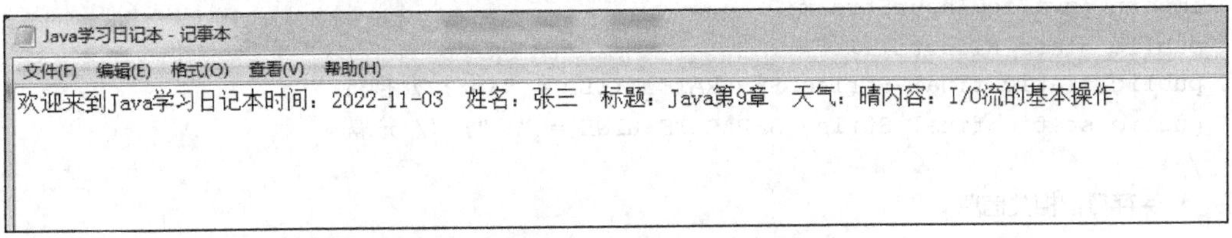
Java学习日记本 - 记事本
文件(F) 编辑(E) 格式(O) 查看(V) 帮助(H)
欢迎来到Java学习日记本时间：2022-11-03 姓名：张三 标题：Java第9章 天气：晴内容：I/O流的基本操作

图 9-21 案例 9 本地文件“Java 学习日记本.txt”的内容

9.6.2 案例思路

（1）为方便保存日记的相关信息，将相关信息封装成一个 Diary 实体类。

（2）用户编写日记时，首先创建一个集合用于存放日记，然后用户依次输入的内容为姓名、天气、标题和内容，并将这些内容存放在集合中，再将实体类保存到.txt 文件中。

（3）查询日记时，通过字节流的读取实现控制台输出日记相关信息。

（4）将日记信息写入.txt 文件之前，先定义好文件名，再判断本地是否已存在此文件，这里可通过输入流尝试获取此文件的字节流，如果获取成功，则证明这个文件已存在，那么可通过输出流向文件末尾追加日记相关信息；如果获取失败，即出现异常，说明之前并没有生成日记相关信息，则需要新建此文件。

9.6.3 案例实现

```
package chap09;
public class Diary {
  String time; //时间
  String name; //姓名
  String weather;//天气
  String title;//标题
  String content;//内容
  public Diary(String time, String name, String weather, String title, String content)
  {
     super();
     this.time = time;
     this.name = name;
     this.weather = weather;
     this.title = title;
     this.content = content;
  }
}

package chap09;
import java.io.BufferedOutputStream;
import java.io.File;
import java.io.FileInputStream;
import java.io.FileNotFoundException;
import java.io.FileOutputStream;
```

```
import java.io.IOException;
import java.io.InputStream;
public class FileUtil {
public static final String SEPARATE_FIELD = "\n";// 换行
public static final String SEPARATE_LINE = "  "; // 分隔
/**
 * 保存日记相关信息
 */
public static void saveBooks(Diary diary) {
    // 判断本地是否存在此文件
    String name = "Java 学习日记本.txt";
    InputStream in = null;
    try {
        in = new FileInputStream(name);
        if (in != null) {
            in.close();// 关闭输入流
            // 可获取输入流，说明文件存在，采取修改文件的方式
            createFile(name, true, diary);
        }
    } catch (FileNotFoundException e) {
        // 输入流获取失败，说明文件不存在，采取新建新文件的方式
        createFile(name, false, diary);
    } catch (IOException e) {
        e.printStackTrace();
    }
}
/**
 * 将日记相关信息保存到本地，可通过 label 标识来判断是修改文件还是新建文件
 * @param name 文件名
 * @param label 文件已存在的标识，为 true 表示文件已存在，则修改文件，为 false 表示文件不存在，
则新建文件
 * @param diary 日记相关信息
 */
public static void createFile(String name, boolean label, Diary diary) {
    BufferedOutputStream out = null;
    StringBuffer sbf = new StringBuffer();// 拼接内容
    try {
        if (label) {// 当已存在当天的文件，则在文件内容后追加
            // 创建输出流，用于追加文件
            out = new BufferedOutputStream(new FileOutputStream(name, true));
        } else {// 不存在当天文件，则新建文件
            // 创建输出流，用于保存文件
            out = new BufferedOutputStream(new FileOutputStream(name));
            String fieldSort = "欢迎来到 Java 学习日记本" ;// 创建表头
            // 新建时，将表头存入本地文件
            sbf.append(fieldSort).append(SEPARATE_FIELD);
        }
```

```
            sbf.append("时间: ").append(diary.time).append(SEPARATE_LINE);// 追加分隔
符号
            sbf.append("姓名: ").append(diary.name).append(SEPARATE_LINE);
            sbf.append("标题: ").append(diary.title).append(SEPARATE_LINE);
            sbf.append("天气: ").append(diary.weather).append(SEPARATE_FIELD);//追加
换行符号
            sbf.append("内容: ").append(diary.content).append(SEPARATE_FIELD);
            String str = sbf.toString();
            byte[] b = str.getBytes();
            for (int i = 0; i < b.length; i++) {
                out.write(b[i]);// 将内容写入本地文件
            }
        } catch (Exception e) {
            e.printStackTrace();
        } finally {
            try {
                if (out != null)
                    out.close();// 关闭输出流
            } catch (Exception e2) {
                e2.printStackTrace();
            }
        }
    }
    /*
     * 读取日记并显示
     */
    public static void readFile() throws Exception{
        //创建文件字节输出流
        File file = new File("Java 学习日记本.txt");
        if(!file.exists())
            System.out.println("日记不存在，请先编写日记");
        else
        {
            FileInputStream in = new FileInputStream(file);
            byte[] b = new byte[in.available()];
            in.read(b);
            String str = new String(b);
            System.out.println(str);
            in.close();
        }
     }
    }

    package chap09;
    import java.text.DateFormat;
    import java.text.SimpleDateFormat;
    import java.util.ArrayList;
```

```
import java.util.Date;
import java.util.Scanner;
public class DiaryOrder {
static ArrayList diarysList=new ArrayList();
public static void main(String[] args) throws Exception  {

    System.out.println("--------欢迎来到Java学习日记本--------");
    boolean falg = true;
    Scanner scan=new Scanner(System.in);
    while(falg) {
        System.out.println("1.编写日记");
        System.out.println("2.查看日记");
        System.out.println("请输入功能编号：");
        int a = scan.nextInt();
        if(a == 1) {
            //编写日记
            System.out.println("请输入姓名：");
            String name=scan.next();
            System.out.println("请输入天气：");
            String weather=scan.next();
            System.out.println("请输入标题：");
            String title=scan.next();
            System.out.println("请输入内容：");
            String content = scan.next();
            Diary diary = addDiary(name,weather,title,content);
            FileUtil.saveBooks(diary);
        }else if(a == 2) {
            //查看日记
            FileUtil.readFile();
        }else {
            System.out.println("输入错误");
        }
      }

}
/*
 * 初始化日记列表，将输入的字符暂存为Diary类的对象
 */
private static Diary addDiary(String name,String weather,String title,
        String content) {
    Date date = new Date();
    DateFormat format = new SimpleDateFormat("yyyy-MM-dd");
    String a=format.format(date).toString();
    Diary diary=new Diary(a,name,weather,title,content);
    return diary;
  }
}
```

习题九

一、选择题

1. 以下选项中，哪个是 FileOutputStream 的父类？（　　）。
   A. File
   B. FileOutput
   C. OutputStream
   D. InputStream
2. Java 流被分为字节流、字符流两大类，两者都作为（　　）类的直接子类。
   A. Exception
   B. Object
   C. Throwable
   D. 以上都不是
3. 当文件不存在或不可读时，使用 FileInputStream 读取文件会出现下列哪一种错误？（　　）
   A. NullPointerException
   B. NoSuchFieldException
   C. FileNotFoundException
   D. RuntimeException
4. 下列选项中，不属于 FileReader 类的方法的是（　　）。
   A. read()
   B. close ()
   C. readLine()
   D. toString()
5. 下列选项中，哪个是 FileWriter 类中 read()方法读取到流末尾的返回值？（　　）
   A. 0
   B. -1
   C. 1
   D. 无返回值
6. 使用 FileReader 读取 reader.txt 文本文件中的数据，reader.txt 中的内容为 abc。

```
import java.io.*;
public class Example01 {
  public static void main(String[] args) throws Exception {
      FileReader reader = new FileReader("reader.txt");
      int ch;
      while ((ch = reader.read()) != -1) {
      System.out.print(ch+" ");
      }
  reader.close();
  }
}
```

运行以上程序的结果是（　　）。
   A. 编译出错
   B. a b c

C. 97 98 99

D. 无输出

7. FileWriter 类的 write(int c)方法的作用是（　　）。

A. 写入单个字符

B. 写入多个字符

C. 写入整型数据

D. 写入浮点型数据

8. 下列选项中，哪个类用于读取文本文件中的字符？（　　）

A. FileReader

B. FileWriter

C. BufferedReader

D. BufferedWriter

二、填空题

1. 当对象进行序列化时，必须保证该对象所对应的类型实现了 Serializable 接口，否则程序会出现（　　　　）异常。

2. DataInputStream 和（　　　　）是两个与平台无关的数据操作流。

3. java.io 包中可以用于从文件中直接读取字符的是（　　　）类。

4. 字节流和字符流的区别是，字符流用于传输（　　　　），而字节流用于传输（　　　　）。

5. 在文件的任意位置进行既读又写的操作时，应当使用（　　　）类。

三、编程题

假设项目目录下有一个文件 itcast.txt。请按照下列要求，编写一个类 Test。

（1）使用文件输出流读取 itcast.txt 文件。

（2）将字符串“私立华联”写入 itcast.txt 文件中。

（3）关闭文件输出流。

第10章 多线程

【本章导读】

多线程是Java的特点之一，掌握多线程编程技术，可以充分利用中央处理器（Central Processing Unit，CPU）的资源，更容易解决实际中的问题。本章主要介绍Java线程的相关知识和应用，内容包括线程的基本概念、实现多线程的两种方法（继承Thread类和实现Runnable接口）、线程的5种状态等。

【学习目标】

- 理解线程与进程的区别。
- 掌握线程的创建方法。
- 掌握线程的状态及改变线程状态的方法。
- 了解线程的常用方法。
- 掌握线程同步、线程死锁的相关概念及使用。

【素质拓展学习】

光景不待人，须臾发成丝——李白《相逢行》

光景是不会待人的，人的头发须臾间就会变成白丝。我们赶上了一个可以尽情学习、尽情发展的好时代，但若不抓紧时间努力奋斗，不将自己融入国家的发展和社会的进步中，难免会荒废时光，他日青丝变白发，空留满心的遗憾。

10.1 线程入门

目前主流的操作系统大都是支持多任务、多线程的，即操作系统能够同时执行多项任务。随着计算机软、硬件技术的不断提高，如何提高系统的综合效率，是软件应用开发人员应该考虑的问题。为了提高系统的综合效率，可以采用多线程技术。

10.1.1 操作系统与进程

程序是保存在磁盘里的一段代码，是一组指令的有序集合，只是一个静态实体。进程（Process）是程序在操作系统中执行的过程。进程是具有一定独立功能的程序关于某个数据集合的一次运行活动，是系统进行资源分配和调度的独立单位。现代操作系统与以往操作系统的一个很大的不同就是现代操作系统可以同时管理计算机系统中的多个进程，即可以让计算机系统中的多个进程轮流使用 CPU 资源，甚至可以让多个进程共享操作系统所管理的资源。

10.1.2 进程与线程

线程是进程的一个执行流，是 CPU 调度和分派的基本单位，它是比进程更小且能独立运行的基本单位。一个进程由若干线程组成。在程序执行期间，真正执行程序代码的是线程，而进程只负责给该进程中的线程分配执行路径。所以，线程就是进程中负责程序执行的控制单元。一个进程可以有多个执行路径，即多线程。就像我们使用 QQ 和多个好友聊天一样，每一个聊天过程都是一个线程，这些线程都属于 QQ 这个进程。

而开启多线程就是为了同时执行多部分代码。每一个线程都有自己要执行的内容，这些内容可以称为线程要执行的任务。

10.2 创建线程

创建线程有两种方法，一种是定义一个继承 Thread 类的子类，另一种是实现 Runnable 接口。

10.2.1 继承 Thread 类创建线程

java.lang.Thread 是 Java 中用来表示线程的类，如果将一个类定义为 Thread 类的子类，那么这个类的对象就可以用来表示线程。

继承 Thread 类创建线程的步骤如下。

（1）创建一个类继承 Thread 类，重写 run()方法，将所要完成的任务代码写进 run()方法。

（2）创建 Thread 类的子类的对象。

（3）调用该对象的 start()方法，该 start()方法会先开启线程，然后调用 run()方法。

例 10-1 实现继承 Thread 类创建线程，代码如下，运行结果如图 10-1 所示。

```
package chap10;
public class Example10_1 {
    public static void main(String[] args) {
        Thread.currentThread().setName("主线程");
        System.out.println(Thread.currentThread().getName() + ":" + "输出的结果");
        //创建一个新线程
        ThreadDemo1 thread1 = new ThreadDemo1();
        //为线程设置名称
        thread1.setName("线程一");
        //开启线程
        thread1.start();
    }
}
class ThreadDemo1 extends Thread{
    @Override
    public void run() {
        System.out.println(Thread.currentThread().getName() + ":" + "输出的结果");
    }
}
```

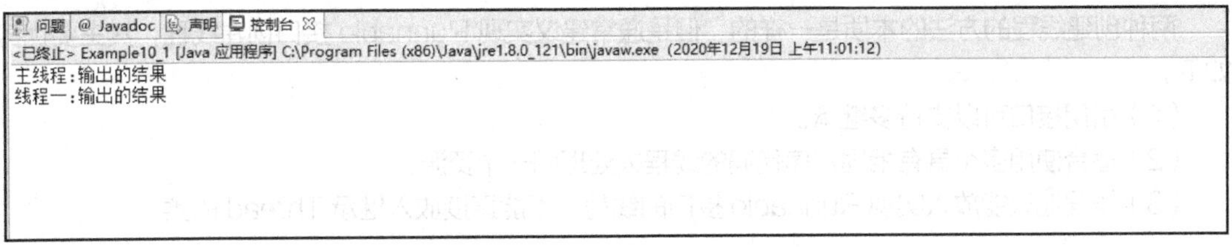
问题 @ Javadoc 声明 控制台
<已终止> Example10_1 [Java 应用程序] C:\Program Files (x86)\Java\jre1.8.0_121\bin\javaw.exe (2020年12月19日 上午11:01:12)
主线程：输出的结果
线程一：输出的结果

图 10-1　例 10-1 运行结果

10.2.2　实现 Runnable 接口创建线程

Runnable 是 Java 中用以实现线程的接口，从根本上讲，任何实现线程功能的类都必须实现这个接口。前面所用到的 Thread 类就是因为实现了 Runnable 接口，所以继承它的类才具有相应的线程功能。

实现 Runnable 接口创建线程的步骤如下。

（1）创建一个类并实现 Runnable 接口。

（2）重写 run()方法，将所要完成的任务代码写进 run()方法。

（3）创建实现 Runnable 接口的类的对象，将该对象当作 Thread 类的构造方法中的参数传进去。

（4）使用 Thread 类的构造方法创建一个对象，并调用 start()方法运行该线程。

例 10-2　代码如下，运行结果如图 10-2 所示。

```
package chap10;
public class Example10_2 {
    public static void main(String[] args) {
      Thread.currentThread().setName("主线程");
      System.out.println(Thread.currentThread().getName() + ":" + "输出的结果");
      //创建一个新线程
      Thread thread2 = new Thread(new ThreadDemo2());
      //为线程设置名称
      thread2.setName("线程二");
      //开启线程
      thread2.start();
    }
}
class ThreadDemo2 implements Runnable {
   @Override
   public void run() {
      System.out.println(Thread.currentThread().getName() + ":" + "输出的结果");
   }
}
```

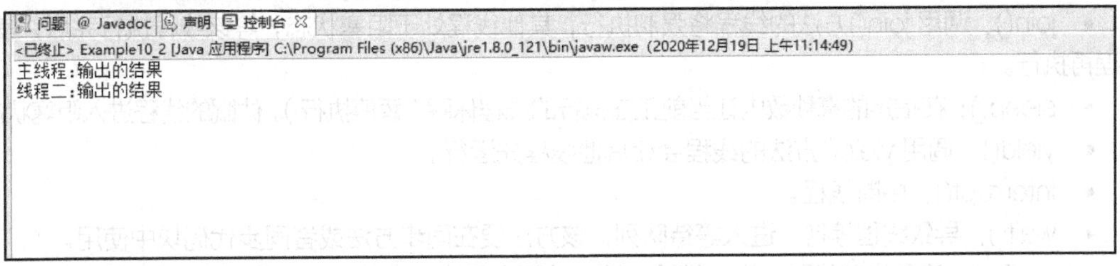
问题 @ Javadoc 声明 控制台
<已终止> Example10_2 [Java 应用程序] C:\Program Files (x86)\Java\jre1.8.0_121\bin\javaw.exe (2020年12月19日 上午11:14:49)
主线程：输出的结果
线程二：输出的结果

图 10-2　例 10-2 运行结果

两种创建线程的方法的本质是一样的，但是通常建议实现 Runnable 接口创建线程，其主要优势如下。

（1）引用接口可以支持多继承。

（2）适合使用多个具有相同程序代码的线程去处理同一个资源。

（3）线程池只能放入实现 Runnable 接口的线程，不能直接放入继承 Thread 的类。

10.3 线程状态

线程从产生到消亡一共有 5 个状态。

（1）新建状态（New）：新创建了一个线程对象。

（2）就绪状态（Runnable）：线程对象创建后，其他线程（如 main 线程）调用了该对象的 start() 方法。该状态的线程位于可运行线程池中，等待被线程调度选中，获得 CPU 的使用权。

（3）运行状态（Running）：就绪状态（Runnable）的线程获得 CPU 的使用权，执行程序代码。

（4）阻塞状态（Blocked）：线程因为某种原因放弃了 CPU 的使用权，暂时停止运行。直到线程进入就绪状态（Runnable），才有机会再次获得 CPU 的使用权并转到运行状态（Running）。

（5）死亡状态（Dead）：线程 run()、main()方法执行结束，或者因异常退出了 run()方法，则该线程结束生命周期。死亡的线程不可再次复生。

线程各状态及状态间的转换如图 10-3 所示。

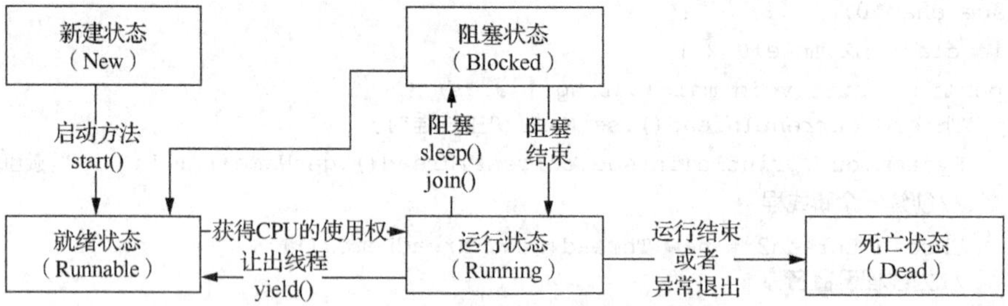

图 10-3 线程各状态及状态间的转换

10.4 线程的常用方法

以下是线程的一些常用方法。

- Thread. currentThread()：获取当前线程对象。
- getPriority()：获取当前线程的优先级。
- setPriority()：设置当前线程的优先级。需要注意的是，线程优先级高，被 CPU 调度的概率大，但不代表一定会运行，还有小概率会运行优先级低的线程。
- isAlive()：判断线程是否处于活动状态（线程调用 start()后，即处于就绪状态）。
- join()：调用 join()方法的线程将强制执行，其他线程处于阻塞状态，等该线程执行完后，其他线程再执行。
- sleep()：在指定的毫秒数内让当前正在执行的线程休眠（暂停执行）。休眠的线程进入阻塞状态。
- yield()：调用 yield()方法的线程会让其他线程先运行。
- interrupt()：中断线程。
- wait()：导致线程等待，进入等待队列。该方法要在同步方法或者同步代码块中使用。
- notify()：唤醒当前线程，进入锁池。该方法要在同步方法或者同步代码块中使用。

- notifyAll()：唤醒所有等待的线程。该方法要在同步方法或者同步代码块中使用。

例 10-3 代码如下，运行结果如图 10-4 所示。

```
package chap10;
public class Example10_3 {
    public static void main(String[] args) {
        ThreadDemo3 ty1 = new ThreadDemo3();
        ThreadDemo3 ty2 = new ThreadDemo3();
        ThreadDemo3 ty3 = new ThreadDemo3();
        ty1.setName("A");
        ty2.setName("B");
        ty3.setName("C");
        ty1.start();
        try {
            ty1.join(); //等 A 线程执行完后，其他线程再执行
        } catch (Exception e) {
            e.printStackTrace();
        }
        ty2.start();
        ty3.start();
    }
}
class ThreadDemo3 extends Thread {
    @Override
    public void run() {
        for (int x = 0; x < 10; x++) {
            //输出当前线程的信息
            System.out.print(Thread.currentThread().getName() + ":" + x+" ");
        }
        try {
            Thread.sleep(1000);  //让当前正在执行的线程休眠
        } catch (InterruptedException e) {
            //TODO 自动生成的 catch 块
            e.printStackTrace();
        }
    }
}
```

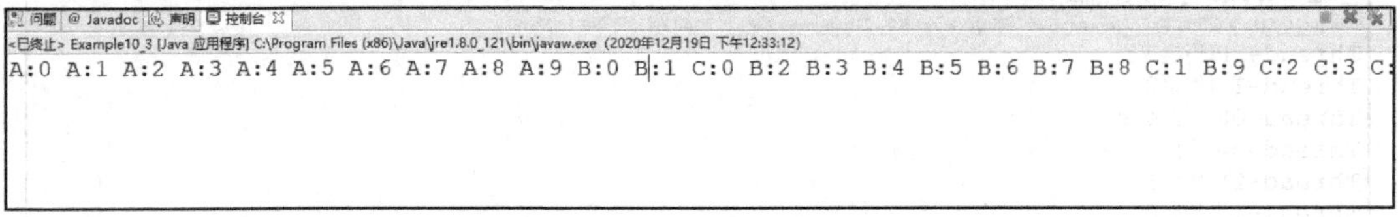
问题 @ Javadoc 声明 控制台
<已终止> Example10_3 [Java 应用程序] C:\Program Files (x86)\Java\jre1.8.0_121\bin\javaw.exe (2020年12月19日 下午12:33:12)
A:0 A:1 A:2 A:3 A:4 A:5 A:6 A:7 A:8 A:9 B:0 B:1 C:0 B:2 B:3 B:4 B:5 B:6 B:7 B:8 C:1 B:9 C:2 C:3 C:

图 10-4　例 10-3 运行结果

10.5 线程的同步

如果程序是单线程的，执行时不必担心此线程会被其他线程打扰，就像在现实中同一时间只完成

一件事情，可以不用担心做这件事情时会被其他事情打扰。但是如果程序中同时使用多个线程，就好比现实中两个人同时进入一扇门，此时就需要控制，否则容易阻塞。

例如，在卖票程序中可能会发生一种意外情况，同一个票号可能被输出两次或多次，也可能输出的票号为0或是负数。这种意外出现的原因隐藏在下面这部分代码中。

例 10-4　代码如下，运行结果如图 10-5 所示。

```
package chap10;
public class Example10_4 {
    public static void main(String[] args) {
        ThreadDemo4 t = new ThreadDemo4() ;
        // 启动 4 个线程，实现资源共享
        new Thread(t).start();
        new Thread(t).start();
        new Thread(t).start();
        new Thread(t).start();
    }
}
class ThreadDemo4 implements Runnable
{
    private int tickets=5;
    public void run()
    {
        while(true)
        {
            if(tickets > 0)
            {
                try{
                    Thread.sleep(100);
                }
                catch(Exception e){}
                System.out.println(Thread.currentThread().getName()
                        + "出售票" + tickets--);
            }
        }
    }
}
```

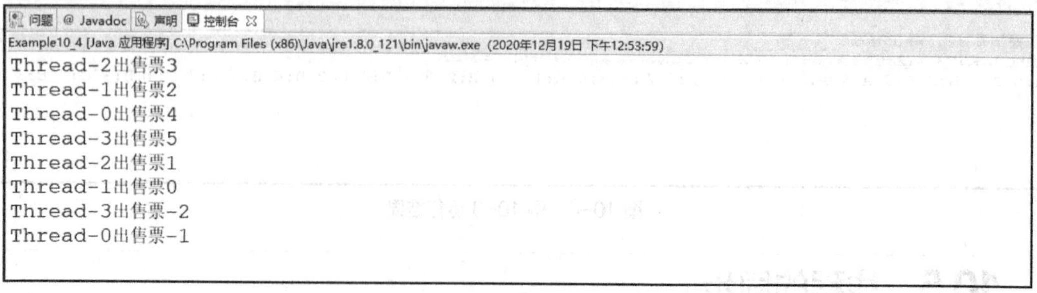
问题 @ Javadoc 声明 控制台
Example10_4 [Java 应用程序] C:\Program Files (x86)\Java\jre1.8.0_121\bin\javaw.exe (2020年12月19日 下午12:53:59)
Thread-2出售票3
Thread-1出售票2
Thread-0出售票4
Thread-3出售票5
Thread-2出售票1
Thread-1出售票0
Thread-3出售票-2
Thread-0出售票-1

图 10-5　例 10-4 运行结果

为了避免多线程共享资源时发生冲突，在线程使用资源时给该资源上一把锁，访问资源的第一个线程为资源上锁，其他线程若想使用这个资源必须等到锁解开，锁解开的同时另一个线程会使用该资源并为这个资源上锁。

为了处理这种共享资源竞争，可以使用同步机制。所谓同步机制是指两个线程同时操作一个对象时，应该保持对象数据的统一性和整体性。Java 语言提供 synchronized 关键字，为防止资源冲突提供了内置支持。共享资源一般是文件、输入/输出端口，或者是打印机等。

Java 语言中有两种同步形式，即同步代码块和同步方法。

10.5.1 同步代码块

Java 语言中可设置程序的某个代码块为同步代码块。

设置同步代码块的语法格式如下。

```
synchronized(someobject){
    …//省略代码
}
```

上述代码中，someobject 代表当前对象，同步的作用区域是 synchronized 关键字后花括号以内的部分。在程序执行到 synchronized 设定的同步代码块时会锁定当前对象，这样就没有其他线程可以执行这个同步代码块了。

例 10-5 代码如下，运行结果如图 10-6 所示。

例 10-5

```
package chap10;
public class Example10_5 {
    public static void main(String[] args) {
        ThreadDemo5 t = new ThreadDemo5() ;
        // 启动 4 个线程，实现资源共享
        new Thread(t).start();
        new Thread(t).start();
        new Thread(t).start();
        new Thread(t).start();
    }
}
class ThreadDemo5 implements Runnable
{
    private int tickets=5;
    public void run()
    {
        while(true)
        {
            synchronized(this)
            {
                if(tickets > 0)
                {
                    try{
                        Thread.sleep(100);
                    }
                    catch(Exception e){}
                    System.out.println(Thread.currentThread().getName()
                            + "出售票" + tickets--);
```

```
                    }
                }
            }
        }
    }
```

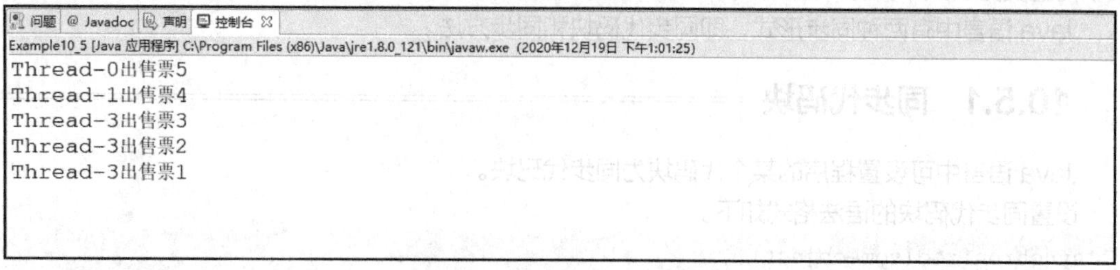

图 10-6　例 10-5 运行结果

10.5.2　同步方法

同步方法将访问资源的方法都标记为 synchronized，这样在调用这个方法的线程执行完之前，其他调用该方法的线程都会被阻塞。可以使用如下代码声明一个同步方法。

```
synchronized void sum(){…}      //定义求和的同步方法
synchronized void max(){…}      //定义取最大值的同步方法
```

例 10-6　代码如下，运行结果如图 10-7 所示。

```
package chap10;
class ThreadDemo6 implements Runnable
{
    private int tickets=5;
    public void run()
    {
        while(true)
        {
            sale();
        }
    }
    public synchronized void sale()   //同步方法
    {
        if(tickets > 0)
        {
            try{
                Thread.sleep(100);
            }
            catch(Exception e){}
            System.out.println(Thread.currentThread().getName() + "出售票" + 
tickets--);
        }
    }
}
public class Example10_6 {
```

```
    public static void main(String[] args) {
        ThreadDemo6 t = new ThreadDemo6() ;
        // 启动 4 个线程，实现资源共享
        new Thread(t).start();
        new Thread(t).start();
        new Thread(t).start();
        new Thread(t).start();
    }
}
```

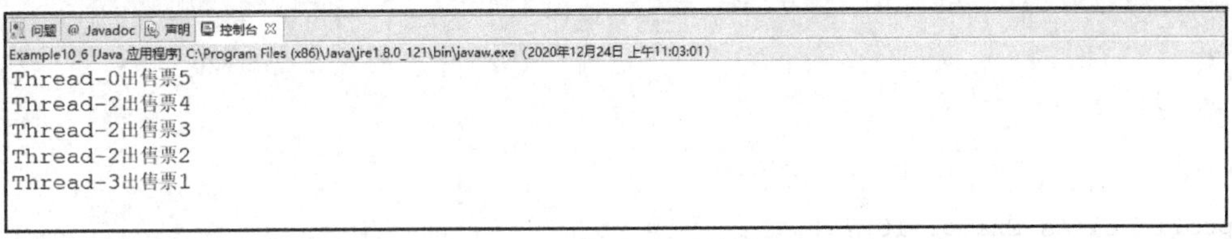
问题 @ Javadoc 声明 控制台
Example10_6 [Java 应用程序] C:\Program Files (x86)\Java\jre1.8.0_121\bin\javaw.exe（2020年12月24日 上午11:03:01）
Thread-0出售票5
Thread-2出售票4
Thread-2出售票3
Thread-2出售票2
Thread-3出售票1

图 10-7　例 10-6 运行结果

10.6 线程的死锁

多个线程各自占有一定的资源（拿到了对象锁），但又需要其他线程拥有的资源，出现互相等待对方释放资源的现象，导致停止执行的情况。同时拥有两个以上的锁，就可能有死锁的情况出现。

一般造成死锁必须同时满足以下 4 个条件。

- 互斥条件：线程使用的资源必须至少有一个是不能共享的。
- 请求与保持条件：至少有一个线程必须持有一个资源并且正在等待获取一个当前被其他线程持有的资源。
- 非剥夺条件：分配的资源不能从相应的线程中被强制剥夺。
- 循环等待条件：第一个线程等待其他线程，后者又在等待第一个线程。

因为这 4 个条件必须同时满足时才会发生死锁，所以要想防止死锁，只需要破坏其中一个条件即可。

例 10-7　代码如下，运行结果如图 10-8 所示。

```
package chap10;
class DeadLockThread1 extends Thread{
    public void run(){
        synchronized ("bcd") {
            try {
                Thread.sleep(1);
            } catch (InterruptedException e) {
                //TODO Auto-generated catch block
                e.printStackTrace();
            }
            synchronized ("abc") {
            }
        }
    }
}
class DeadLockThread2 extends Thread{
```

```
        public void run(){
            synchronized ("abc") {
                try {
                    Thread.sleep(2);
                } catch (InterruptedException e) {
                    // TODO Auto-generated catch block
                    e.printStackTrace();
                }
                synchronized ("bcd") {
                }
            }
        }
    }

    public class Example10_7 {
        public static void main(String[] args) {
            DeadLockThread1 t1 = new DeadLockThread1();
            DeadLockThread2 t2 = new DeadLockThread2();
            t1.start();
            t2.start();
        }
    }
```

图 10-8　例 10-7 运行结果

10.7 线程的通信

线程通信用于协调线程之间的运行过程，主要是为了解决死锁的问题。

例如，有一个水塘，对水塘有“进水”和“排水”两个操作，这两个行为各自代表一个线程。当水塘中没有水时，“排水”行为不能再进行；当水塘水满时，“进水”行为不能再进行。

在 Java 语言中用于线程间通信的方法是前文中提到过的 wait()与 notify()方法。拿水塘的例子来说明，线程 A 代表“进水”，线程 B 代表“排水”，这两个线程对水塘都具有访问权限。假设线程 B 试图做“排水”行为，然而水塘中却没有水，这时候线程 B 只好等待一会儿，线程 B 可以使用如下代码。

```
if(water.isEmpty){                 // 如果水塘没有水
    water.wait();                  // 线程等待
}
```

在由线程 A 往水塘注水之前，线程 B 不能从这个队列中释放，它不能再次运行。当线程 A 将水注入水塘中后，应该由线程 A 通知线程 B 水塘中已经被注入水了，线程 B 才可以运行。此时，水塘对象将等待队列中第一个被阻塞的线程从队列中释放出来，并将其重新加入程序运行。水塘对象可以使用如下代码。

```
water.notify();
```

将“进水”与“排水”抽象为线程 A 和线程 B，将“水塘”抽象为线程 A 与线程 B 共享对象 water，上述情况即可看作线程通信，线程通信可以使用 wait()与 notify()方法。notify()方法最多只能释放等待队列中的第一个线程，如果有多个线程在等待，可以使用 notifyAll()方法释放所有线程。另外，wait()方法除了可以被 notify()方法调用终止以外，还可以通过调用线程的 interrupt()方法来终止，通过调用线程的 interrupt()方法来终止时，wait()方法会抛出一个异常。因此，如同使用 sleep()方法，也需要将 wait()方法放在 try...catch 语句中。

在实际应用中，wait()方法与 notify()方法必须在同步方法或同步代码块中调用，因为只有获得这个共享对象，才可能释放它。为了使线程对一个对象调用 wait()方法或 notify()方法，线程必须锁定那个特定的对象，这个时候就需要通过同步机制保护该对象。

例如，当“排水”线程得到对水塘的控制权时，也就拥有了 water 这个对象，但水塘中却没有水，此时，water.isEmpty()条件满足，water 对象被释放，所以“排水”线程在等待。可以使用如下代码在同步机制保护下调用 wait()方法。

```
synchronized(water){
      …//省略部分代码
      try{
            if(water.isEmpty()){
                  water.wait();        //线程调用 wait()方法
            }
      }catch(InterruptException e){
            …//省略异常处理代码
      }
}
```

当“进水”线程将水注入水塘后，再通知等待的“排水”线程，告诉它可以排水了，“排水”线程被唤醒后继续做排水工作。

notify()方法用于通知“排水”线程，并将其唤醒。notify()方法与 wait()方法相同，都需要在同步方法或同步代码块中才能被调用。

下面是在同步机制下调用 notify()方法的代码。

```
synchronized(water){
      water.notify();        //线程调用 notify()方法
}
```

例 10-8　代码如下，运行结果如图 10-9 所示。

```
package chap10;
class ThreadA extends Thread {
    Example10_8 water;
    public ThreadA(Example10_8 waterArg) {
        water = waterArg;
    }
    public void run() {
        System.out.println("开始进水……");
        for (int i = 1; i <= 5; i++) {                    // 循环 5 次
            try {
                Thread.sleep(1000);                        // 休眠 1 秒，模拟 1 分钟的时间
                System.out.println(i + "分钟");
            } catch (InterruptedException e) {
                e.printStackTrace();
```

```
            }
        }
        water.setWater(true);                          // 设置水塘为有水状态
        System.out.println("进水完毕，水塘水满。");
        synchronized (water) {
            water.notify();                            // 线程调用notify()方法
        }
    }
}
class ThreadB extends Thread {
    Example10_8 water;
    public ThreadB(Example10_8 waterArg) {
        water = waterArg;
    }
    public void run() {
        System.out.println("启动排水");
        if (water.isEmpty()) {                             // 如果水塘无水
            synchronized (water) {                         // 同步代码块
                try {
                    System.out.println("水塘无水，排水等待中……");
                    water.wait();                          // 使线程处于等待状态
                } catch (InterruptedException e) {
                    e.printStackTrace();
                }
            }
        }
        System.out.println("开始排水……");
        for (int i = 5; i >= 1; i--) {                 // 循环5次
            try {
                Thread.sleep(1000);                    // 休眠1秒，模拟1分钟
                System.out.println(i + "分钟");
            } catch (InterruptedException e) {
                e.printStackTrace();
            }
        }
        water.setWater(false);                         // 设置水塘为无水状态
        System.out.println("排水完毕。");
    }
}

public class Example10_8 {
    boolean water = false;                             // 反映水塘状态的变量
    public boolean isEmpty() {                         // 判断水塘是否无水的方法
        return water ? false : true;
    }
    public void setWater(boolean haveWater) {         // 更改水塘状态的方法
        this.water = haveWater;
    }
```

```
    public static void main(String[] args) {
        Example10_8 water=new Example10_8();           // 创建水塘对象
        ThreadA threadA = new ThreadA(water);           // 创建进水线程
        ThreadB threadB = new ThreadB(water);           // 创建排水线程
        threadB.start();                                // 启动排水线程
        threadA.start();                                // 启动进水线程
    }
}
```

```
问题 @ Javadoc 声明 控制台 ☒
<已终止> Example10_8 [Java 应用程序] C:\Program Files (x86)\Java\jre1.8.0_121\bin\javaw.exe (2020年12月24日 上午11:23:06)
启动排水
水塘无水，排水等待中……
开始进水……
1分钟
2分钟
3分钟
4分钟
5分钟
进水完毕，水塘水满。
开始排水……
5分钟
4分钟
3分钟
2分钟
1分钟
排水完毕。
```

图 10-9　例 10-8 运行结果

10.8　案例 10——龟兔赛跑

案例 10

10.8.1　案例介绍

在众所周知的“龟兔赛跑”故事里，兔子因为太过自信，比赛中途跑去睡觉，最后让乌龟赢得了比赛。本案例要求编写一个程序模拟龟兔赛跑，全程 800m，乌龟的速度为 1m/1500ms，兔子的速度为 5m/500ms，等兔子跑到 700m 时选择休息 10000ms，结果乌龟率先完成 800m 赢得了比赛。本案例运行结果如图 10-10 所示。

```
问题 @ Javadoc 声明 控制台 ×
<已终止> race (1) [Java 应用程序] D:\tools\eclipse-jee-2022-09-R-win32-x86_64\eclipse\plugins\org.eclipse.justj.openj
兔子跑了100m，乌龟跑了100m。
乌龟跑了100m，此时兔子跑了100m。
兔子跑了200m，乌龟跑了100m。
兔子跑了300m，乌龟跑了100m。
兔子跑了400m，乌龟跑了200m。
乌龟跑了200m，此时兔子跑了400m。
兔子跑了500m，乌龟跑了200m。
兔子跑了600m，乌龟跑了200m。
兔子跑了700m，乌龟跑了300m。
兔子觉得自己怎样都能赢得比赛，所以选择睡一会儿。
乌龟跑了300m，此时兔子在睡觉。
乌龟跑了400m，此时兔子在睡觉。
乌龟跑了500m，此时兔子在睡觉。
乌龟跑了600m，此时兔子在睡觉。
乌龟跑了700m，此时兔子在睡觉。
乌龟跑了800m，此时兔子在睡觉。
乌龟赢得了比赛，此时兔子跑了700m。
```

图 10-10　案例 10 运行结果

10.8.2　案例思路

（1）查看并分析运行结果后，首先创建一个 Turtle 类作为 race 类的乌龟线程内部类，在 run()

方法中使用 sleep()方法控制乌龟跑步的时间间隔。

（2）创建一个 Rabbit 类作为 race 类的兔子线程内部类，在 run()方法中使用 sleep()方法控制兔子跑步的时间间隔和睡觉时间。

（3）最后在 main()方法中创建兔子和乌龟线程内部类的实例对象，分别调用 start()方法启动兔子和乌龟线程。

10.8.3 案例实现

```
package chap10;
public class Race {
    private int turtleDistance = 0;//乌龟跑过的距离
    private int rabbitDistance = 0;//兔子跑过的距离
    /**
    * 乌龟线程内部类
    */
    class Turtle extends Thread{
        public void run() {
            //分析编程代码
            for(int i = 1; i <= 800; i++){
                //判断兔子是否到达终点
                if(rabbitDistance == 800){
                    //当兔子先跑完 800m 的时候，兔子就赢了
                    System.out.println("兔子赢得了比赛，此时乌龟跑了" + turtleDistance +
"m。");
                    break;
                }else{
                    //乌龟开始跑
                    turtleDistance += 1;
                    //判断距离是否是 100 的倍数
                    if(turtleDistance % 100 == 0){
                        try {
                            if(rabbitDistance == 700){
                                System.out.println("乌龟跑了" + turtleDistance + "m，此时
兔子在睡觉。");
                            }else{
                                System.out.println("乌龟跑了" + turtleDistance + "m，此时
兔子跑了" + rabbitDistance + "m。");
                            }
                                Thread.sleep(1500);
                        } catch (InterruptedException e) {
                                e.printStackTrace();
                        }
                    }
                }
            }
        }
    }
```

```
    /**
     * 兔子线程内部类
     */
    class Rabbit extends Thread{
        public void run() {
            //分析编程代码
            for(int i = 1; i <= 800 / 5; i++){
                //判断乌龟是否到达终点
                if(turtleDistance == 800){
                    //当乌龟先跑完 800m 的时候，乌龟就赢了
                    System.out.println("乌龟赢得了比赛，此时兔子跑了" + rabbitDistance + 
"m。");
                    break;
                }else{
                    //兔子开始跑
                    rabbitDistance += 5;
                    //判断距离是否是 100 的倍数
                    if(rabbitDistance % 100==0){
                        try {
                            System.out.println("兔子跑了" + rabbitDistance + "m，乌龟跑
了" + turtleDistance + "m。");
                            if (rabbitDistance == 700) {
                                System.out.println("兔子觉得自己怎样都能赢得比赛，所以选择
睡一会儿。");
                                Thread.sleep(10000);
                            }
                            Thread.sleep(500);
                        } catch (InterruptedException e) {
                            e.printStackTrace();
                        }
                    }
                }
            }
        }
    }
    public static void main(String[] args) {
        // 创建外部类实例
        Race outer = new Race();
        // 创建内部类兔子和乌龟线程对象
        Rabbit rabbit=outer.new Rabbit();
        Turtle turtle=outer.new Turtle();
        //依次启动
        rabbit.start();
        turtle.start();
    }
}
```

习题十

一、选择题

1．线程调用 sleep()方法后，将进入以下哪种状态？（　　）

A．新建状态　　B．运行状态　　C．阻塞状态　　D．死亡状态

2．Thread 类位于下列哪个包中？（　　）

A．java.io　　B．java.lang　　C．java.util　　D．java.awt

3．用（　　）方法可以改变线程的优先级。

A．run()　　B．setPrority()　　C．yield()　　D．sleep()

4．下面哪一个关键字通常用来为对象加锁，从而使对对象的访问是排他的？（　　）

A．serialize　　B．transient　　C．synchronized　　D．static

5．下列说法中错误的一项是（　　）。

A．线程就是程序　　B．线程是一个程序的单个执行流

C．多线程是指一个程序的多个执行流　　D．多线程用于实现并发

二、填空题

1．在 Thread 类中，提供了一个（　　　　）方法用于启动新线程。

2．在一个操作系统中，每个独立执行的程序都可称为一个（　　　　），也就是“正在运行的程序”。

3．线程的整个生命周期包括 5 种状态，分别是（　　　　）、（　　　　）、（　　　　）、（　　　　）和（　　　　）。

4．在 Java 中提供了两种多线程实现方法，一种是继承 java.lang 包下的（　　　　）类，另一种是实现 Runnable 接口。

5．在使用计算机时，很多任务是可以同时进行的，计算机中这种能够同时完成多项任务的技术就是（　　　　）技术。

6．当新线程启动后，系统会自动调用（　　　　）方法。

7．在 Java 语言中，编写同步方法需要用到关键字（　　　　）。

三、简答题

请对 Java 中实现多线程的两种方法进行对比分析。

四、编程题

1．请按照题目的要求编写程序并给出运行结果。

通过实现 Runnable 接口的方式创建一个新线程，要求 main 线程输出 100 次“main”，新线程输出 50 次“new”。

2．阅读下面的代码片段，分析其是否能编译通过，如果能通过编译，请列出运行的结果。如果不能通过编译，请说明原因。

```
public class A extends Thread{
  protected void run() {
     System.out.println("this is run()");
  }
  public static void main(String[] args) {
     A a = new A();
     a.start();
  }
}
```

第11章 网络编程

【本章导读】

Java是Internet上的通用语言，它提供了对网络程序的支持，程序员使用Java可以轻松地开发出各种类型的网络程序。本章介绍与Java网络编程相关的基本概念，包括TCP、UDP、IP地址、套接字编程和数据报编程等。希望通过本章的介绍，读者能编写简单的网络通信程序。

【学习目标】

- 了解网络编程的相关概念。
- 掌握套接字编程的基本方法和步骤。
- 掌握数据报编程的基本方法和步骤。
- 能编写基于数据报的网络程序。
- 能编写基于套接字的网络程序。

【素质拓展学习】

他山之石，可以攻玉。——《诗经·小雅·鹤鸣》

别的山上的石头可以作为砺石，用来琢磨玉器。他人的做法或意见能够帮助自己改正错误、缺点或提供借鉴，从而让自己成为一个更加完美的人。Java实现了一个跨平台的网络库，为网络编程提供了良好的支持，通过其提供的接口可以很方便地进行网络编程。

11.1 网络编程入门

要想开发 Java 网络程序，就必须对网络的基础知识有一定的了解。Java 的网络通信可以使用TCP、UDP 等协议，在学习 Java 网络编程之前，应先简单了解有关网络协议的基础知识。

11.1.1 TCP

TCP（Transmission Control Protocol，传输控制协议）主要负责数据的分组和重组。它与互联网协议（Internet Protocol，IP）组合使用，称为TCP/IP。

TCP 适用于对可靠性要求较高的运行环境，因为 TCP 是严格的、安全的。它以固定连接为基础，在计算机之间提供可靠的数据传输。计算机之间可以凭借固定连接传输数据，并且传输的数据能够正确抵达目标计算机，传输到目标计算机后的数据仍然保持数据送出时的顺序。

11.1.2 UDP

UDP（User Datagram Protocol，用户数据报协议）与TCP不同，UDP是一种非持续连接的通信协议，它不保证数据能够正确抵达目标计算机。

虽然UDP可能会因网络连接等因素，无法保证数据的安全传送，并且多个数据包抵达目标计算机的顺序可能与发送时的顺序不同，但是它比TCP更轻量一些，TCP的认证会耗费额外的资源，可能导致传输速度的下降。在正常的网络环境中，数据都可以安全地抵达目标计算机，所以UDP更适合一些对可靠性要求不高的环境，例如在线影视、聊天室等。

11.2 IP地址

IP地址是每台计算机在网络中的唯一标识，它由32位或128位的无符号数字组成，使用4组数字表示一个固定的编号，例如“192.168.128.255”就是某台计算机局域网中的编号。IP地址是一种低级协议，UDP和TCP都是在它的基础上构建的。

Java提供了IP地址的封装类InetAddress。它封装了IP地址，并提供了相关的常用方法，例如，解析IP地址的主机名称、获取本机IP地址的封装、测试IP地址是否可达等。

InetAddress类的常用方法如下。

- getLocalHost()：返回本地主机的InetAddress对象。
- getByName(String host)：根据主机名称获取对应的InetAddress对象。
- getHostName()：获取域名。
- getHostAddress()：获取主机IP地址。
- isReachable(int timeout)：在指定的毫秒时间内，测试IP地址是否可达。

例11-1 代码如下，运行结果如图11-1所示。

```
package chap11;
import java.io.IOException;
import java.net.InetAddress;
import java.net.UnknownHostException;
public class Example11_1 {
    public static void main(String[] args) {
        String IP = null;
        for (int i = 100; i <= 120; i++) {
            IP = "172.16.7." + i;                          // 生成IP地址字符串
            try {
                InetAddress host;
                host= InetAddress.getByName(IP);    // 获取IP地址的封装类的对象
                if(host.isReachable(2000)){     // 用2000ms的时间测试IP地址是否可达
                    String hostName = host.getHostName();
                    System.out.println("IP地址" + IP + "的主机名称是：" +hostName);
                }
            } catch (UnknownHostException e) {        // 捕获未知主机异常
                e.printStackTrace();
            } catch (IOException e) {                  // 捕获输入输出异常
                e.printStackTrace();
            }
```

```
            }
            System.out.println("搜索完毕。");
        }
    }
```

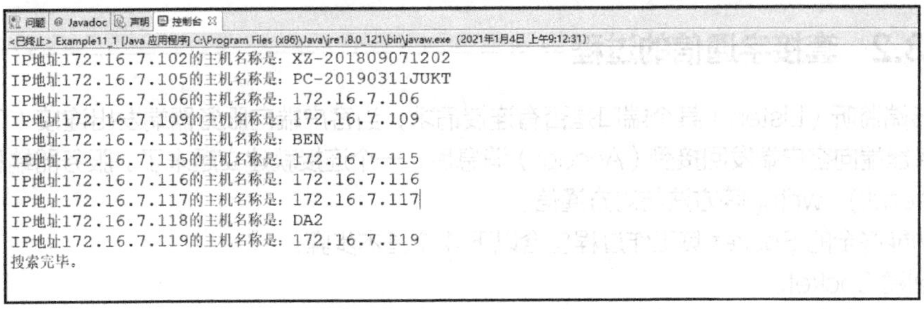
问题 @ Javadoc 声明 控制台
<已终止> Example11_1 [Java 应用程序] C:\Program Files (x86)\Java\jre1.8.0_121\bin\javaw.exe (2021年1月4日 上午9:12:31)
IP地址172.16.7.102的主机名称是：XZ-201809071202
IP地址172.16.7.105的主机名称是：PC-20190311JUKT
IP地址172.16.7.106的主机名称是：172.16.7.106
IP地址172.16.7.109的主机名称是：172.16.7.109
IP地址172.16.7.113的主机名称是：BEN
IP地址172.16.7.115的主机名称是：172.16.7.115
IP地址172.16.7.116的主机名称是：172.16.7.116
IP地址172.16.7.117的主机名称是：172.16.7.117
IP地址172.16.7.118的主机名称是：DA2
IP地址172.16.7.119的主机名称是：172.16.7.119
搜索完毕。

图 11-1　例 11-1 运行结果

例 11-2　代码如下，运行结果如图 11-2 所示。

```
package chap11;
import java.net.InetAddress;
import java.net.UnknownHostException;
public class Example11_2 {
    public static void main(String[] args) {
        InetAddress ip; // 创建 InetAddress 对象
        try { // try 语句块捕捉可能出现的异常
            ip = InetAddress.getLocalHost(); // 实例化对象

            String localname = ip.getHostName(); // 获取本机名
            String localip = ip.getHostAddress(); // 获取本机 IP 地址
            System.out.println("本机名: " + localname);// 将本机名输出
            System.out.println("本机 IP 地址: " + localip); // 将本机 IP 地址输出
        } catch (UnknownHostException e) {
            e.printStackTrace(); // 输出异常信息
        }
    }
}
```

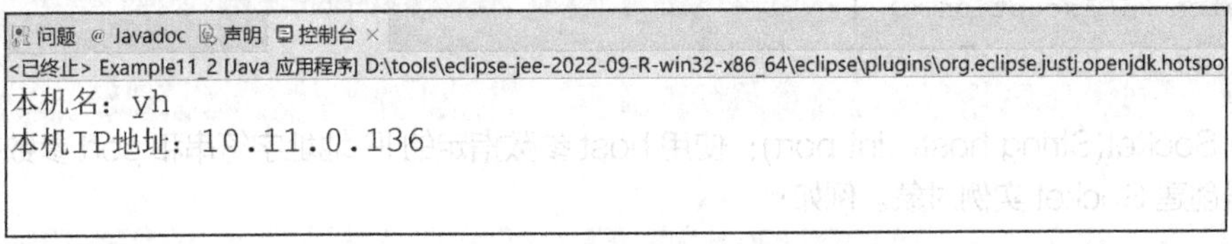
问题 @ Javadoc 声明 控制台
<已终止> Example11_2 [Java 应用程序] D:\tools\eclipse-jee-2022-09-R-win32-x86_64\eclipse\plugins\org.eclipse.justj.openjdk.hotspo
本机名：yh
本机IP地址：10.11.0.136

图 11-2　例 11-2 运行结果

11.3 套接字编程

11.3.1 什么是套接字

网络上的两个程序通过一个双向的通信连接实现数据的交换，这个双向链路的一端称为一个套接字

（Socket）。Socket 通常用来实现客户方和服务方的连接。一个 Socket 由一个 IP 地址和一个端口号唯一确定。

但是，Socket 所支持的协议种类不止 TCP/IP 一种，因此两者之间是没有必然联系的。在 Java 环境下，Socket 编程主要是指基于 TCP/IP 的网络编程。

11.3.2 套接字通信的过程

服务器端监听（Listen）某个端口是否有连接请求，当客户端向服务器端发出连接（Connect）请求，服务器端向客户端发回接受（Accept）消息后，一个连接就建立起来了。服务器端和客户端都可以通过 send()、write()等方法与对方通信。

一个功能齐全的 Socket 其工作过程包含以下 4 个基本步骤。

（1）创建 Socket。

（2）打开连接到 Socket 的输入流或输出流。

（3）按照一定的协议对 Socket 进行读/写操作。

（4）关闭 Socket。

11.3.3 客户端套接字

Socket 类是实现客户端 Socket 的基础。它采用 TCP 建立计算机之间的连接，并包含 Java 语言中所有与 TCP 有关的操作方法，例如建立连接、传输数据、断开连接等。

1. 创建客户端 Socket

Socket 类定义了多个构造方法，它们可以根据 InetAddress 对象或者字符串指定的 IP 地址和端口号创建实例。下面介绍一下 Socket 常用的 4 个构造方法。

（1）Socket(InetAddress address, int port)：使用 address 参数传递的 IP 地址的封装类的对象和 port 参数指定的端口号创建 Socket 实例对象。Socket 类的构造方法可能会产生 UnknownHostException 和 IOException 类型的异常，在使用该构造方法创建 Socket 对象时必须捕获和处理这两个异常。例如：

```
try {
      InetAddress address=InetAddress.getByName("LZW");   // 创建 IP 地址的封装类的对象
      int port = 33;                                        // 定义端口号
      Socket socket = new Socket(address, port);            // 创建 Socket
} catch (UnknownHostException e) {
      e.printStackTrace();
} catch (IOException e) {
      e.printStackTrace();
}
```

（2）Socket(String host, int port)：使用 host 参数指定的 IP 地址字符串和 port 参数指定的整型端口号创建 Socket 实例对象。例如：

```
try {
      Socket socket = new Socket("192.168.1.1",33);
} catch (UnknownHostException e) {
      e.printStackTrace();
} catch (IOException e) {
      e.printStackTrace();
}
```

（3）Socket(InetAddress address，int port，InetAddress localAddr，int localPort)：创建一个套接字并将其连接到指定远程地址的指定远程端口。address 是指定的远程 IP 封装对象，port 是

指定的远程端口号，localAddr 是本地机器的 IP 封装对象，localPort 表示本地机器的端口号。例如：

```
try {
      InetAddress localHost = InetAddress.getLocalHost();
      InetAddress address = InetAddress.getByName("192.168.1.1");
      Socket socket=new Socket(address,33,localHost,44);
} catch (UnknownHostException e) {
      e.printStackTrace();
} catch (IOException e) {
      e.printStackTrace();
}
```

（4）Socket(String host, int port, InetAddress localAddr, int localPort)：创建套接字并将其连接到指定远程主机上的指定远程端口。host 是指定的远程主机名字符串，port 是指定的远程端口号，localAddr 是本地机器的 IP 封装对象，localPort 表示本地机器的端口号。例如：

```
try {
      InetAddress localHost = InetAddress.getLocalHost();
      Socket socket=new Socket("192.168.1.1", 33, localHost, 44);
} catch (UnknownHostException e) {
      e.printStackTrace();
} catch (IOException e) {
      e.printStackTrace();
}
```

例 11-3 代码如下，运行结果如图 11-3 所示。

```
package chap11;
import java.io.IOException;
import java.net.Socket;
import java.net.UnknownHostException;
public class Example11_3 {
   public static void main(String[] args) {
       Socket Skt;
       String host = "localhost";
       if (args.length > 0) {
          host = args[0];
       }
       for (int i = 0; i < 1000; i++) {
          try {

             Skt = new Socket(host, i);
             System.out.println("端口 " + i + " 已被使用");

          }
          catch (UnknownHostException e) {
          }
          catch (IOException e) {
          }
       }
       System.out.println("执行完毕");
   }
}
```

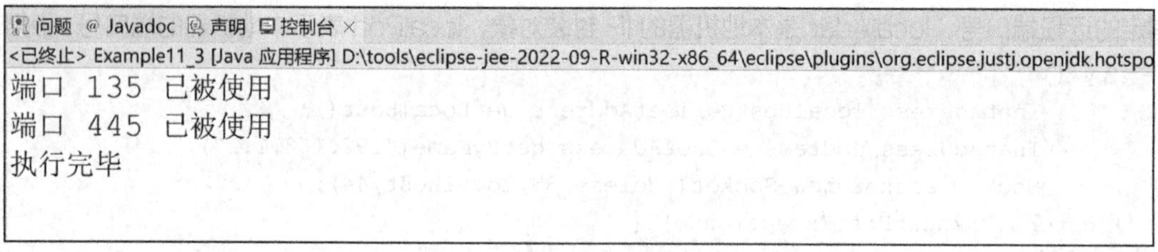

图 11-3　例 11-3 运行结果

2. 发送和接收数据

Socket 对象创建成功以后，代表本机和对方的主机已经建立了连接，可以接收和发送数据了。Socket 类提供了两个方法分别用于获取 Socket 的输入流和输出流，可以将要发送的数据写入输出流，实现发送功能，或者从输入流读取对方发送的数据，实现接收功能。

（1）接收数据

Socket 对象从输入流中获取数据，该输入流中包含对方发送的数据，这些数据可能是文件、图片、音频或视频等。所以在实现接收数据之前，必须使用 getInputStream()方法获取输入流。其语法格式如下。

```
socket.getInputStream()
```

（2）发送数据

Socket 对象使用输出流向对方发送数据，在实现数据发送之前，必须使用 getOutputStream()方法获取 Socket 的输出流。其语法格式如下。

```
socket.getOutputStream()
```

11.3.4 服务器端套接字

服务器端的 Socket 是 ServerSocket 类的实例对象，用于实现服务器程序。ServerSocket 类将监视指定的端口，并建立客户端到服务器端 Socket 的连接，也就是负责呼叫任务。

1. 创建服务器端套接字可以使用 4 种构造方法

（1）ServerSocket()：默认构造方法，可以创建未绑定端口号的服务器 Socket。服务器 Socket 的所有构造方法都需要处理 IOException 类型的异常。例如：

```
try {
      ServerSocket server = new ServerSocket();
} catch (IOException e) {
      e.printStackTrace();
}
```

（2）ServerSocket(int port)：将创建绑定到 port 参数指定端口号的服务器 Socket 对象，默认的最大连接队列长度为 50，也就是说如果连接数量超出 50 个，将不会再接收新的连接请求。例如：

```
try {
      ServerSocket server = new ServerSocket(9527);
} catch (IOException e) {
      e.printStackTrace();
}
```

（3）ServerSocket(int port， int backlog)：使用 port 参数指定的端口号和 backlog 参数指定的最大连接队列长度创建服务器端 Socket 对象，这个构造方法指定的连接数量可以超过 50 个。例如：

```
try {
      ServerSocket server = new ServerSocket(9527, 300);
} catch (IOException e) {
      e.printStackTrace();
}
```

（4）ServerSocket(int port, int backlog, InetAddress bindAddr)：使用 port 参数指定的端口号和 backlog 参数指定的最大连接队列长度创建服务器端 Socket 对象，如果服务器有多个 IP 地址，可以使用 bindAddr 参数指定创建服务器 Socket 的 IP 地址。例如：

```
try {
      InetAddress address= InetAddress.getByName("192.168.1.128");
      ServerSocket server=new ServerSocket(9527, 300, address);
} catch (IOException e) {
      e.printStackTrace();
}
```

2. 接收套接字连接

当服务器建立 ServerSocket 对象以后，就可以使用该对象的 accept()方法接收客户端请求的 Socket 连接，语法格式如下。

```
serverSocket.accept()
```

accept()方法被调用之后，将等待客户的连接请求，在接收到客户端的 Socket 连接请求以后，该方法将返回 Socket 对象，这个 Socket 对象已经和客户端建立好连接，可以通过这个 Socket 对象获取客户端的输入流与输出流来实现对数据的接收与发送。

accept()方法可能会产生 IOException 类型的异常，所以在调用该方法时必须捕获并处理该异常。例如：

```
try {
      server.accept();
} catch (IOException e) {
      e.printStackTrace();
}
```

调用 accept()方法后将阻塞当前线程，直到接收到客户端的连接请求为止（必须有客户端发送连接请求），该方法之后的程序代码都不会被执行；accept()方法接收到客户端的连接请求并返回 Socket 以后，当前线程才会继续运行，accept()方法之后的程序代码才会被执行。

11.3.5 开发 Socket

1. 服务器端开发

（1）在服务器端建立 ServerSocket 对象，并且为服务器指定端口号。

```
ServerSocket serverSocket = new ServerSocket(9527);
```

（2）建立一个 Socket 对象，用来监听并响应客户端的请求。

```
Socket socket = serverSocket.accept();
```

（3）通过流读取客户端发送的信息。

```
InputStream input = socket.getInputStream();// 获取 Socket 输入
InputStreamReader isreader = new InputStreamReader(input);
BufferedReader reader = new BufferedReader(isreader);
String str = reader.readLine();   //读取下一个文本
if(str.equals("exit"))                    // 如果接收到 exit，则退出服务器
```

```
            break;
    System.out.println("接收内容：" + str); // 输出接收内容
```

（4）根据客户端发送的信息，判断客户端的请求并响应（服务器端与客户端之间进行信息传递）。

```
PrintWriter out = new PrintWriter(socket.getOutputStream());
out.println("已经收到");
out.flush();//刷新流，使其强制发送信息
```

（5）关闭流对象。

```
reader.close();
isreader.close();
input.close();
out.close();
```

2. 客户端开发

（1）创建 Socket 对象，建立与服务器的连接。

```
Socket socket = new Socket("192.168.50.161",9527);
```

（2）建立流并发送请求信息。

```
OutputStream out = socket.getOutputStream();    // 获取 Socket 输出
out.write("这是我第一次访问服务器\n".getBytes());  // 向服务器发送信息
out.write("Hello\n".getBytes());
out.write("exit\n".getBytes());                 // 发送退出信息
out.flush();
```

（3）建立读取信息的流，读取服务器端的信息。

```
BufferedReader in = new BufferedReader(new InputStreamReader(socket.getInputStream()));
System.out.println("收到的回复内容：" + in.readLine()); // 读取文本并输出
```

（4）关闭相关流对象。

```
in.close();
out.close();
```

例 11-4 代码如下，运行结果如图 11-4 所示（服务器端）。

例 11-4

```
package chap11;
import java.io.BufferedReader;
import java.io.IOException;
import java.io.InputStream;
import java.io.InputStreamReader;
import java.io.PrintWriter;
import java.net.InetAddress;
import java.net.ServerSocket;
import java.net.Socket;
public class Example11_4 {
    public static void main(String[] args) {
        try {
            System.out.println("本机 IP 地址：" + InetAddress.getLocalHost().
getHostAddress());
            ServerSocket server = new ServerSocket(9527);// 创建连接服务器的 Socket
            System.out.println("服务器启动完毕，等待客户端连接");
            Socket socket = server.accept();           //  等待客户端连接
            System.out.println("创建客户端连接");
            InputStream input = socket.getInputStream();// 获取 Socket 输入
```

```
            InputStreamReader isreader = new InputStreamReader(input);
            BufferedReader reader = new BufferedReader(isreader);
            PrintWriter out = new PrintWriter(socket.getOutputStream());
            //获取 Socket 输出
            while (true) {
                String str = reader.readLine();           //读取下一行文本
                if(str.equals("exit"))                     //如果接收到 exit
                    break;                                 //则退出服务器
                System.out.println("接收内容: " + str);   //输出接收内容
                out.println("已经收到");                   //回复信息给客户端
                out.flush();
            }
            System.out.println("连接断开");
            reader.close();                               // 按顺序关闭连接
            isreader.close();
            input.close();
            out.close();
            socket.close();
            server.close();
        } catch (IOException e) {
            e.printStackTrace();
        }
    }
}
```

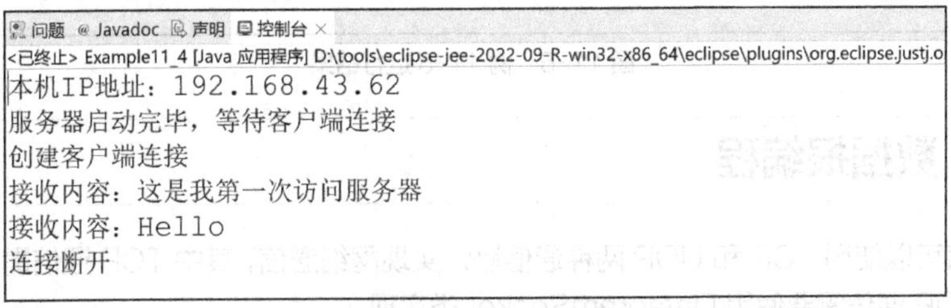
问题 @ Javadoc 声明 控制台
<已终止> Example11_4 [Java 应用程序] D:\tools\eclipse-jee-2022-09-R-win32-x86_64\eclipse\plugins\org.eclipse.justj.o
本机IP地址：192.168.43.62
服务器启动完毕，等待客户端连接
创建客户端连接
接收内容：这是我第一次访问服务器
接收内容：Hello
连接断开

图 11-4　例 11-4 运行结果

例 11-5　代码如下，运行结果如图 11-5 所示（客户端）。

例 11-5

```
package chap11;
import java.io.BufferedReader;
import java.io.IOException;
import java.io.InputStreamReader;
import java.io.OutputStream;
import java.net.InetAddress;
import java.net.Socket;
import java.net.UnknownHostException;
public class Example11_5 {
    public static void main(String[] args) {
        try {
            System.out.println("本机 IP 地址: " + InetAddress.getLocalHost().
getHostAddress());
```

```
            // 创建连接服务器的 Socket
            Socket socket=new Socket("192.168.43.62", 9527);
            OutputStream out = socket.getOutputStream();// 获取 Socket 输出
            out.write("这是我第一次访问服务器\n".getBytes());
            // 向服务器发送信息
            out.write("Hello \n".getBytes());
            out.write("exit\n".getBytes());          // 发送退出信息
            //获取 Socket 输入
            BufferedReader in = new BufferedReader(new InputStreamReader(socket.
getInputStream()));
            System.out.println("收到的回复内容: " + in.readLine()); // 读取文本并输出
        } catch (UnknownHostException e) {
            e.printStackTrace();
        } catch (IOException e) {
            e.printStackTrace();
        }
    }
}
```

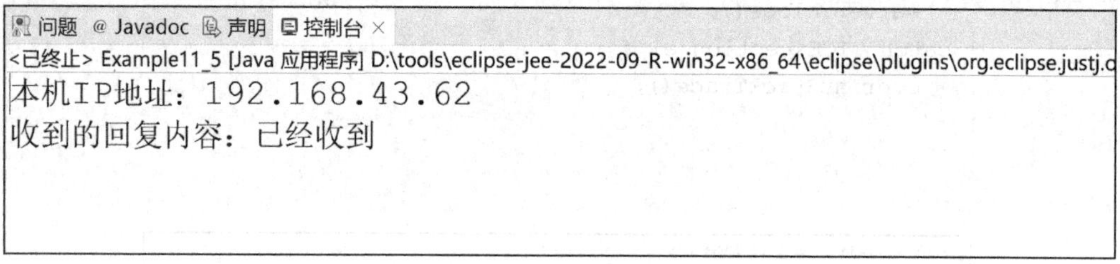

图 11-5　例 11-5 运行结果

11.4 数据报编程

Java 语言可以使用 TCP 和 UDP 两种通信协议实现网络通信，其中 TCP 通信需要使用 Socket 类实现，而 UDP 通信需要使用 DatagramSocket 类实现。

UDP 传递信息的速度更快，但是没有 TCP 的可靠性高，当用户通过 UDP 发送信息之后，无法保证信息正确地传送到目的地。虽然 UDP 是一种不可靠的通信协议，但是大多数场合并不需要严格的、高可靠性的通信，它们需要的是快速的信息发送，并能容忍一些小的错误，那么使用 UDP 来实现通信会更合适一些。

Java 通过两个类来实现 UDP 协议顶层的数据报：DatagramPacket 类是数据容器，DatagramSocket 类用来发送和接收 DatagramPacket 的套接字。在 UDP 通信机制下，发送信息时，首先要将数据打包，然后将打包好的数据包发送到目的地。接收信息时，首先接收别人发来的数据报，然后查看数据报中的内容。

11.4.1 DatagramPacket 类

发送或接收数据报时，需要用 DatagramPacket 类将数据打包，即用 DatagramPacket 类创建一个对象，该对象称为数据包。每个数据包仅将其中包含的信息从一台计算机传送到另一台计算机，传送的多个数据包可能选择不同的路由，也可能按不同的顺序到达。

DatagramPacket 类提供了多个构造方法用于创建数据包的实例，下面介绍最常用的两个。

（1）DatagramPacket(byte[ ] buf, int length)：用来创建数据包实例，这个数据包实例将接收长度为 length 的 buf 数据（数据存于字节数组 buf 中）。

（2）DatagramPacket(byte[ ] buf, int length, InetAddress address, int port)：创建数据包实例，用来将长度为 length 的 buf 数据发送到 address 参数指定的 IP 地址和 port 参数指定的端口号的主机。length 参数必须小于或等于 buf 数组的长度。

11.4.2 DatagramSocket 类

DatagramSocket 类是用于发送和接收数据的数据包的套接字。负责将打包的数据包发送到目的地或从目的地接收数据包。

DatagramSocket 类提供了多个构造方法用于创建数据包套接字，下面介绍最常用的 3 个构造方法。

（1）DatagramSocket()：默认的构造方法，该构造方法将使用本机任何可用的端口创建 DatagramSocket 类的实例。在创建 DatagramSocket 类的实例时，有可能会产生 SocketException 类型的异常，所以在创建 DatagramSocket 类的实例时，应该捕获并处理该异常。

（2）DatagramSocket(int port)：创建 DatagramSocket 类的实例并将其绑定到 port 参数指定的本机端口，端口号取值必须在 0~65535（包括 0 和 65535）。

（3）DatagramSocket(int port, InetAddress laddr)：创建 DatagramSocket 类的实例，将其绑定到 laddr 参数指定的本机 IP 地址和 port 参数指定的本机端口号。本机端口号取值必须在 0~65535（包括 0 和 65535）。

例 11-6 代码如下，运行结果如图 11-6 所示（服务器端）。

```
package chap11;
import java.io.IOException;
import java.net.DatagramPacket;
import java.net.DatagramSocket;
import java.net.InetAddress;
import java.net.SocketException;
public class Example11_6 {
    public static void main(String[] args) {
        byte[] buf = new byte[1024];
        DatagramPacket dp1 = new DatagramPacket(buf, buf.length);
        try {
            System.out.println("本机 IP 地址: " + InetAddress.getLocalHost().
getHostAddress());
            DatagramSocket Datasocket = new DatagramSocket(9527);
            Datasocket.receive(dp1);
            String message = new String(dp1.getData(),0,dp1.getLength());
            String ip = dp1.getAddress().getHostAddress();
            System.out.println("从" + ip + "发送来了消息: " + message);
        } catch (SocketException e) {
            e.printStackTrace();
        } catch (IOException e) {
            e.printStackTrace();
        }
    }
}
```

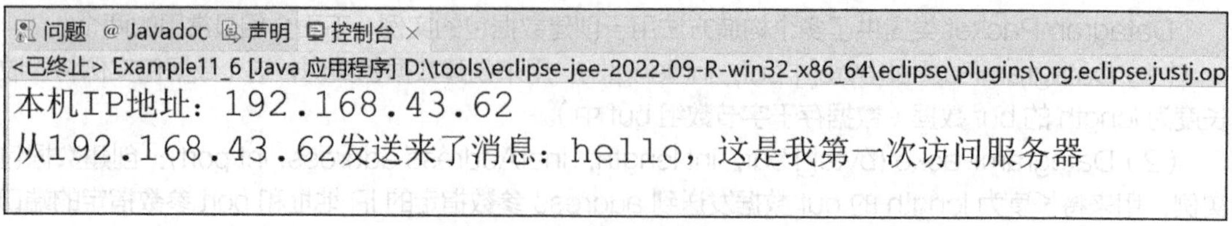

图 11-6 例 11-6 运行结果

例 11-7 代码如下，运行结果如图 11-7 所示（客户端）。

```
package chap11;
import java.io.IOException;
import java.net.DatagramPacket;
import java.net.DatagramSocket;
import java.net.InetAddress;
import java.net.UnknownHostException;
public class Example11_7 {
    public static void main(String[] args) {
        try {
            System.out.println("本机 IP 地址: " + InetAddress.getLocalHost().
getHostAddress());
            InetAddress address = InetAddress.getByName("192.168.43.62");
            DatagramSocket Datasocket = new DatagramSocket();
            byte[] data = "hello，这是我第一次访问服务器".getBytes();
            DatagramPacket dp = new DatagramPacket(data,data.length,address,9527);
            Datasocket.send(dp);
        } catch (UnknownHostException e) {
            e.printStackTrace();
        } catch (IOException e) {
            e.printStackTrace();
        }
    }
}
```

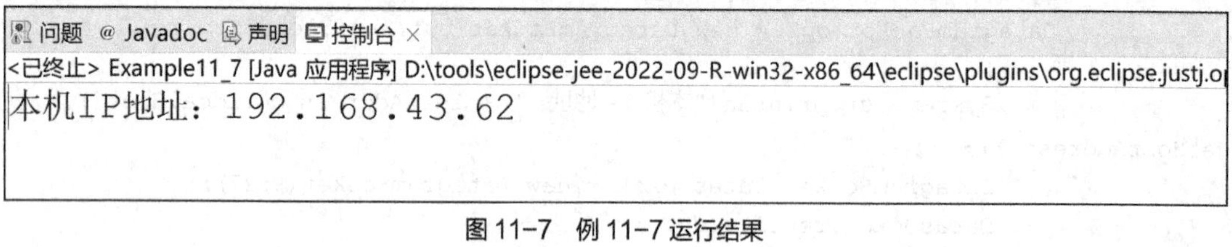

图 11-7 例 11-7 运行结果

11.5 案例 11——反转字符串

案例 11

11.5.1 案例介绍

编写一个小程序，实现客户端向服务器端传递一个字符串（通过键盘输入），服务器端（多线程）将字符串反转后返回，客户端接收到的是反转后的字符串。使用多线程与 TCP 通信相关的知识实现。本案例运行结果如图 11-8 和图 11-9 所示。

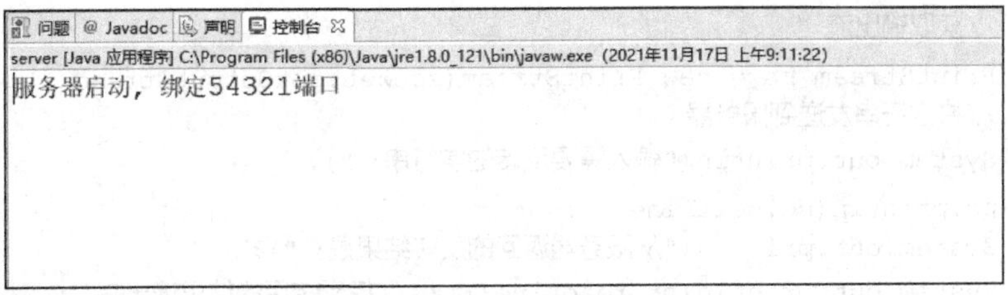
问题
@ Javadoc
声明
控制台
server [Java 应用程序] C:\Program Files (x86)\Java\jre1.8.0_121\bin\javaw.exe (2021年11月17日 上午9:11:22)
服务器启动，绑定54321端口

图 11-8　案例 11 服务器端运行结果

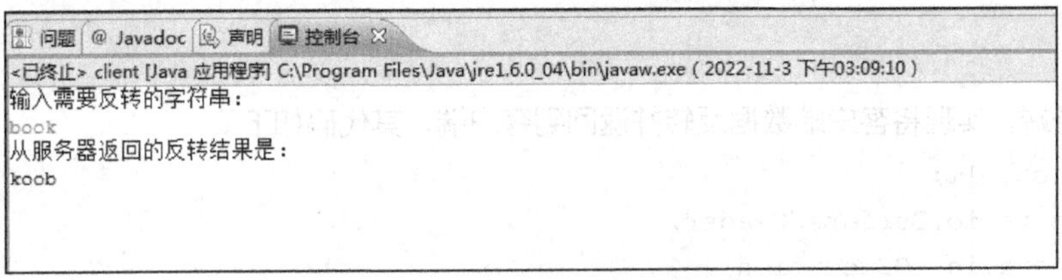
问题
@ Javadoc
声明
控制台
<已终止> client [Java 应用程序] C:\Program Files\Java\jre1.6.0_04\bin\javaw.exe (2022-11-3 下午03:09:10)
输入需要反转的字符串：
book
从服务器返回的反转结果是：
koob

图 11-9　案例 11 客户端运行结果

11.5.2　案例思路

（1）该程序用 TCP 通信技术实现，首先定义客户端，利用键盘输入数据通过定义 Scanner 来实现，然后创建客户端，指定 IP 地址和端口号，之后获取输出流与输入流，最后将字符串写到服务器并将反转后的结果读出来输出在控制台。

（2）编写服务器端的代码，首先创建服务器端，绑定客户端的端口号，并用 accept()方法接收客户端的请求。

（3）在服务器端定义 run()方法，实现之后获取输入流与输出流，将客户端发送过来的数据读取出来并采用链式编程的思想将字符串反转后返回到客户端。

11.5.3　案例实现

创建客户端，用于输入数据，其代码具体如下。

```
package chap11;
import java.io.BufferedReader;
import java.io.IOException;
import java.io.InputStreamReader;
import java.io.PrintStream;
import java.net.Socket;
import java.net.UnknownHostException;
import java.util.Scanner;
public class client {
    public static void main(String[] args) throws UnknownHostException, IOException {
        //创建键盘输入对象
        Scanner sc = new Scanner(System.in);
        //创建客户端，指定 IP 地址和端口号
        Socket socket = new Socket("127.0.0.1", 54321);
        //获取输入流
        BufferedReader br = new BufferedReader(new InputStreamReader(socket.
getInputStream()));
```

```
            //获取输出流
            PrintStream ps = new PrintStream(socket.getOutputStream());
            //将字符串发送到服务器
            System.out.println("输入需要反转的字符串：");
            ps.println(sc.nextLine());
            System.out.println("从服务器返回的反转结果是：");
            System.out.println(br.readLine()); //将反转后的结果读出来
            socket.close();
        }
    }
```

创建服务端，实现将客户端数据反转并返回到客户端，其代码如下。

```
    package chap11;
    import java.io.BufferedReader;
    import java.io.IOException;
    import java.io.InputStreamReader;
    import java.io.PrintStream;
    import java.net.ServerSocket;
    import java.net.Socket;
    public class server {
        public static void main(String[] args) throws IOException {
            ServerSocket server = new ServerSocket(54321);
            System.out.println("服务器启动，绑定54321端口");
            while(true) {
                final Socket socket = server.accept(); //接收客户端的请求
                new Thread() {          //开启一个线程
                    public void run() {
                        try {
                            BufferedReader br = new BufferedReader(new InputStreamReader
(socket.getInputStream()));    //获取输入流
                            PrintStream ps = new  PrintStream(socket.getOutputStream());
                            //获取输出流
                            //将客户端发送过来的数据读取出来
                            String line = br.readLine();
                            line = new StringBuilder(line).reverse().
                                    toString();    //链式编程
                            ps.println(line);  //将反转后的结果发送回去
                            socket.close();
                        } catch (IOException e) {
                        e.printStackTrace();
                        }
                    }
                }.start();
            }
        }
    }
```

习题十一

一、选择题

1. 以下哪个类用于实现 TCP 通信的客户端程序？（　　）
   A. ServerSocket B. Socket C. Client D. Server
2. 以下哪个是 DatagramSocket 类用于发送数据的方法？（　　）
   A. receive() B. accept() C. set() D. send()
3. 下列方法中，java.net.ServerSocket 类用于接收客户端请求的方法是（　　）。
   A. get() B. accept() C. receive() D. connect()
4. 下列方法中，用于获取本机的 InetAddress 对象的是（　　）。
   A. getLocalHost() B. getHostAddress()
   C. getAddress() D. getHostName()
5. 下面关于 IP 地址的描述中，错误的是（　　）。
   A. IP 地址可以唯一标识一台计算机
   B. IP 地址目前的两个常用版本分别是 IPv4 和 IPv6
   C. IP 地址每个字节用一个十进制数字（0～255）表示
   D. 192.168.1.360 是一个合格的 IP 地址

二、填空题

1. JDK 中提供了一个（　　　　）类用于封装一个 IP 地址。
2. java.net 包中提供了一个（　　　　）类用于表示 TCP 客户端。
3. 使用 UDP 开发网络程序时，需要使用两个类，分别是（　　　　）和（　　　　）。
4. 在 TCP/IP 中，（　　　　）可以用来唯一标识一台计算机。
5. 在 TCP 通信中，java.net 包中的（　　　　）类用于表示服务器端。

三、编程题

1. 请按照题目的要求编写程序并给出运行结果。

使用 InetAddress 类获取本机的 IP 地址和主机名称，以及 Oracle 公司主机的 IP 地址。

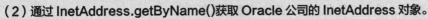

> **提示**　（1）通过 InetAddress.getLocalHost()获取本机的 InetAddress 对象；
> （2）通过 InetAddress.getByName()获取 Oracle 公司的 InetAddress 对象。

2. 使用 TCP 编写一个网络程序，设置服务器程序监听端口号为 8002，当与客户端建立连接后，向客户端发送“欢迎你的加入”，客户端负责将信息输出。

> **提示**　（1）使用 ServerSocket 创建服务器端对象，监听 8002 端口，调用 accept()方法等待客户端连接，当与客户端连接后，调用 Socket 的 getOutputStream()方法获得输出流对象，输出“欢迎你的加入”；
> （2）使用 Socket 创建客户端对象，指定服务器的 IP 地址和监听的端口号，与服务器端建立连接后，调用 Socket 的 getInputStream()方法获得输入流对象，读取数据并输出；
> （3）在服务器端和客户端都调用 close()方法释放 Socket 资源。

第12章 综合项目实训——俄罗斯方块

12

【本章导读】

俄罗斯方块（Tetris，俄文：Тетрис）曾经是一款风靡全球的电视游戏机和掌上游戏机游戏，它由俄罗斯人阿列克谢·帕基特诺夫发明，故得此名。俄罗斯方块的基本规则是移动、旋转和摆放，游戏自动输出各种形状的方块，使之排列成完整的一行或多行即可消除方块并得分。由于这款游戏上手简单、老少皆宜，因此家喻户晓，风靡一时。

【学习目标】

- 掌握面向对象的分析与设计方法。
- 掌握内部类的使用方法。
- 掌握Java中绘制图形的方法。
- 搭建游戏的主体框架。
- 掌握多维数组的定义及使用方法。
- 掌握多线程的基本使用。
- 掌握随机数的产生方法。
- 掌握多线程同步的方法。
- 掌握鼠标和键盘的事件处理方法。

【素质拓展学习】

博观而约取，厚积而薄发。——苏轼《稼说送张琥》

只有广见博识，才能择其精要者而取之；只有积累丰厚，才能得心应手为我所用。积之于厚，发之于薄。真正厉害的人善于自养其才，通过学习，由弱而刚，由虚而实，具有真才实学之后，才慢慢有所表现。通过对本书前面内容的学习，下面将各知识点加以融会贯通，完成一个综合实训项目的开发。

任务一 面向对象的分析与设计

综合项目实训——俄罗斯方块-需求分析与系统设计

【任务描述】

本任务主要完成俄罗斯方块的需求分析，确定该游戏所需的功能，建立该游戏的对象模型，确定游戏的功能模块。

本任务的关键点如下。

（1）需求分析。

（2）对象模型建立。

（3）功能模块划分。

【任务分析】

需求分析是项目开发中非常重要的一环，完整有效的需求分析对后面的系统设计和开发有着非常重要的作用。从需求中提取关键对象建立对象模型是面向对象程序设计的第一步。第二步是为对象确定事件、事件的发生源以及接收方。最后建立功能模块和确定操作。这是在项目开发中应用面向对象思想进行分析的步骤。

【任务实施】

1. 需求分析

一个用于摆放小方格的平面虚拟区域，其标准大小为行宽 10cm、列高 20cm，以每个小方格为单位。

一组由 4 个小方格组成的规则图形，共有 7 种，分别以 J、L、Z、S、O、T、I 这 7 个字母的形状命名，其具体形状如图 12-1 所示。

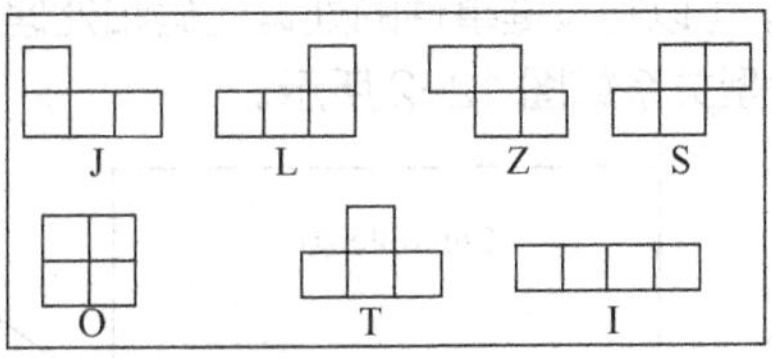

图 12-1　7 种不同的方块

- J（左右）：最多消除 3 层，或消除 2 层。
- L（左右）：最多消除 3 层，或消除 2 层。
- Z（左右）：最多消除 2 层，容易造成孔洞。
- S（左右）：最多消除 2 层，容易造成孔洞。
- O：最多消除 2 层。
- T：最多消除 2 层。
- I：最多消除 4 层。

俄罗斯方块的基本规则如下。

（1）方块会从区域上方开始缓慢持续落下。

（2）玩家可以做的操作有：以 90° 为单位旋转方块，以小方格为单位左右移动方块，让方块加速落下。

（3）方块移到区域最下方或落到其他方块上无法移动时，就会固定在该处，而新的方块随即出现在区域上方并开始落下。

（4）当区域中某一行横向的小方格全部由方块填满时，则该行会消除并为玩家增加得分。同时消除的行数越多，得分越高。

（5）当固定的方块堆到区域的最上方而无法消除时，游戏结束。

（6）一般来说，游戏会提示下一个要落下的方块的形状，熟练的玩家会计算出下一个方块的形状，评估现在要如何进行操作。如果游戏能一直进行下去，这对于商业游戏来说并不太理想，所以一般会随着游戏的进行而加快方块的下落速度，从而提高难度。

（7）未消除的方块会一直累积，并对后来的方块造成各种影响。

（8）如果未被消除的方块堆放的高度超过场地所规定的最大高度（并不一定是 20 或者玩家所见到的高度），则游戏结束。

2. 对象模型建立

根据需求分析，游戏需要一个虚拟场地，场地由多个小方格组成，一般场地的高度大于宽度，该场地的主要作用是显示方块所在的位置，设置 GamePanel 类来表示场地，该类中有 display()方法用于显示方块。

7 种不同类型的方块使用 Shape 类表示，方块可以完成显示、自动下落、左移、右移、下移、旋转等动作，使用 drawMe()方法、autoDown()方法、moveLeft()方法、moveRight()方法、moveDown()方法、rotate()方法等来实现。

根据数据访问对象（Data Access Object，DAO）模式，将产生不同方块的工作交给工厂类 ShapeFactory，由它来提供产生不同方块的方法，将该方法命名为 getShape()方法。

方块落下后会变成障碍物，编写障碍物类 Ground 类，它可以使用 accept()方法将方块变成障碍物，然后使用 drawMe()方法将其显示出来。

这样就确定了 4 个类，这 4 个类是相互独立的。ShapeFactory 类产生 Shape 类的对象。GamePanel 类可以接收用户的按键操作从而控制方块完成左移、右移、旋转等动作，需要处理按键事件的代码。根据模型-视图-控制器（Model-View-Controller，MVC）模式的设计思想，需要将处理逻辑的代码独立出来。因此，可以将按键事件的处理代码和处理逻辑的代码组合为中央控制器类 Controller 类。该游戏的对象模型关系如图 12-2 所示。

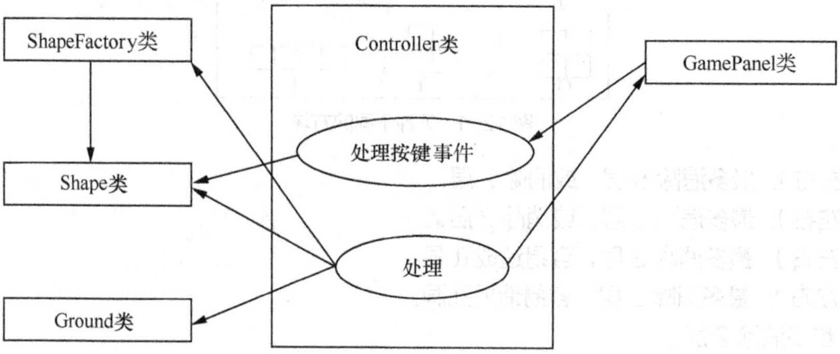

图 12-2　对象模型关系

3. 功能模块划分

根据游戏的需求，可将功能分为方块产生与自动下落、方块移动与显示、障碍物生成与消除和游戏结束等模块，如图 12-3 所示。

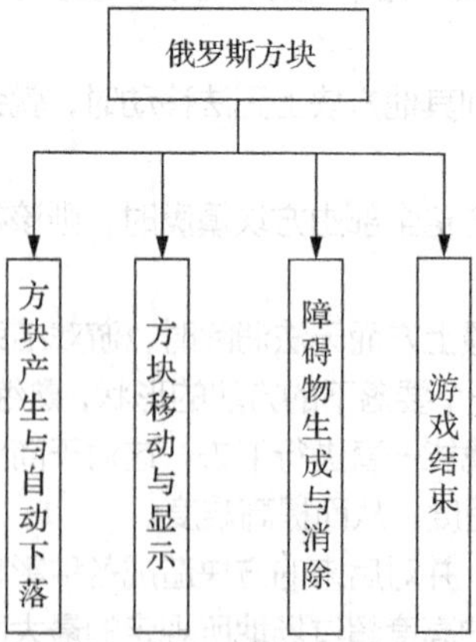

图 12-3　俄罗斯方块功能

① 方块产生与自动下落模块主要完成 7 种不同方块以及方块旋转 90° 后的状态表示，使用 ShapeFactory 类创建方块，产生后方块能够自动下落。

② 方块移动与显示模块主要完成方块的左移、右移、下移、旋转、显示等功能。

③ 障碍物生成与消除模块主要完成将下落的方块变成障碍物并显示，将障碍物填满一行后消除。

④ 游戏结束模块主要完成在障碍物达到游戏面板顶部后，结束游戏，并不再产生新的方块。

【任务小结】

本任务使用面向对象的分析与设计方法完成俄罗斯方块的需求分析，建立对象模型并设计游戏的功能模块。

任务二 主体框架搭建

综合项目实训——俄罗斯方块-项目实现

【任务描述】

在任务一中，根据需求建立了对象模型。在本任务中将根据对象模型搭建程序主体框架。

任务的关键点如下。

（1）厘清游戏中各个对象的主要作用及相互间的关系。

（2）设计各个类的主要方法。

【任务分析】

在对象模型中包含 5 个类：Shape（方块）类、ShapeFactory（方块工厂）类、Ground（障碍物）类、GamePanel（游戏面板）类和 Controller（控制器）类。在本任务中创建这 5 个类以及建立类之间的关系。

【任务实施】

（1）遵循 MVC 模式，创建 MyGame.entities 包、MyGame.controller 包和 MyGame.test 包。

（2）创建 Shape 类。该类有控制方块左移、右移、下移、旋转、显示等方法。

```
package MyGame.entities;
public class Shape {
    public void moveLeft(){
        System.out.println("Shape's moveLeft ");
    }
    public void moveRight(){
        System.out.println("Shape's moveRight ");
    }
    public void moveDown(){
        System.out.println("Shape's moveDown ");
    }
    public void rotate(){
        System.out.println("Shape's rotate ");
    }
    public void drawMe(Graphics g){
        System.out.println("Shape's drawMe");
        }
    }
```

（3）创建 ShapeFactory 类。该类负责产生各种方块。

```
package MyGame.entities;
public class ShapeFactory {
public Shape getShape(){
```

```
        System.out.println("ShapeFactory's  getShape ");
        return new Shape();
    }
}
```

（4）创建 Ground 类。该类负责将方块变成障碍物，以及对障碍物重绘。

```
package MyGame.entities;
public class Ground {
  public void accept(Shape shape){
    System.out.println("Ground's  accept ");
  }
  public void drawMe(Graphics g){
    System.out.println("Ground's  drawMe ");
  }
}
```

（5）创建 GamePanel 类。该类作为游戏界面，显示方块和障碍物，由于方块和障碍物会发生变化，因此需要定义方法对方块和障碍物进行重绘。

```
package MyGame.view;
public class GamePanel extends JPanel{
 private Ground ground;
 private Shape shape;
 public void display(Ground ground,Shape shape){
      this.ground = ground;
      this.shape = shape;
      this.repaint();
  }
  protected void paintComponent(Graphics g){
      //重新绘制
      if(shape != null && ground != null){
           shape.drawMe(g);
           ground.drawMe(g);
      }
  }
  public GamePanel(){
      this.setSize(300,300);
  }
}
```

（6）创建 Controller 类。该类继承按键适配器，实现用户对方块的各种操作。

```
package MyGame.controller;
import java.awt.event.KeyAdapter;
import java.awt.event.KeyEvent;
import MyGame.entities.Ground;
import MyGame.entities.Shape;
import MyGame.entities.ShapeFactory;
import MyGame.listener.ShapeListener;
import MyGame.view.GamePanel;
public class Controller extends KeyAdapter implements ShapeListener{
 private Shape shape;
```

```
    private ShapeFactory shapeFactory;
    private GamePanel gamePanel;
    private Ground ground;
    public void keyPressed(KeyEvent e){
        switch(e.getKeyCode()){
        case KeyEvent.VK_UP:
            if(ground.isMoveable(shape, Shape.ROTATE))
                shape.rotate();
            break;
        case KeyEvent.VK_DOWN:
            if(ground.isMoveable(shape, Shape.DOWN))
                shape.moveDown();
            break;
        case KeyEvent.VK_LEFT:
            if(ground.isMoveable(shape, Shape.LEFT))
                shape.moveLeft();
            break;
        case KeyEvent.VK_RIGHT:
            if(ground.isMoveable(shape, Shape.RIGHT))
                shape.moveRight();
            break;

        }
        gamePanel.display(ground,shape);
    }

    public void newGame(){
        shape = shapeFactory.getShape(this);
    }
    public Controller(ShapeFactory shapeFactory,Ground ground,GamePanel game Panel){
        this.shapeFactory = shapeFactory;
        this.ground = ground;
        this.gamePanel = gamePanel;
    }
}
```

【任务小结】

本任务主要对俄罗斯方块的主体框架进行了搭建。根据系统的分析与设计，创建了游戏中的 5 个核心类。

任务三　方块产生与自动下落

【任务描述】

俄罗斯方块游戏中有 7 种不同形状的方块，每种方块还可以通过旋转产生不同的状态，这些都需要在程序中描述。同时，方块的自动下落功能也需要实现。

任务关键点如下。

（1）方块不同形状、不同状态的程序描述。

（2）方块自动下落功能的实现。

【任务分析】

本任务中主要完成方块不同形状、不同状态的程序描述以及对方块主要功能的实现。方块的形状与状态需要使用多个数值进行描述，要用到多维数组。方块的自动下落功能需要由多线程负责实施。

【任务实施】

（1）定义方块形状及其不同状态。

在游戏中，不同形状的方块在游戏面板上移动，可以将游戏面板看作由 20×10 的小方格组成。如图 12-4 所示，游戏面板的坐标原点在左上角，水平向右为 *x* 轴正方向，垂直向下为 *y* 轴正方向。面板中带阴影的小方格代表障碍物，不同的小方格也可以表示不同的方块以及它们的不同状态。

方块用 4×4 的小方格组成的方阵表示。4×4 的小方格方阵不但能够表示 7 种不同的形状，还可以表示方块旋转时的不同状态。使用 0 或 1 表示 16 个小方格的不同状态，用于存储方块的状态，要存储这 16 个小方格的状态，需要使用数组。如图 12-5 所示，使用数组{1,0,0,0,1,1,1,1,0,0,0,0,0,0,0,0}、{1,1,0,0,1,0,0,0,1,0,0,0,1,0,0,0}、{1,1,1,1,0,0,0,1,0,0,0,0,0,0,0,0}、{0,1,0,0,0,1,0,0,0,1,0,0,1,1,0,0}分别表示 L 方块的 4 种不同状态。

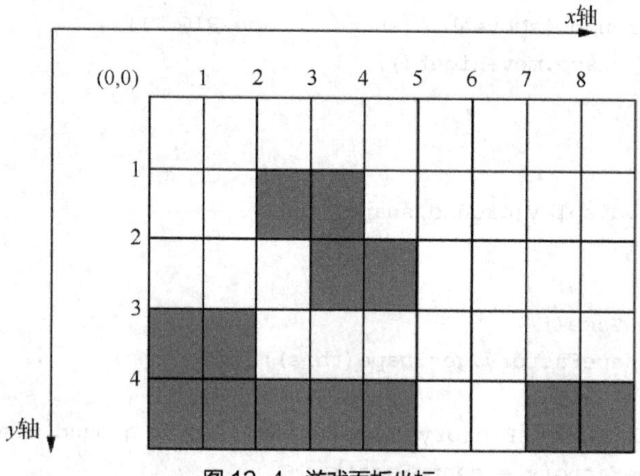

图 12-4　游戏面板坐标

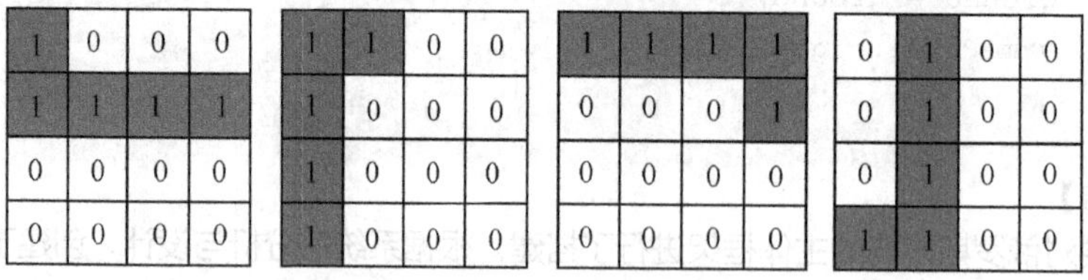

图 12-5　L 方块的不同状态

① 修改 Shape 类，添加方块的定义。

```
public class Shape {
  private int[][] body;
  private int status;

  public void setBody(int body[][]){
      this.body = body;
  }
```

```
  public void setStatus(int status){
       this.status = status;
  }
}
```

② 修改 ShapeFactory 类，添加方块的状态。

```
public class ShapeFactory {
 private int shapes [][][] = new int [][][]{
      {
             {1,0,0,0, 1,1,1,0, 0,0,0,0, 0,0,0,0},
             {1,1,0,0, 1,0,0,0, 1,0,0,0, 0,0,0,0},
             {1,1,1,0, 0,0,1,0, 0,0,0,0, 0,0,0,0},
             {0,1,0,0, 0,1,0,0, 1,1,0,0, 0,0,0,0}
      }

 };
 public Shape getShape(ShapeListener listener){
      Shape shape=new Shape();
      shape.addShapeListener(listener);
      int type=new Random().nextInt(shapes.length);
      shape.setBody(shapes[type]);
      shape.setStatus(0);
      return shape;
  }
}
```

（2）创建 ShapeListener 接口，该接口对方块的自动下落进行定义。

```
package MyGame.listener;
public interface ShapeListener {
     void shapeMoveDown(Shape shape);
    }
```

（3）修改 Shape 类，定义 ShapeListener 监听器，定义多线程，实现方块的自动下落。

```
public class Shape {
    private ShapeListener listener;
    //内部类实现多线程接口，方块每隔 1 秒自动落下
    private class ShapeDriver implements Runnable{
        public void run() {
            while(true){
                moveDown();
                listener.shapeMoveDown(Shape.this);
                try {
                    Thread.sleep(1000);
                } catch (Exception e) {
                    e.printStackTrace();
                }
            }
        }
    }
```

```
//当 Shape 类实例化时启动该线程
 public Shape(){
      new Thread(new ShapeDriver()).start();
 }
//定义添加监听器的方法
 public void addShapeListener(ShapeListener l){
      if(l != null){
             this.listener = l;
      }
 }
}
```

（4）修改 Controller 类，实现 ShapeListener 接口。

```
public class Controller extends KeyAdapter implements ShapeListener{
      public void shapeMoveDown(Shape shape) {
           gamePanel.display(ground,shape);
      }

public synchronized boolean isShapeMoveDownable(Shape shape) {
      boolean result = ground.isMoveable(shape, Shape.DOWN)
      return false;
  }
}
```

（5）修改 ShapeFactory 类，给方块添加监听器。

```
public class ShapeFactory {
 public Shape getShape(ShapeListener listener){
    system.out.println("ShapeFactory's getShape");
     Shape shape = new Shape();
     shape.addShapeListener(listener);
     return shape;
 }
}
```

（6）新建一个 Test 类，完成游戏中各个类的组装。

```
package MyGame.test;
import javax.swing.JFrame;
import MyGame.controller.Controller;
import MyGame.entities.Ground;
import MyGame.entities.ShapeFactory;
import MyGame.view.GamePanel;
public class Test {
 public static void main(String[] args) {
      ShapeFactory shapeFactory = new ShapeFactory();
      Ground ground = new Ground();
      GamePanel gamePanel = new GamePanel();
      Controller controller = new Controller(shapeFactory,ground,gamePanel);
      JFrame frame = new JFrame();
      frame.setSize(gamePanel.getSize().width + 10, gamePanel.getSize().height + 10);
      frame.add(gamePanel);
```

```
        gamePanel.addKeyListener(controller);
        frame.addKeyListener(controller);
        frame.setVisible(true);
        controller.newGame();
    }
}
```

【任务小结】

本任务完成方块的产生，使用二维数组表示不同方块的不同状态，并且使用多线程和监听器完成方块的自动下落。

任务四 方块移动与显示

【任务描述】

用户敲击键盘上的方向键，可以控制方块左移、右移或下移。需要注意的是，游戏的界面是有边界的，当方块到达游戏界面边界后，就不能继续向边界外移动。

任务关键点如下。

（1）键盘事件的处理。

（2）游戏的流程逻辑。

（3）游戏界面的大小和方块的位置。

【任务分析】

本任务中主要实现用户敲击键盘上的方向键以控制方块左移、右移或下移，使用键盘事件监听器监听并处理该事件。游戏的界面由多行多列的小方格组成，需设置小方格的宽度，以及界面由多少行和多少列组成。每次移动均需重新绘制方块，并判断方块是否超出界面边界，以及方块是否可以移动。

【任务实施】

（1）方块通过 ShapeListener 可以获得用户对键盘的操作，通过事件响应处理程序控制方块做出左移、右移和下移的动作。Shape 类中会保存方块的位置信息，方块顶点到左边界的距离为 left，方块顶点到上边界的距离为 top，如图 12-6 所示。方块的移动可以通过改变 left 和 top 的值来实现。

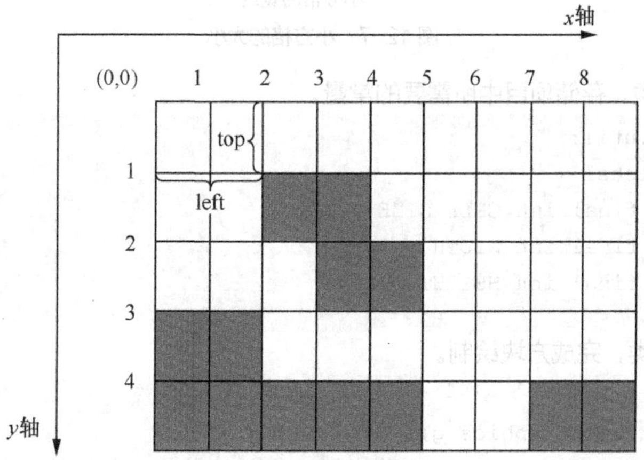

图 12-6 方块位置信息

修改 Shape 类，添加如下代码。

```
public class Shape {
 private int left;
 private int top;
 public void moveLeft(){
     left--;
 }
 public void moveRight(){
     left++;
 }
 public void moveDown(){
     top++;
 }
 public void rotate(){
     status = (status + 1) % body.length;
 }
}
```

（2）若想绘制方块，使其在界面中显示出来，就需要根据方阵中的数值将值为 1 的小方格在游戏界面中绘制出来，而不绘制值为 0 的小方格。方块中的小方格在显示区域中的位置如下。

- *x* 坐标：left+小方格在方阵中 *x* 轴方向的坐标。
- *y* 坐标：top+小方格在方阵中 *y* 轴方向的坐标。

如图 12-6 所示，方块的坐标依次为：(2,1)=(2+0,1+0)、(3,1)=(2+1,1+0)、(3,2)=(2+1,1+1)、(4,2)=(2+2,1+1)。

现在需要确定游戏界面中小方格的大小。如图 12-7 所示，*x*=left×小方格的宽度，*y*=top×小方格的高度，即可得到小方格的左上角坐标。

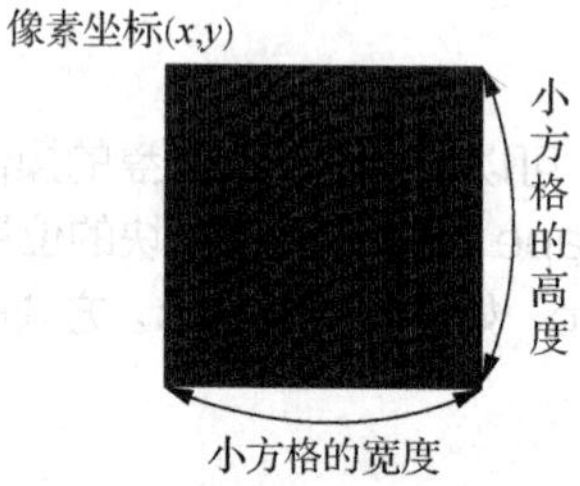

图 12-7　小方格的大小

① 创建 Global 类，存储项目中所需要的常量。

```
package MyGame.util;
public class Global {
 public static final int CELL_SIZE = 20;
 public static final int WIDTH = 15;
 public static final int HEIGHT = 15;
}
```

② 修改 Shape 类，完成方块绘制。

```
public class Shape {
 public void drawMe(Graphics g){
       g.setColor(Color.BLUE);
       for(int x = 0; x < 4; x++){
           for(int y = 0; y < 4; y++){
```

```
                if(getFlagByPoint(x, y)){
                    g.fill3DRect((left + x) * Global.CELL_SIZE, (top + y) * Global.
CELL_SIZE,
                            Global.CELL_SIZE, Global.CELL_SIZE, true);
                }
            }
        }
    }
    //判断方阵中某个小方格的标识是否为 1
    private boolean getFlagByPoint(int x, int y){

        return body[status][y * 4 + x] == 1;
    }
}
```

③ 修改 GamePanel 类，修改绘制方法。

```
public class GamePanel extends JPanel{
    protected void paintComponent(Graphics g){
        //擦除原来的方块
        g.setColor(new Color(0xcfcfcf));
        g.fillRect(0, 0, 300, 300);
        //重新绘制
        if(shape != null && ground != null){
            shape.drawMe(g);
            ground.drawMe(g);
        }
    }
}
```

（3）方块在移动中，左、右移动可以移出游戏界面，向下会与障碍物重叠，这是游戏中不允许发生的。解决的方法是在方块每次移动之前，对游戏界面的边界和障碍物进行判断——方块是否超出边界、是否可以移动。

① 修改 GamePanel 类，对游戏界面大小进行定义，不再使用明确的数值，而是以小方格为单位。

```
public class GamePanel extends JPanel{
    protected void paintComponent(Graphics g){
        //擦除原来的方块
        g.setColor(new Color(0xcfcfcf));
        g.fillRect(0, 0, Global.WIDTH * Global.CELL_SIZE, Global.HEIGHT * Global.
CELL_SIZE);
        //重新绘制
        if(shape != null && ground != null){
            shape.drawMe(g);
            ground.drawMe(g);
        }
    }
    public GamePanel(){
```

```
    this.setSize(Global.WIDTH * Global.CELL_SIZE, Global.HEIGHT * Global. CELL_
SIZE);
    }
  }
```

② 修改Shape类，增加方块的动作信息，动作信息定义为常量；增加返回方块位置信息的方法；增加判断坐标是否属于方块的方法。

```
public class Shape {
 public static final int ROTATE = 0;
 public static final int LEFT = 1;
 public static final int RIGHT = 2;
 public static final int DOWN = 3;
 public int getTop(){
      return top;
 }
 public int getLeft(){
      return left;
 }
 //判断坐标是否属于方块
 public boolean isMember(int x, int y, boolean rotate){
      int tempStatus = status;
      if(rotate){
            tempStatus = (status + 1) % body.length;
      }
      return body[tempStatus][y * 4 + x] == 1;
 }
}
```

③ 修改Ground类，添加方法判断方块是否超出边界。

```
public class Ground {
 //判断方块是否超出边界
 public boolean isMoveable(Shape shape, int action){
      //得到方块的当前位置信息
      int left = shape.getLeft();
      int top = shape.getTop();
      //根据方块所做的动作，得到它将移动到的位置的信息
      switch(action){
      case Shape.LEFT:
            left--;
            break;
      case Shape.RIGHT:
            left++;
            break;
      case Shape.DOWN:
            top++;
            break;
      }
      //依次取出方块中的点，判断方块是否超出显示区域
```

```
        for(int x = 0; x < 4; x++){
                for(int y = 0; y < 4; y++){
                        if(shape.isMember(x, y, action == Shape.ROTATE)){
                                if(top + y >= Global.HEIGHT || left + x < 0 || left + x >=
Global.WIDTH || obstacles[left + x][top + y] == 1)
                                        return false;
                        }
                }
        }
        return true;
    }
  }
```

④ 修改 Controller 类，在用户敲击方向键之后，判断方块是否超出边界，以及方块能否执行该操作。

```
    public class Controller extends KeyAdapter implements ShapeListener{
     public void keyPressed(KeyEvent e){
        switch(e.getKeyCode()){
        case KeyEvent.VK_UP:
                if(ground.isMoveable(shape, Shape.ROTATE))
                        shape.rotate();
                break;
        case KeyEvent.VK_DOWN:
                if(ground.isMoveable(shape, Shape.DOWN))
                        shape.moveDown();
                break;
        case KeyEvent.VK_LEFT:
                if(ground.isMoveable(shape, Shape.LEFT))
                        shape.moveLeft();
                break;
        case KeyEvent.VK_RIGHT:
                if(ground.isMoveable(shape, Shape.RIGHT))
                        shape.moveRight();
                break;

        }
        gamePanel.display(ground,shape);
     }
    }
```

（4）现在存在的问题是：方块除了会因为用户操作移动外，还会自动下落。因此需要在方块自动下落前判断其是否可以下落。

① 在 ShapeListener 中添加一个方法判断方块是否可以下落。

```
    public interface ShapeListener {
     //判断方块是否可以下落
     boolean isShapeMoveDownable(Shape shape);
    }
```

② 在 Controller 类中实现该方法，判断下落后的方块是否超出边界，若没有超出则绘制方块。该方法在多个位置会被用到，因此需要同步。

```
public class Controller extends KeyAdapter implements ShapeListener{
 public synchronized boolean isShapeMoveDownable(Shape shape) {
       if(ground.isMoveable(shape, Shape.DOWN)){
             return true;
       }
       ground.accept(this.shape);
             this.shape = shapeFactory.getShape(this);
       return false;
 }
}
```

③ 修改 Shape 类，在自动下落之前先判断方块是否可以下落。

```
public class Shape {
 private class ShapeDriver implements Runnable{
       public void run() {
             while(listener.isShapeMoveDownable(Shape.this)){
                   moveDown();
                   listener.shapeMoveDown(Shape.this);
                   try {
                         Thread.sleep(1000);
                   } catch (Exception e) {
                         e.printStackTrace();
                   }
             }
       }
 }
}
```

【任务小结】

本任务通过键盘事件响应用户对方块的操作，实现左移、右移或下移的功能。通过设置组成游戏界面的小方格的大小，设置游戏界面的大小。控制方块的移动，使其不能超过游戏界面的边界。

任务五　障碍物生成与消除

【任务描述】

方块下落后应变为障碍物，将下落后的方块变成障碍物显示，当一行中每个小方格都被障碍物填满后，就消除该行。

任务关键点如下。

（1）方块变成障碍物时，计算需要显示为障碍物的小方格。

（2）如何判断一行都被障碍物填满。

【任务分析】

将方块变成障碍物时，需要对游戏界面上的小方格进行计算，并用代码的方式表达出来。判断一行是否被障碍物填满时，也需要计算游戏界面上的小方格，并用代码的方式表达出来。因此本任务的难点在于如何根据需要设置游戏界面上的小方格的显示状态。

【任务实施】

（1）障碍物与方块一样，都是用小方格的不同状态来表示的。因此，用一个和显示区域小方格相对应的二维数组来保存障碍物的信息。如果对应的位置是障碍物，则数组中对应的值为 1，否则为 0。方块下落变为障碍物，实际就是将所有属于方块的小方格对应的位置变成障碍物。

① 修改 Ground 类，在其中定义一个存储障碍物的二维数组，并实现 accept()方法将方块变成障碍物，实现 drawMe()方法绘制障碍物。

```
public class Ground {
 private int [][] obstacles = new int[Global.WIDTH][Global.HEIGHT];
 public void accept(Shape shape){
      for(int x = 0; x < 4; x++){
            for(int y = 0; y < 4; y++){
                  if(shape.isMember(x, y, false)){
                        obstacles[shape.getLeft() + x][shape.getTop() + y] = 1;
                  }
            }
      }
 }
 public void drawMe(Graphics g){
      for(int x = 0; x < Global.WIDTH; x++){
            for(int y = 0; y < Global.HEIGHT; y++){
                  if(obstacles[x][y] == 1){
                        g.fill3DRect(x * Global.CELL_SIZE, y * Global.CELL_SIZE,
Global.CELL_SIZE, Global.CELL_SIZE, true);
                  }
            }
      }
 }
}
```

② 下面实现当方块碰上障碍物时，将方块变成障碍物。修改 Ground 类中判断方块是否超出游戏界面的边界的方法，添加一个条件：是否碰上障碍物。

```
public class Ground {
 public boolean isMoveable(Shape shape, int action){
      //得到方块的当前位置信息
      int left = shape.getLeft();
      int top = shape.getTop();
      //根据方块所做的动作，得到它将移动到的位置的信息
      switch(action){
      case Shape.LEFT:
            left--;
            break;
      case Shape.RIGHT:
            left++;
            break;
      case Shape.DOWN:
            top++;
```

```
                break;
            }
            //依次取出方块中的点，判断方块是否超出显示区域
            for(int x = 0; x < 4; x++){
                for(int y = 0; y < 4; y++){
                    if(shape.isMember(x, y, action == Shape.ROTATE)){
                        if(top + y >= Global.HEIGHT || left + x < 0 || left + x >=
Global. WIDTH || obstacles[left + x][top + y] == 1)
                            return false;
                    }
                }
            }
            return true;
        }
    }
```

（2）在产生下一个障碍物之前应判断是否有行被填满，若障碍物填满某一行时，则该行应该被消除。在本游戏中，消除一行障碍物实际是将该行上面的所有行整体下移一行。

① 在 Ground 类中定义消除被障碍物填满的行的方法如下。

```
public class Ground {
  //判断被障碍物填满的行并消除
  private void deleteFullLine(){
        //由下至上逐行进行判断
        for(int y = Global.HEIGHT - 1; y >= 0; y--){
            boolean full = true;
            for(int x = 0; x < Global.WIDTH; x++){
                //如果某行中有障碍物的值为0，则该行未填满
                if(obstacles[x][y] == 0){
                    full = false;
                }
            }
            //若某行全是障碍物，则调用deleteLine()消除该行
            if(full){
                deleteLine(y);
            }
        }
  }
  //消除障碍物填满的行
  private void deleteLine(int lineNum){
        //将填满的行以上的所有行整体下移一行
        for(int y = lineNum; y > 0; y--){
            for(int x = 0; x < Global.WIDTH; x++){
                obstacles[x][y] = obstacles[x][y - 1];
            }
        }
        //将第一行设为空白
        for(int x = 0; x < Global.WIDTH; x++){
```

```
                obstacles[x][0] = 0;
            }
        }
    }
```

② 在产生下一个障碍物之前，调用 accept()方法。

```
public class Ground {
 public void accept(Shape shape){
      for(int x = 0; x < 4; x++){
            for(int y = 0; y < 4; y++){
                  if(shape.isMember(x, y, false)){
                        obstacles[shape.getLeft() + x][shape.getTop() + y] = 1;
                  }
            }
      }
      deleteFullLine();
 }
}
```

【任务小结】

完成本任务后，就基本实现了俄罗斯方块的主要功能，已经可以将方块变成障碍物并将被障碍物填满的行消除。

任务六　游戏结束

【任务描述】

当障碍物累积到游戏界面的最上方时游戏结束，不再产生新的方块。

任务的关键点为判断障碍物是否出现在游戏界面的第一行。

【任务分析】

游戏结束是整个程序的最后一步，也是不可或缺的一步。当障碍物达到最高处时，已经没有空间继续游戏，此时应当停止产生新的方块。

【任务实施】

若有障碍物超出上边界，就意味着游戏结束了。编写一个方法判断障碍物是否出现在第一行，若出现在第一行，则游戏结束。

（1）在 Ground 类中，编写判断游戏是否结束的方法如下。

```
public class Ground {
 //判断第一行是否出现障碍物
 public boolean isFull(){
      for(int x = 0; x < Global.WIDTH; x++){
            if(obstacles[x][0] == 1){
                  return true;
            }
      }
      return false;
 }
}
```

（2）在 Controller 类中，产生新方块之前判断游戏是否结束，代码如下。

```
public class Controller extends KeyAdapter implements ShapeListener{
 public synchronized boolean isShapeMoveDownable(Shape shape) {
      if(ground.isMoveable(shape, Shape.DOWN)){
           return true;
      }
      ground.accept(this.shape);
      f(!ground.isFull()){
           this.shape=shapeFactory.getShape(this);
      }
      return false;
 }
}
```

【任务小结】

本任务的任务量相对较少，但是一个项目在编码完成之后还有一项不可缺少的任务就是测试。本项目仍有一些不完善的地方，需要大家去发现并修改。